新工科建设：中俄双语系列教材

电路分析

中俄双语

АНАЛИЗ ЭЛЕКТРИЧЕСКИХ ЦЕПЕЙ
Китайско-русский двуязычный учебник

主 编 何 静 赵 强 黄玲琴 王晓燕

哈尔滨工业大学出版社
HARBIN INSTITUTE OF TECHNOLOGY PRESS

内 容 简 介

全书共 10 章:第 1~4 章分别阐述了直流电路的基本概念、等效变换、定理和分析方法;第 5 章主要阐述了基于相量法的正弦电流电路分析方法;第 6 章首先介绍三相去耦电路,由此引申出三相耦合电路以及负载星-三角连接时的电路计算方法;第 7 章通过将非正弦周期量傅里叶分解为正弦量,把非正弦电流电路的求解转化为正弦电流电路的求解;第 8 章依次讲述了一阶和二阶电路的瞬态响应;第 9 章主要介绍了二端口网络参数的定义及相互转换;第 10 章结合二极管和三极管的工作状态阐述了非线性电路的计算方法。

本书可供江苏师范大学圣理工-中俄学院轨道交通信号与控制、电子信息工程、电子科学与技术专业的学生使用,同时也适用于其他中俄合作办学院校相关专业的教学。

图书在版编目(CIP)数据

电路分析:汉俄双语/何静等主编. —哈尔滨:
哈尔滨工业大学出版社,2023.2
ISBN 978 - 7 - 5603 - 9253 - 0

Ⅰ.①电…　Ⅱ.①何…　Ⅲ.①电路分析-高等学校-
教材-汉、俄　Ⅳ.①TM133

中国版本图书馆 CIP 数据核字(2020)第 270961 号

策划编辑　王桂芝
责任编辑　王桂芝　王　雪
出版发行　哈尔滨工业大学出版社
社　　址　哈尔滨市南岗区复华四道街 10 号　邮编 150006
传　　真　0451-86414749
网　　址　http://hitpress.hit.edu.cn
印　　刷　哈尔滨市石桥印务有限公司
开　　本　787 mm×1 092 mm　1/16　印张 17.75　字数 430 千字
版　　次　2023 年 2 月第 1 版　2023 年 2 月第 1 次印刷
书　　号　ISBN 978 - 7 - 5603 - 9253 - 0
定　　价　58.00 元

(如因印装质量问题影响阅读,我社负责调换)

前　言

　　"一带一路"倡议深入促进了中俄战略对接,在双方共同的努力下,两国关系已提升为新时代中俄全面战略协作伙伴关系。随着中俄友好关系的持续升温,两国经济往来日益紧密,涉外机构和企业对既精通专业知识又懂俄语的国际化复合型人才的需求不断增加,这为中俄教育交流和合作提供了更为广阔的发展空间,也为中俄合作办学带来了前所未有的发展机遇。

　　电气类、电子信息类、仪器类和自动化类专业是当前中俄高校合作办学的常见专业,在"国内 X 年+国外 Y 年""双校园"培养模式下,如何将专业与俄语融合,听懂俄方教师讲授的专业课,是上述专业学生面临的现实难题。解决这一问题的基本途径是加强具有中俄合作办学"专业+俄语"特色的教材建设。《电路分析》作为一门重要的专业基础课,是上述工学专业门类必备的理论基础,但目前国内尚无针对电路知识的中俄双语教材,正是在此背景下,编者编写了中俄双语教材《Анализ электрических цепей(电路分析)》。该教材可以作为中俄合作办学电气类、电子信息类、仪器类、自动化类等专业学生在学习俄方专业课之前使用的过渡性教材。

　　本教材以中方开设的"电路分析"课程内容为依据进行选材,教材内容覆盖了电路课程的主要知识点,较少涉及含有具体电路参数的例题及计算步骤,着重阐述电路的基本原理和分析方法。书中的单词和词组表便于学生快速查阅生词,兼顾汉语翻译内容的专业性和俄语词汇、语法的准确性,力求使学生熟练运用俄语来学习专业课程,助力学生听懂俄方专业课教师的授课内容,促进专业知识和俄语知识的相互衔接和融合,从而为后续学生在俄方高校进行专业课程学习奠定扎实的基础。

　　参加本书编写工作的有何静(负责全书的俄语翻译)、赵强(编写第 1、2、5、6、8、10 章)、黄玲琴(编写第 3 章和第 4 章)、王晓燕(编写第 7 章和第 9 章)。何静负责全书内容的统稿。

　　本教材在编写过程中借鉴了多本国内外优秀教材,从中受到了不少教益和启发,在此对各位作者表示感谢。

　　感谢江苏师范大学圣理工–中俄学院和电气学院对本教材编写的大力支持。

　　限于编者的水平,书中疏漏及不妥之处在所难免,恳请读者予以批评指正。

编　者

2022 年 12 月

Оглавление
目 录

Глава 1　Основные понятия электрических цепей
第1章　电路基本概念

1.1 Модели электрических цепей　电路模型

Электрической цепью называют совокупность устройств и объектов, образующих путь для электрического тока. Состав и связи электрических цепей бесконечно разнообразны, поэтому для их представления используют наборы символов, имеющих различную степень абстракции и называемых схемами.

电路是形成电流路径装置和设备的集合。电路的组成和连接各种各样, 为表示这些电路, 需要使用不同种类的抽象符号, 这些符号集合被称为电路图。

Рассмотрим признаки схемы на схеме лампы накаливания (рис. 1.1). Рис. 1.1 (а) — реальная схема. Более всего соответствует реальному объекту (рис. 1.1(а)) монтажная схема (рис. 1.1(б)). Она удобна для монтажа и ремонта изображённого на ней устройства.

我们以图 1.1 中白炽灯电路为例来分析电路特征, 其中图 1.1(a) 为实际电路图。与实际电路图 1.1(a) 最为相似的是接线图 1.1(б), 该类电路图用于安装和维修该图中的器件。

На принципиальной схеме (рис. 1.1(в)) показывают условные изображения элементов цепи и их соединения. Эти схемы удобны для изучения принципа работы электрических цепей. Рисунок 1.1(г) представляет собой эквивалентную схему, полученную после абстрагирования указанной схемы.

原理图(图 1.1(в))体现了电路元件符号及它们之间的连接方式。该类电路图用于分析电路的工作原理。图 1.1(г) 是对上述电路抽象化后得到的等效电路。

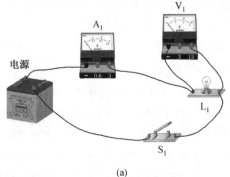

(а)

Рис. 1.1 Схема лампы накаливания

图 1.1 白炽灯电路

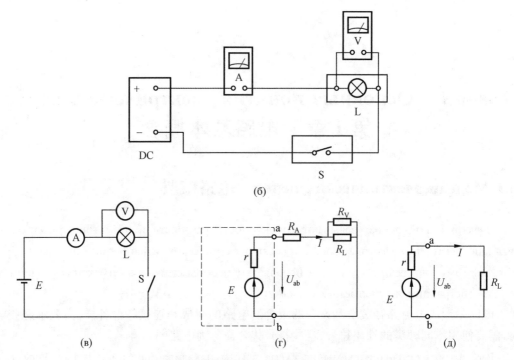

Рис. 1.1 Схема лампы накаливания

图 1.1 白炽灯电路

Химический источник（аккумулятор）заменяют идеальным источником электродвижущей силы（ЭДС）E и включают последовательно с ним резистор r, соответствующий потерям энергии внутри аккумулятора. Амперметр и вольтметр заменяют их входными сопротивлениями（R_A и R_V）. Соединительные провода считаются идеальными проводниками без потерь, т. е. обладающими нулевым сопротивлением. Если входное сопротивление амперметра R_A существенно меньше сопротивления лампы накаливания R_L, а входное сопротивление вольтметра R_V существенно больше, то их исключают из схемы замещения, и получим эквивалентную схему, указанной в рис. 1.1（д）.

将理想电动势 E 与电阻 r 串联，替代化学能（电池），r 对应于电池内部的能量损耗。电流表和电压表的输入电阻用 R_A 和 R_V 代替。连接线被视为理想的无损耗导体，即具有零电阻。如果电流表的输入电阻 R_A 明显小于白炽灯的电阻 R_L，电压表的输入电阻 R_V 远大于白炽灯的电阻 R_L，则可将它们从等效电路中去除，得到图 1.1（д）中的等效电路。

Схема замещения（Модель схемы）служит расчетной моделью реальной электрической цепи, которая образована соединением идеальных элементов. Реальные элементы учитывают только существенные параметры и свойства. Все элементы цепи, рассматриваемые в этом учебнике относится к идеальным компонентам, и все схемы относятся к схемам, составленным из идеальных компонентов. Элементы реальной цепи обычно изображаются с помощью условных графических обозначений（УГО）. Примеры УГО некоторых элементов электрической цепи показаны на рис. 1.2.

等效电路（电路模型）是实际电路的计算模型，由理想电路元件相互连接而成。理想电路元件仅考虑实际电路元件的某些特定参数和特性。本书所涉及的电路元件均指理想电路元件,所涉及的电路均指由理想电路元件构成的电路模型。电路元件通常用图例表示,图1.2 列出了部分电路元件的图例。

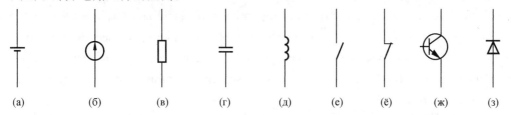

Рис. 1.2 Условные графические обозначения некоторых элементов электрических цепей

图 1.2 部分电路元件的图例

（а）источник ЭДС　电动势源;（б）идеальный источник ЭДС　理想电动势源;（в）резистор　电阻;（г）конденсатор　电容;（д）катушка индуктивности　电感;（е),（ё）соответственно разомкнутый и замкнутый контакты　常开触点、常闭触点;（ж）биполярный транзистор　双极晶体管;（з）полупроводниковый диод　半导体二极管

Соединительные проводники, если не учитывается их собственное сопротивление, в схемах замещения показываются тонкими линиями. Выходящие и входящие зажимы устройств в схеме замещения обычно не показываются.

在等效电路中,若不考虑导线自身的电阻,导线用细线表示,设备的输出和输入端子通常不在等效电路中显示。

Существует большое количество видов электрических цепей, различающихся структурой, формой передаваемых электрических сигналов, мощностью, составом элементов. В любой электрической цепи происходит передача электромагнитным полем электрической энергии от источника к приёмнику (нагрузке). Наиболее точный анализ электромагнитных явлений в электрической цепи должен осуществляться на основе системы векторных дифференциальных уравнений Максвелла в частных производных.

依据结构、传输电信号的形式、功率、元件的组成,可将电路划分为多种类型。在任何电路中,电能都是通过电磁场从电源传输到接收器(负载),电路中最精准的电磁现象分析应建立在高阶麦克斯韦方程组的基础上。

Локальные векторные параметры электромагнитного поля во многих случаях можно заменить интегральными скалярными значениями ЭДС, напряжения и тока. При этом состояние электрических цепей можно описать обыкновенными дифференциальными уравнениями, а в некоторых случаях преобразовать систему дифференциальных уравнений в систему алгебраических, что существенно упрощает анализ электрических цепей. В дальнейшем изложении используется именно такой упрощённый подход к анализу процессов в электрических цепях, и расчёт электрической цепи по схеме замещения сводится обычно к нахождению приближенных значений токов и напряжений, существующих в реальной электрической цепи.

在许多情况下,电磁场的局部矢量参数可以由电动势、电压和电流的积分标量值代替。此时电路的状态可以用常微分方程来描述,在一些情况下,微分方程组也可被转换为代数方程组,这将极大地简化电路的分析过程。在以下章节中,正是采用这种简化方法进行电路分析,进而通过分析计算等效电路求得实际电路电流和电压的近似值。

Для расчета и анализа работы электрической цепи, состоящей из любого количества различных элементов, удобно эту цепь представить графически. Графическое изображение электрической цепи, содержащее условные обозначения её элементов и показывающее соединения этих элементов, называют электрической схемой цепи. Простейшая схема электрической цепи, состоящая из источника ЭДС E и резистора с сопротивлением R, изображена на рис. 1.3.

电路可由任意数量的元件组成,为便于计算和分析电路,通常需要绘制电路图。电路图是包含具有设定值的元件并体现这些元件连接方式的图解。最简单电路可由电动势为 E 的电源与阻值为 R 的电阻构成,如图 1.3 所示。

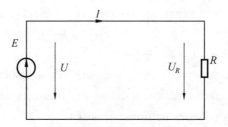

Рис. 1.3 Простейшая схема электрической цепи

图1.3 最简单电路

Участок электрической цепи, во всех элементах которого существует один и тот же ток, называют ветвью. Место соединения ветвей электрической цепи называют узлом. На электрических схемах узел обозначают точкой (рис. 1.4). Иногда несколько геометрических точек, соединенных проводниками, сопротивление которых принимают равным нулю, образуют один узел (рис. 1.4, узел a). Таким образом, каждая ветвь соединяет два соседних узла в электрической схемы. Число ветвей схемы принято обозначать буквой p, а число узлов — q. Электрическая цепь, изображенная на схеме рис. 1.4, имеет число ветвей $p=5$ и число узлов $q=3$ (a, b, c).

若电路分支中所有元件存在同样的电流,则这种分支被称为支路。电路中不同支路的连接点被称为结点。电路中的结点用点表示(图1.4)。有时多个结点由电阻为零的导线连接,这些结点汇集成一个结点(图1.4中结点 a)。因此电路图中的每条支路存在两个相邻的结点。支路的数量用字母 p 表示,而结点数量用 q 表示。在图1.4所示的多回路电路中,支路数量 $p=5$,结点数量 $q=3$(a, b, c)。

Любой замкнутый путь проходящий по нескольким ветвям, называют контуром электрической цепи. Простейшая электрическая цепь имеет одноконтурную схему (рис. 1.3), сложные электрические цепи — несколько контуров (рис. 1.4).

任何一条经过多条支路后闭合的线路被称为回路。最简单的电路只有一个回路(图1.3),复杂电路具有多个回路(图1.4)。

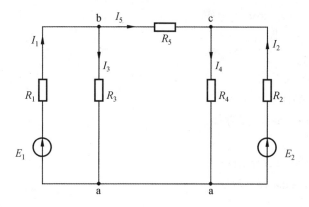

Рис. 1.4 Схема многоконтурной электрической цепи $(p=5,\ q=3)$

图 1.4 多回路电路 $(p=5,\ q=3)$

Новые слова и словосочетания　单词和词组

1. электрическая цепь 电路

2. электрический ток 电流

3. схема 电路图

4. лампа накаливания 白炽灯

5. принципиальная схема 原理图

6. элемент 元件

7. эквивалентный 等效的

8. эквивалентная схема 等效电路图

9. источник 电源

10. аккумулятор 电池

11. последовательно［副］串联地

12. резистор 电阻

13. потеря 损耗

14. амперметр 电流表

15. вольтметр 电压表

16. сопротивление 电阻

17. входный 输入的

18. проводник 导线

19. нулевой 零位的

20. схема замещения 等效电路

21. параметр 参数

22. условное графическое обозначение（УГО）图例

23. электродвижущая сила（ЭДС）电动势

24. конденсатор 电容,电容器

25. катушка индуктивности 电感

26. размыкать［完］断开

27. контакт 触点

28. биполярный 双极的

29. транзистор 晶体管

30. полупроводниковый 半导体的

31. диод 二极管

32. выходящий зажим 输出端

33. входящий зажим 输入端

34. передача 传输

35. электромагнитный 电磁的

36. электромагнитное поле 电磁场

37. приёмник 接收器, 负载

38. векторный 相量的

39. дифференциальный 微分的

40. частная производная 偏导数

41. интегральный 积分的

42. скалярное значение 标量值

43. обыкновенное дифференциальное уравнение 常微分方程

44. электрическая схема цепи 电路图

45. ветвь［阴］支路

46. узел 结点

47. контур 回路

Вопросы для самопроверки　　自测习题

1. Что такое электрическая цепь? 什么是电路?

2. Что такое монтажная схема, принципиальная схема и схема замещения? 什么是接线图、原理图和等效电路?

3. Объясните эквивалентную схему, указанной в рис. 1.1(д). 解释图 1.1(д) 所示的等效电路图的内容。

4. Дайте определение узла, ветви и контура. 给出结点、支路和回路的定义。

1. 2 Основные физические величины , характеризующие электрическую цепь 电路的基本物理量

1. 2. 1 Электрический ток　电流

Электрический ток это направленное движение носителей электрического заряда. Носителями заряда в металлах являются электроны , в плазме и электролите—ионы. В полупроводниках носителями заряда являются также дефекты электронных оболочек ядер кристаллической решётки—"дырки". Функционально они эквивалентны положительным зарядам.

电流由电荷的定向移动形成。金属中的载流子是电子,等离子体和电离子体中的载流子是离子,在半导体中载流子还包括晶格中原子核外电子层上的空穴——"坑"。在功能方面,空穴等同于正电荷。

Наличие электрического тока проявляется в виде трёх эффектов :

电流表现为以下三种效应 :

(1) в окружающей среде возникает магнитное поле ;

环境中存在磁场 ;

(2) проводник , по которому протекает ток , нагревается ;

电流流经导体,导体发热 ;

(3) в проводниках с ионной проводимостью возникает перенос вещества.

在具有离子导电性的导体中发生了物质的转化。

Величина электрического тока определяется как количество заряда q , переносимое через какую-либо поверхность в единицу времени , т. е.

电流强度是指单位时间内通过某截面的电荷量 q ,即

$$i = \frac{\mathrm{d}q}{\mathrm{d}t} \tag{1.1}$$

Такой поверхностью , в частности , может быть поперечное сечение проводника.

这样的截面可以是导体横截面。

Если количество заряда q переносимого за одинаковые промежутки времени неизменно , то такой ток называется постоянным и для него справедливо выражение $I = q/t$, где q—заряд , переносимый за время t.

若在任何相等的时间内通过截面的电荷量 q 相等,则该电流为直流电,表达式 $I = q/t$ 是恒定值,其中 q 是时间 t 内通过的电荷量。

Из выражения (1. 1) получается единица измерения электрического тока Кл/с = А (ампер).

在式(1.1)中,电流单位是 C/s = A (安培)。

Направлением тока принято считать направление движения положительных зарядов под действием электрического поля , т. е. направление противоположное движению электронов в проводниках. Если такое направление неизвестно, то для любой ветви электрической цепи его можно выбрать произвольно и считать положительным направлением. После расчёта режима работы цепи некоторые значения тока могут получиться отрицательными. Это означает, что действительное направление тока противоположно выбранному.

通常情况下,电流的方向是电场作用下正电荷的运动方向,即与导体中的电子的运动方向相反。如果这个方向是未知的,可以任意设定某条支路电流的正方向。在计算完电路的工作模式之后,某些电流值可能为负值。这意味着实际电流方向与设定的方向相反。

1.2.2 Электродвижущая сила   电动势

Движение носителей зарядов в электрической цепи, как всякое движение требует передачи энергии движущимся объектам. Если на некотором участке цепи заряжённые частицы получают энергию, то принято говорить, что на этом участке действует сила, приводящая их в движение, т. е. электродвижущая сила (ЭДС). Участок цепи, на котором действует ЭДС, является источником электрической энергии (энергии движущихся носителей электрических зарядов). Источником энергии для получения ЭДС могут быть различные физические явления, при которых возникает воздействие на заряжённые частицы—химические, тепловые, электромагнитные и др. процессы. Численно ЭДС равна работе по перемещению единичного заряда на участке её действия. Отсюда единицу ЭДС можно получить как Дж/Кл=В (вольт).

与其他运动相同,电荷在电路中的移动也需要能量。若在某段电路上带电粒子获得能量,那么通常认为,在这段电路上存在推动带电粒子运动的力,即电动势。能提供电动势的这部分电路是电动势源(移动电荷的能量)。电动势源可以由不同的物理现象产生,其中化学效应、热效应、电磁效应或其他效应都会作用于带电粒子,从而产生电动势。电动势大小等于在其作用的分段电路中单位电荷移动所需的功。由此得出,电动势单位为 J/C = V(伏特)。

1.2.3 Электрическое напряжение   电压

На участках электрической цепи, где отсутствует ЭДС, движение носителей зарядов сопровождается расходом полученной ранее энергии путём преобразования её в другие виды. Этот процесс можно охарактеризовать падением напряжения или просто напряжением U. Оно численно равно работе, затраченной на перемещение заряжённых частиц по участку электрической цепи, к величине перемещённого заряда.

在没有电动势的分段电路中,电荷载流子移动时,会消耗之前获得的能量,将其转换为其他类型。该过程可由电压降或电压 U 表征,其数值等于带电粒子沿着分段电路移动所消耗的功除以移动电荷量。

$$U = W/q$$

В случае движения зарядов в безвихревом электрическом поле это определение идентично понятию разности потенциалов участка электрической цепи, т. е. $U_{ab} = \varphi_a - \varphi_b$, где φ_a, φ_b —потенциалы границ участка. Следует заметить, что потенциал отдельной точки определить невозможно, т. к. он равен работе по перемещению единичного заряда из бесконечности в данную точку. Однако разность потенциалов между двумя точками всегда можно определить, если потенциал одной из них принять за точку отсчёта, т. е. нуль.

在无旋电场中, 电荷移动时, 电压的定义与电路电位差的概念基本相同, 即 $U_{ab} = \varphi_a - \varphi_b$, 其中 φ_a 和 φ_b 是电路两端的电位。需要注意的是, 单个点的电位是无法确定的, 因为它等于将单位电荷从无限远移动到给定点所做的功。但若将其中一个点的电位作为参考点, 即为零, 通常可以确定两个点之间的电位差。

Единица измерения напряжения и разности потенциалов такая же, как и ЭДС: Дж/Кл = В(вольт).

电压和电位差的单位与电动势的单位相同:J/C = V(伏特)。

За положительное направление напряжения на участке цепи принимают направление от точки с большим потенциалом к точке с меньшим, а т. к. на участках где отсутствует ЭДС положительные заряды также перемещаются от точки с более высоким потенциалом к точке с более низким, то положительное направление напряжения на этих участках совпадает с положительным направлением протекающего тока. За положительное направление ЭДС принимают направление от точки с меньшим потенциалом к точке с большим. Это направление указывают стрелкой в условном изображении источника на схеме (рис. 1.1 и рис. 1.2).

分段电路中的电压正方向是指从高电位点指向低电位点的方向, 因而在不存在电动势的分段电路中, 正电荷也是从电位较高点向电位较低点移动, 此时这些分段电路中电压的正方向与电流流动的正方向一致。电动势的正方向是从电位较低点指向电位较高点的方向, 该方向在电源图例中用箭头表示(图1.1 和图1.2)。

1.2.4 Электрическая энергия и мощность　电能和功率

Из понятия ЭДС следует, что она является работой, совершаемой при перемещении единичного заряда между полюсами источника электрической энергии. Для перемещения всех зарядов, проходящих через источник, требуется совершить работу в q раз большую, т. е. затратить энергию

从电动势的概念可知, 它是单位电荷在电源两极之间移动所做的功。为使所有通过电源的电荷移动, 需要 q 倍地做功, 即消耗能量

$$W_и = Eq = EIt$$

В приёмнике электрической энергии или в нагрузке энергия преобразуется или рассеивается. Её также можно определить, пользуясь понятием напряжения на участке электрической цепи, как работы по перемещению единичного заряда. Отсюда энергия, преобразуемая в нагрузке—

在需用电能的电器或负载中, 电能被转换或消耗。这些电能可根据分段电路中电压的概念(即单位电荷移动时做的功)来确定, 由此得出负载中被转换或消耗的能量为

$$W_{\text{н}} = Uq = UIt$$

Интенсивность преобразования энергии характеризуется понятием мощности. Численно она равна энергии, преобразуемой в электрической цепи в единицу времени. Для цепи постоянного тока мощность источника равна

能量转换的强度用功率表征,功率值等于单位时间内电路中转换的能量。直流电路中的电源功率为

$$P_{\text{и}} = W_{\text{и}}/t = EI \tag{1.2(a)}$$

а нагрузки—

而负载功率为

$$P_{\text{н}} = W_{\text{н}}/t = UI \tag{1.2 (6)}$$

Единицами измерения энергии и мощности электрической цепи являются джоуль (Дж) и ватт (Вт).

电路中电能和功率的测量单位是焦耳(J)和瓦特(W)。

На основании закона сохранения энергии мощность, развиваемая источниками электрической энергии в цепи должна быть равна мощности преобразуемой в другие виды энергии в нагрузке:

根据能量守恒定律,电路中电源提供的功率应等于负载转换为其他类型能量的功率:

$$\sum \pm EI = \sum UI \tag{1.3}$$

где $\sum \pm EI$ —алгебраическая сумма мощностей, развиваемых источниками, а $\sum UI$ — сумма мощностей всех приёмников и потерь энергии внутри источников.

其中 $\sum \pm EI$ 是电源发出功率的代数和,而 $\sum UI$ 是所有负载和电源内阻消耗功率的和。

Выражение (1.3) называется балансом мощности электрической цепи. Мощность, преобразуемая в нагрузке, всегда положительна, в то время как источники могут работать как в режиме генерирования так и в режиме рассеяния электрической энергии, т. е. быть нагрузкой для внешней электрической цепи. Режим работы источника определяется взаимной направленностью ЭДС и тока, протекающего через источник. Если направление действия ЭДС и направление тока в источнике совпадают, то источник отдаёт энергию в цепь и соответствующее произведение в левой части (1.3) положительно. Если же направление тока противоположно, то источник является нагрузкой и его мощность включают в баланс с отрицательным знаком. Следует заметить, что при составлении баланса мощности должно учитываться реальное направление тока в источнике, т. е. направление, полученное в результате расчёта электрической цепи, а не условно положительное направление, принимаемое в начале решения.

表达式(1.3)是电路功率平衡方程。负载转换的功率始终为正,而电源既可以在发电模式下运行,也可以在用电模式下运行,即成为外电路负载。电源工作模式由电动势和流过电源的电流方向确定。若电动势的方向与流过电源的电流方向一致,电源将能量提供给电路,表达式(1.3)左侧的对应乘积为正;若电动势的方向与电流方向相反,则电源成为负载,其功率为负。应当注意的是,在构造功率平衡时,应考虑电源中电流的实际方向,即通过电

路计算确定方向,而不一定是计算开始时假定的正方向。

Новые слова и словосочетания　单词和词组

1. электрический заряд 电荷
2. носитель заряда 载流子
3. электрон 电子
4. плазм 等离子体
5. электролит 电解质
6. ион 离子
7. полупроводник 半导体
8. дефект 空穴
9. кристаллическая решётка 晶格
10. положительный заряд 正电荷
11. поверхность[阴] 截面
12. сечение 截面
13. промежуток времени 时间间隔
14. постоянный ток 直流电
15. направление 方向
16. противоположный 相反的
17. отрицательный 负的
18. заряжённая частица 带电粒子
19. работа 功
20. совершать работу 做功
21. падение напряжения 电压降
22. потенциал 电势,电位
23. разность[阴] 差值
24. точка отсчёта 参考点
25. электрическая энергия 电能
26. мощность[阴] 功率
27. вольт (В) 伏特(V)
28. полюс 极,电极
29. интенсивность[阴] 强度
30. закон сохранения энергии 能量守恒定律
31. алгебраическая сумма 代数和
32. баланс мощности 功率平衡
33. генерирование 发电
34. внешняя цепь 外电路

1. Что называется электрическим током, напряжением, электродвижущей силой, мощностью, энергией? 什么是电流、电压、电动势、功率和能量?

2. Почему невозможно определить электрический потенциал какой-либо одной точки электрической цепи? 为什么无法确定电路中任一点的电位?

3. Какое направление принято считать положительным для электрического тока (напряжения)? 如何判定电流(电压)的正方向?

4. Что такое баланс мощности электрической цепи? 什么是电路功率平衡?

1.3 Элементы электрической цепи　电路元件

Элементы электрической цепи делят на активные и пассивные. К активным элементам относят те, в которых индуцируется ЭДС (источники ЭДС, электродвигатели, аккумуляторы и т. п.). Все прочие электроприёмники и соединительные провода относят к пассивным элементам.

电路元件可分为有源元件和无源元件。有源元件是能产生电动势的元件(电动势源、电动机、蓄电池等),其余负载或导线属于无源元件。

1.3.1 Пассивные элементы　无源元件

Пассивными называют элементы электрической цепи не способные производить электрическую энергию. К ним относятся: резистор, катушка индуктивности и конденсатор.

无源元件是指不能产生电能的电路元件,其中包括:电阻器、电感器和电容器。

1. Резистор　电阻器

Для перемещения зарядов в электрической цепи требуется совершение работы, величина которой определяется свойствами среды, в которой движутся заряды, преодолевая её противодействие. Энергия, затрачиваемая на преодоление этого противодействия, необратимо преобразуется в тепло. Величиной, характеризующей затраты энергии на перемещение зарядов по данному участку цепи, является электрическое сопротивление или просто сопротивление. Оно равно отношению величины напряжения на участке цепи к току в нём

电路中电荷的移动需要做功,功的大小取决于环境因素,电荷在该环境中移动并克服其反作用,用于克服这种反作用的能量不可逆地转化为热量。电阻可用来表征电荷沿电路运动时的能量消耗,它等于电路中的电压与电流之比,即

$$R = u/i \tag{1.4}$$

Выражение (1.4) является одной из форм записи закона Джоуля-Ленца. Если в электрической цепи с сопротивлением R протекает ток i, то за время dt в ней выделяется количество тепла $dQ = i^2 R dt$. При этом в тепло преобразуется элементарная энергия dA, затрачиваемая на перемещение заряда dQ, т. е. $dA = dQ$.

表达式(1.4)是焦耳–楞次定律的另一种形式。如果电流 i 在电阻为 R 的电路中流动，则在时间 dt 内释放的热量为 $dQ = i^2 R dt$。在这种情况下，电能单元 dA 转换为热量，该热量 dQ 被用于移动电荷，即 $dA = dQ$。

Отсюда $dA = dQ = i\dfrac{dq}{dt}R dt = idqR \Rightarrow dA/dq = u = iR$. Единицей измерения сопротивления является $B/A = Om$ (ом).

此时，$dA = dQ = i\dfrac{dq}{dt}R dt = idqR \Rightarrow dA/dq = u = iR$。电阻单位为 $V/A = \Omega$（欧姆）。

Величина обратная сопротивлению называется проводимостью $G = 1/R$ и измеряется в сименсах (См).

电阻的倒数被称为电导 $G = 1/R$，以西门子(S)为单位。

Электрическое сопротивление является основным параметром элемента электрической цепи, используемого для ограничения тока и называемого резистором. Идеализированный резистор обладает только этим параметром и называется резистивным элементом.

电阻是电路元件的重要参数，可用于限制电流，也被称为电阻器。仅具有电阻参数的理想电阻器被称为电阻元件。

Величина сопротивления резистора зависит от свойств материала, из которого он изготовлен, а также от его геометрических размеров. Но может зависеть также от величины и направления протекающего по нему тока. Если зависимости от тока нет, то вольт–амперная характеристика (ВАХ) резистора представляет собой прямую линию (рис. 1.5 (a)) и он является линейным элементом электрической цепи. При этом из уравнения вольт–амперной характеристики (рис. 1.4) следует, что сопротивление можно определить как тангенс угла наклона ВАХ (рис. 1.5(a))

电阻器的电阻值不仅取决于自身的制作材料及其几何尺寸，还取决于流经它的电流的大小和方向。若不依赖于电流，电阻器的电流–电压特性是一条直线（图1.5(a)），此时电阻器是电路的线性元件。在这种情况下，根据电流–电压特性等式(1.4)，可以求出电流电压特性曲线的斜率，即电阻值（图1.5 (a)）

$$R = \frac{u}{i} = \frac{m_u}{m_i}\tan\alpha$$

где m_u, m_i —масштабы осей напряжения и тока ВАХ.

其中 m_u 和 m_i 是电流–电压特性曲线的电压和电流轴的标度。

Пользуясь выражениями $(1.2(6))$ и (1.4) можно определить мощность рассеяния электрической энергии резистором.

利用表达式(1.2(6))和(1.4)，可以确定电阻器的功耗。

$$P = u \cdot i = i^2 R = u^2/R \tag{1.5}$$

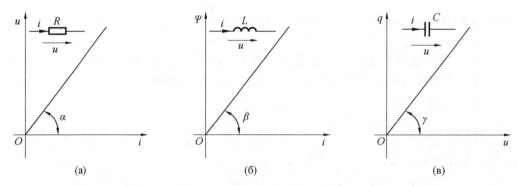

Рис. 1.5 Характеристика R, L и C

图 1.5 R、L 和 C 特性曲线

2. Катушка индуктивности　　电感器

Протекание тока в электрической цепи сопровождается возникновением магнитного поля в окружающей среде. Магнитному полю присуща энергия, равная работе, совершаемой электрическим током i в процессе создания поля и численно равная $W_{\text{м}} = L \cdot i^2/2$. Коэффициент L, определяющий энергию магнитного поля называется индуктивностью.

电路中的电流流动可使周围产生磁场。磁场中的固有能量等于磁场形成过程中电流 i 所做的功,其值等于 $W_{\text{м}} = L \cdot i^2/2$。决定磁场能量的系数 L 被称为电感。

Величина индуктивности участка электрической цепи зависит от магнитных свойств окружающей среды, а также от формы и геометрических размеров проводников, по которым протекает ток, возбуждающий магнитное поле. Чем больше величина магнитного потока, сцепляющегося с контуром (пронизывающего контур) участка электрической цепи, тем больше, при прочих равных условиях, величина его индуктивности. Сумма сцепляющихся с контуром цепи элементарных магнитных потоков Φ_k называется потокосцеплением— $\Psi = \sum\limits_{k=1}^{\omega} \Phi_k$. Для увеличения потокосцепления проводнику придают форму цилиндрической катушки. Тогда с каждым витком сцепляется практически один и тот же магнитный поток Φ и потокосцепление становится равным $\Psi = \omega \cdot \Phi$, где ω —число витков катушки. Такая катушка предназначена для формирования магнитного поля с заданными свойствами и называется катушкой индуктивности. Идеализированная катушка, основным и единственным параметром которой является индуктивность, называется индуктивным элементом.

电路中的电感值取决于介质的导磁性,以及导体的形状(绕制方式)和几何尺寸,电流流过导体形成磁场。在其他条件相同的情况下,与电路回路匝链(贯穿电路)的磁通量越大,其电感值越大。与电路回路匝链的磁通量 Φ_k 的总和被称为磁链 $\Psi = \sum\limits_{k=1}^{\omega} \Phi_k$。为增加磁链,可将电路设计成圆柱形线圈。实际上,每匝线圈都耦合相同的磁通 Φ,磁链 $\Psi = \omega \cdot \Phi$,其中 ω 是线圈的匝数。这种线圈被称为电感器,用于产生特定参数的磁场。将电感作为主要且唯一参数的理想线圈被称为电感元件。

Индуктивность численно равна отношению величины потокосцепления участка цепи к величине протекающего по нему тока

电感等于分段电路中磁链与电流之比，即

$$L = \Psi/i \tag{1.6}$$

Единицей измерения индуктивности является Вб/А＝Гн(генри).

电感的度量单位为 Wb/A＝H(亨利)。

Связь потокосцепления с током индуктивного элемента называется вебер-амперной характеристикой (ВбАХ). В случае линейной зависимости между этими величинами индуктивный элемент будет линейным и индуктивность может быть определена как тангенс угла наклона ВбАХ (рис. 1.5(6))

磁链与电感元件电流间的关系曲线被称为韦安特性曲线。当这些数值之间呈现线性关系曲线时，电感元件将是线性的，电感可视为韦安特性曲线的斜率(图1.5(6))

$$L = \frac{\psi}{i} = \frac{m_\psi}{m_i}\tan \beta$$

где m_Ψ, m_i —масштабы осей потокосцепления и тока ВбАХ.

其中 m_Ψ 和 m_i 是韦安特性曲线磁链和电流轴的标度。

Изменение потокосцепления катушки вызывает появление ЭДС самоиндукции.

线圈磁链的变化会引发自感应电动势。

$$e_L = -\frac{\mathrm{d}\Psi}{\mathrm{d}t} = -L\frac{\mathrm{d}i}{\mathrm{d}t} \tag{1.7}$$

Знак минус в выражении (1.7) показывает, что ЭДС, в соответствии с правилом Ленца, действует встречно по отношению к вызвавшему её изменению тока. Для того чтобы в катушке протекал ток, ЭДС самоиндукции должна уравновешиваться равным и встречно направленным напряжением.

根据楞次定律，表达式(1.7)中的负号表示电动势的极性与电流变化趋势相反。为了使线圈中有电流流动，自感应电动势必须由大小相等且方向相反的电压平衡。

$$u_L = -e_L = L\frac{\mathrm{d}i}{\mathrm{d}t}$$

Отсюда можно определить ток в индуктивном элементе

由此可确定电感元件中的电流

$$i = \frac{1}{L}\int_0^t u\mathrm{d}t + i(0)$$

где $i(0)$ —ток на момент начала интегрирования.

其中 $i(0)$ 是积分开始时的电流。

3. Конденсатор　电容器

Электрические заряды в цепи могут не только перемещаться по её элементам, но также накапливаться в них, создавая запас энергии $W_э = C \cdot u^2/2$, где u —напряжение на элементе электрической цепи, а C —коэффициент, определяющий запас энергии и называемый электрической ёмкостью или просто ёмкостью.

电荷不仅可以在电路元件中移动,也可以在其中累积,从而储存能量 $W_э = C \cdot u^2/2$,其中 u 是电路中电容元件的电压,C 是决定储存能量的系数,被称为电容量,简称电容。

Величина ёмкости участка электрической цепи зависит от электрических свойств окружающей среды, а также от формы и геометрических размеров проводников, в которых накапливаются заряды. Исторически первые накопители представляли собой плоские проводники, разделённые тонкой прослойкой изоляционного материала. Чем больше площадь проводников и чем меньше толщина изолирующей прослойки, тем больше, при прочих равных условиях, величина их ёмкости. Такая совокупность проводников, предназначенных для накопления энергии электрического поля, называется конденсатором. Идеализированный конденсатор, основным и единственным параметром которого является ёмкость, называется ёмкостным элементом. Ёмкость численно равна отношению величины электрического заряда на участке электрической цепи к величине напряжения на нём.

电路中的电容取决于介质的电特性,以及积聚电荷的导体的形状和几何尺寸。最早出现的电荷存储装置是扁平导体,它们之间被绝缘材料制成的薄层隔开。导体的面积越大,绝缘层的厚度越小,在其他条件相同的情况下,电容值就越大。这种用于存储电场能量的一组导体被称为电容器,将电容量作为主要且唯一参数的理想电容器被称为电容元件,电容量等于其储存的电荷量与端电压之比。

$$C = q/u \qquad (1.8)$$

Единицей измерения ёмкости является Кл/В = Ф (фарад). Связь заряда с напряжением на ёмкостном элементе называется кулон-вольтной характеристикой (КВХ). В случае линейной зависимости между этими величинами ёмкостный элемент будет линейным и ёмкость может быть определена как тангенс угла наклона КВХ (рис. 1.5 (в))

电容量单位为 C/V = F(法拉)。电荷量与电容元件两端的电压之间的关系曲线称为库仑伏特特性曲线。如果这些值之间呈线性关系,则电容元件是线性的,电容是库仑伏特特性曲线的斜率(图 1.5(в))

$$C = \frac{q}{u} = \frac{m_q}{m_u}\tan\gamma$$

где m_q , m_u —масштабы осей заряда и напряжения КВХ.
其中 m_q 和 m_u 是库仑伏特特性曲线电荷和电压轴的标度。

Изменение напряжения на конденсаторе вызывает изменение количества зарядов на электродах, т. е. электрический ток. Это следует из уравнения (1.8). Если взять производную по времени от числителя и знаменателя, считая, что C = const , то

电容器两端电压的变化会导致电极上电荷量(即电流)的变化。对等式(1.8)的分子和分母进行时间求导,并假设 C = const,则

$$\frac{dq}{dt} = i = C\frac{du}{dt} \qquad (1.9)$$

Отсюда можно определить напряжение на ёмкостном элементе
由此可确定电容元件上的电压

$$u = \frac{1}{C}\int_0^t i\,\mathrm{d}t + u(0) \tag{1.10}$$

где $u(0)$ —напряжение на момент начала интегрирования.

其中 $u(0)$ 是积分开始时的电压。

Таблица 1.1 показывает пассивные элементы электрической цепи.

电路中的无源元件见表 1.1。

Таблица 1.1 Пассивные элементы электрической цепи

表 1.1 电路中的无源元件

Название идеального элемента цепи 理想元件名称	Параметр элемента 元件参数	Условное обозначение 图例	Величина тока 电流值	Величина напряжения 电压值
Резистор 电阻器	Сопротивление 电阻 $R(\text{Ом})$		$i = u/R$	$u = R \cdot i$
Катушка индуктивности 电感器	Индуктивность 电感 $L(\text{Гн})$		$i = \frac{1}{L}\int_0^t u\,\mathrm{d}t + i(0)$	$u = L\frac{\mathrm{d}i}{\mathrm{d}t}$
Конденсатор 电容器	Ёмкость 电容 $C(\Phi)$		$i = C\frac{\mathrm{d}u}{\mathrm{d}t}$	$u = \frac{1}{C}\int_0^t i\,\mathrm{d}t + u(0)$

Таким образом, из выражений $(1.1—1.10)$ следует, что электромагнитные процессы в электрической цепи полностью описываются понятиями электродвижущей силы, напряжения и тока, а количественные соотношения между этими величинами определяются тремя параметрами элементов: сопротивлением, индуктивностью и ёмкостью. При этом следует отметить, что все рассмотренные элементы электрической цепи (резистор, катушка индуктивности и конденсатор) обладают всем набором параметров (R, L и C), т. к. в любом физическом объекте при протекании электрического тока происходит необратимое преобразование энергии с выделением тепла, возникают процессы, связанные с накоплением и перераспределением электрических зарядов, а в окружающей среде создаётся магнитное поле. Однако при определённых условиях то или иное свойство объекта проявляется сильнее и, соответственно, большее значение имеет параметр, связанный с этим свойством, в то время как остальными свойствами и соответствующими параметрами можно просто пренебречь.

因此,从表达式 1.1—1.10 可知,电路中的电磁过程完全可由电动势、电压和电流的概念来描述,这些物理量之间的数值关系由元件的三个参数决定:电阻、电感和电容。应当注意的是,电路中研究的所有元件(电阻器、电感器和电容器)都同时含有参数 R,L 和 C,这是因为在电流流经的任何器件中都会有热量释放,发生不可逆的能量转换,产生电荷积累和再分配等相应过程,并在周围产生磁场。但在特定条件下,器件的某个特性会更加突显,因此,与此特性相关的参数就变得更加重要,与此同时,其余特性和相应的参数可被直接忽略。

Из трёх рассмотренных элементов цепи только резистивный элемент связан с необратимым преобразованием электрической энергии. Индуктивный и ёмкостный элементы соответствуют процессам накопления энергии в магнитном и электрическом полях с последующим возвратом её в источник в том же количестве, в котором она была накоплена.

在上述研究的三类电路元件中,只有电阻元件与电能的不可逆转换相关。电感元件和电容元件对应于磁场和电场中能量的累积,能量随后会以相同的累积量返回电源。

1.3.2 Активные элементы 有源元件

Активными элементами электрической цепи являются зависимые и независимые источники электрической энергии. К зависимым источникам относятся электронные лампы, транзисторы, операционные усилители и другие, к независимым источникам—аккумуляторы, электрогенераторы, термоэлементы, пьезодатчики и другие преобразователи.

电路有源元件可分为受控电源和独立电源。受控电源包括电子管、晶体管、运算放大器等,独立电源是指电池、发电机、热电偶、压电传感器和其他转换器。

1. Независимый источник 独立电源

Независимые источники можно представить в виде двух моделей: источника напряжения и источника тока.

独立电源可以用两种模型来表示:电压源和电流源。

Независимым источником напряжения называют идеализированный двухполюсный элемент, напряжение на зажимах которого не зависит от протекающего через него тока. Условное обозначение источника напряжения показано на рис. 1.6(а).

独立电压源是理想的两极元件,其两端的电压不取决于流过它的电流。电压源的符号如图1.6(a)所示。

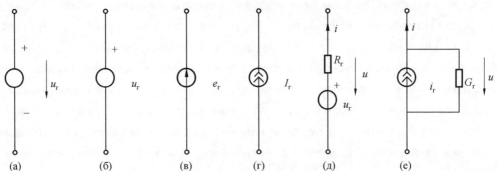

Рис. 1.6 Независимый источник
图1.6 独立电源

Внутреннее сопротивление источника напряжения равно нулю и иногда при изображении источника напряжения обозначают знаком "+" только один из зажимов и не показывают стрелкой положительное направление $e_\text{г}$, имея в виду, что оно действует от

"+" к "−" (рис. 1.6(6)). Источник напряжения полностью характеризуется своим задающим напряжением $u_\text{г}$, или электродвижущей силой (ЭДС) $e_\text{г}$ (рис. 1.6(в)).

电压源内部电阻为零,有时在描述电压源时,仅用符号"+"表示其中一个端子,不用箭头来标示 $e_\text{г}$ 的正方向,这意味着它的作用方向是从"+"至"−"(图1.6(6))。电压源可完全由电压 $u_\text{г}$ 或电动势 $e_\text{г}$ 来表征[1](图1.6(в))。

Вольт−амперная характеристика идеального источника напряжения представляет собой прямую, параллельную оси токов (рис. 1.7(а)). Такой идеализированный источник способен отдавать во внешнюю цепь бесконечно большую мощность. Ясно, что физически такой источник реализовать нельзя. Однако в определённых пределах изменения тока он достаточно близко отражает реальные свойства независимых источников.

理想电压源的电流−电压特性曲线是一条平行于电流轴的直线(图1.7(а))。这样的理想电源能够向外电路输送无穷大的功率。显然,这样的电源是无法实现的,但在电流变化的特定范围内,它非常近似地反映了独立电源的真实特性。

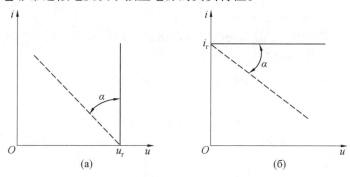

Рис. 1.7 Характеристики источников тока и напряжения

图 1.7 电流源和电压源的特性曲线

Независимым источником тока называют идеализированный двухполюсный элемент, ток которого не зависит от напряжения на его зажимах. Условное обозначение источника тока показано на рис. 1.6(г). Источник тока полностью характеризуется своим задающим током $i_\text{г}$. Внутренняя проводимость источника тока равна нулю (внутреннее сопротивление бесконечно велико) и ВАХ представляет собой прямую, параллельную оси напряжений (рис. 1.7(6)). Такой источник также способен отдавать во внешнюю цепь бесконечно большую мощность и является идеализацией реальных независимых источников. Такая идеализация источника энергии во многих случаях существенно упрощает расчёты электрических цепей.

独立电流源是理想化的两极元件,其电流不取决于其端子上的电压。电流源图例如图1.6(г)所示。电流源可完全由其指定电流 $i_\text{г}$ 表征。电流源的内部电导率为零(内部电阻无穷大),并且电流−电压特性曲线是与电压轴平行的直线(图1.7(6))。这样的电源也能够向外电路输送无穷大的功率,因而它是真实独立电源的理想化模型。在许多情况下,这种将

---

[1]　在后续章节中,所有的电压源和电动势源均采用图1.6(в)所示图例。

电源理想化的方法能够极大地简化电路计算。

Свойства реальных источников с конечным внутренним сопротивлением $R_{вт}$ можно моделировать с помощью независимых источников напряжения и тока с дополнительно включёнными резистивными сопротивлениями $R_г$ или проводимостью $G_г$（рис. 1.6(д) и (е)）. Напряжение и отдаваемый ток i этих источников зависят от параметров подключаемой к ним цепи, а их ВАХ имеет тангенс угла наклона α, пропорциональный $R_г$ и $G_г$ соответственно（штриховые линии на рис. 1.7）.

在模拟具有有限内阻 $R_{вт}$ 的实际电源的特性时,需要借助独立电压源和电流源以及被接入的电阻 $R_г$ 或电导 $G_г$（图1.6（д）和图1.6(е)）。这些电源的电压和输出电流 i 取决于接入电路的参数,并且它们的电流–电压特性曲线分别具有与 $R_г$ 和 $G_г$ 成比例的倾斜角 α（图1.7 中的虚线）。

Источник энергии с известной ЭДС E и внутренним сопротивлением $R_{вт}$ может быть представлен ещё одним способом, часто используемым в расчётах электрических цепей. Доказательство представлено ниже.

具有电动势 E 和内阻 $R_{вт}$ 的电动势源可以由另一种形式的电路来替代,这种方式通常用于电路的计算。证明过程如下。

Для цепи（рис. 1.8(a)）справедливо соотношение：

对于电路图1.8（a),以下关系式成立:

$$E = (R_{вт} + R)I = U + R_{вт}I \tag{1.11}$$

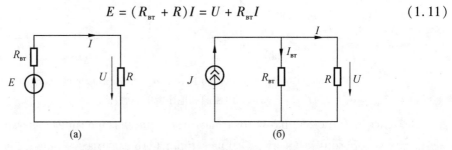

Рис. 1.8 Эквивалентная схема с источником

图1.8 电源的等效电路

Преобразуем выражение（1.11）, поделив его на $R_{вт}$：

两侧除以 $R_{вт}$,表达式（1.11）可变换为:

$$J = I + UG_{вт} = I + I_{вт} \tag{1.12}$$

где $G_{вт}$—внутренняя проводимость источника энергии; $J = E/R_{вт}$—ток в цепи источника при $R=0$（коротком замыкании его зажимов）; $I_{вт} = U/R_{вт} = UG_{вт}$—ток, равный отношению напряжения на зажимах источника энергии к его внутреннему сопротивлению; $I = U/R = UG$—ток приёмника; $G = 1/R$—проводимость приёмника.

其中 $G_{вт}$ 是电源的内部电导; $J = E/R_{вт}$,它是当 $R=0$ 时源电路中的电流（端子短路）; $I_{вт} = U/R_{вт} = UG_{вт}$,该电流等于电源端子电压与其内阻的比率; $I = U/R = UG$ 是负载电流; $G = 1/R$ 是负载电导。

Уравнению（1.12）соответствует эквивалентная схема рис. 1.8(б).

表达式(1.12)与图1.8(б)中的等效电路对应。

2. Зависимый источник　受控电源

Свойства целого ряда электронных устройств нельзя описать моделью соединенных между собой указанных выше независимых источников и пассивных двухполюсных элементов. К числу таких устройств относятся электронные лампы, транзисторы, операционные усилители и другие электронные приборы. Это так называемые зависимые или управляемые источники.

许多电子设备的特性不能借助上述独立电源与无源双端元件互连的模型来描述。这些设备包括电子管、晶体管、运算放大器及其他电子设备，它们是通常所说的非独立电源或受控电源。

Зависимый источник представляет собой четырёхполюсный элемент (рис. 1.9) с двумя парами зажимов — входных (1, 1′) н выходных (2, 2′). Входные ток i_1 и напряжение u_1 являются управляющими. Различают следующие разновидности зависимых источников: источник напряжения, управляемый напряжением (ИНУН); источник тока, управляемый напряжением (ИТУН); источник напряжения, управляемый током (ИНУТ); источник тока, управляемый током (ИТУТ). На рис. 1.9 показаны условные обозначения зависимых источников различного типа.

受控电源是一个四端元件（图1.9），带有两对端子：输入端（1,1′）和输出端（2,2′）。输入电流 i_1 和电压 u_1 分别表示控制电流和控制电压。受控电源分为多种类型：电压控制电压源（Voltage Controlled Voltage Source，VCVS）、电压控制电流源（Voltage Controlled Current Source，VCCS）、电流控制电压源（Current Controlled Voltage Source，CCVS）和电流控制电流源（Current Controlled Current Source，CCCS），以上4种类型的受控电源图例如图1.9所示。

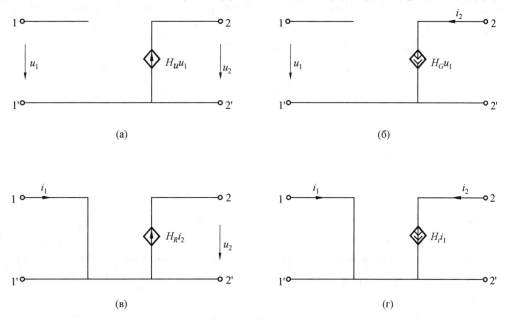

Рис. 1.9 Условные обозначения зависимых источников различного типа

图1.9 各种受控电源的图例

В ИНУН（рис. 1.9（a）） входное сопротивление бесконечно велико，входной ток $i_1 = 0$，а выходное напряжение u_2 связано со входным u_1 равенством $u_2 = H_u u_1$，где H_u — коэффициент，характеризующий усиление по напряжению зависимого источника. Источник типа ИНУН является идеальным усилителем напряжения.

在电压控制电压源中（图1.9（a）），输入电阻无穷大，输入电流 $i_1 = 0$，输出电压 u_2 与输入电压 u_1 的关系为：$u_2 = H_u u_1$，其中 H_u 表征受控电源的电压增益，电压控制电压源是理想的电压放大器。

В ИТУН（см. рис. 1.9（б）） выходной ток i_2 управляется входным напряжением u_1 причём $i_1 = 0$ и ток i_2 связан с u_1 равенством $i_2 = H_G u_1$，где H_G — коэффициент，имеющий размерность проводимости.

在电压控制电流源中（图1.9（б）），输出电流 i_2 由输入电压 u_1 控制，同时 $i_1 = 0$ 且电流 i_2 与输入电压 u_1 的关系为 $i_2 = H_G u_1$，其中 H_G 是具有电导量纲的系数。

В ИНУТ（рис. 1.9（в）） выходным напряжением u_2 управляется входное ток i_1，входная проводимость бесконечно велика：$u_1 = 0$，$u_2 = H_R i_1$，где H_R —коэффициент，имеющий размерность сопротивления.

在电流控制电压源中（图1.9（в）），输入电流 i_1 控制输出电压 u_2，输入电导无穷大：$u_1 = 0$，$u_2 = H_R i_1$，其中 H_R 是具有电阻量纲的系数。

В ИТУТ（рис. 1.9（г）） управляющим током является i_1，а управляемым i_2. Входная проводимость ИТУТ，как и ИНУТ，бесконечно велика，$u_1 = 0$，$i_2 = H_i i_1$，где H_i —коэффициент，характеризующий усиление по току. Источник типа ИТУТ является идеальным усилителем тока. Коэффициенты H_u，H_G，H_R，H_i，представляют собой вещественные положительные или отрицательные числа и полностью характеризуют соответствующий источник.

在电流控制电流源中（图1.9（г）），控制电流为 i_1，受控电流为 i_2。与电流控制电压源一样，电流控制电流源的输入电导无穷大，$u_1 = 0$，$i_2 = H_i i_1$，其中 H_i 表征电流增益。电流控制电流源是理想的电流放大器。系数 H_u、H_G、H_R 和 H_i 是正实数或负实数，它们可完全表征相应的电源。

Примером зависимого источника является операционный усилитель （ОУ）. Выпускаемые в виде отдельной микросхемы（рис. 1.10（a）） ОУ широко применяются в качестве активных элементов электрической цепи.

运算放大器（Operational Amplifier，OA）是受控电源的一种类型。运算放大器由特定微电路构成（图1.10（a）），是一种被广泛应用的有源元件。

Операционный усилитель имеет два входа：1—неинвертирующий и 2—инвертирующий. При подаче напряжения u_1 на вход 1—выходное напряжение u_2 имеет ту же полярность，что и u_1，а при подаче u_1 на вход 2 напряжение u_2 меняет свою полярность на противоположную.

运算放大器具有两个输入端：1——同相输入端和2——反相输入端。将电压 u_1 施加到输入端 1 时，输出电压 u_2 的极性与 u_1 的极性相同；将输入电压 u_1 施加到输入端 2 时，输出电压 u_2 的极性与 u_1 的极性相反。

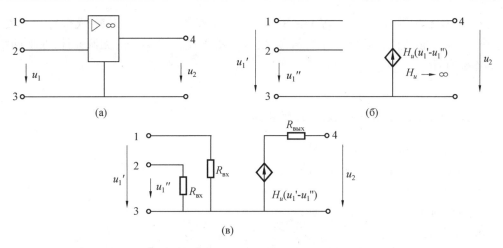

Рис. 1. 10 Схемы операционного усилителя

图 1.10 运算放大器电路

Идеальный ОУ（рис. 1. 10（б））представляет собой ИНУН с бесконечно большим коэффициентом усиления（$H_u \to \infty$）, бесконечно большими входным сопротивлением и выходной проводимостью（выходное сопротивление равно нулю）.

理想的运算放大器（图 1.10（б））是电压控制电压源, 具有无穷大电压增益（$H_u \to \infty$）、无穷大的输入阻抗和输出电导（输出电阻为零）。

Реальный ОУ можно представить в виде ИНУНа с конечными входным $R_{вх}$ и выходным $R_{вых}$ сопротивлениями（рис. 1. 10（в））.

实际的运算放大器是具有有限输入电阻 $R_{вх}$ 和输出电阻 $R_{вых}$ 的电压控制电压源（图 1. 10（в））。

Кроме ОУ в качестве активных элементов электрических цепей широко используются различные электронные и полупроводниковые приборы: электронные лампы, биполярные и полевые транзисторы и др.

除运算放大器外, 有源元件还包括各种电子和半导体器件: 电子管、双极晶体管和场效应晶体管等。

Отличительной особенностью зависимых источников является их необратимость, т. е. цепи с этими источниками имеют чётко выраженный вход и выход. Таким образом, для цепей с зависимыми источниками различают путь прямого прохождения сигнала（от входа к выходу）и обратного прохождения（с выхода на вход）, реализуемого с помощью специальных цепей обратной связи（ОС）. Необходимость введения в активные цепи ОС объясняется рядом важных качеств, которыми эти цепи обладают: возможностью моделирования различных функций（суммирование, интегрирование, дифференцирование и др.）, генерированием и усилением колебаний, моделированием пассивных элементов типа R, L, C и их преобразованием, перемещение нулей и полюсов функции цепи и др.

受控电源的区别性特征是不可逆性, 即含有这些电源的电路具有既定输入端和输出端。因此, 在受控电源电路中, 可借助反馈电路来区分正向信号通道（从输入到输出）和反向信号通道(从输出到输入)。在有源电路中引入反馈电路可实现以下功能:模拟各种函数(求和、积分、微分等),产生和放大振荡信号,模拟和变换 R、L、C 类型的无源元件,改变网络函数的零极点等。

Новые слова и словосочетания　　单词和词组

---

1. активный элемент 有源元件
2. пассивный элемент 无源元件
3. индуцироваться[完,未] 感应
4. электродвигатель [阳] 电动机
5. заряд 充电
6. противодействие 反作用
7. закон Джоуля–Ленца 焦耳–楞次定律
8. обратная величина 倒数
9. проводимость [阴] 电导
10. геометрический размер 几何尺寸
11. зависимость[阴]关系曲线
12. вольт–амперная характеристика (ВАХ)电流–电压特性,伏安特性
13. тангенс 正切
14. наклон 斜率
15. угол наклона 倾角
16. пропорциональный 成比例的
17. потокосцепление 磁链
18. магнитный поток 磁通(量)
19. вебер–амперная характеристика (ВбАХ) 韦安特性
20. линейный 线性的
21. самоиндукция 自感应
22. уравновешиваться [未] 平衡
23. интегрирование 积分
24. накопитель[阳] 存储装置
25. изоляционный материал 绝缘材料
26. изолировать[完,未] 隔离,使绝缘
27. кулон–вольтная характеристика (КВХ) 库仑伏特特性
28. электромагнитный процесс 电磁过程
29. операционный усилитель (ОУ)运算放大器
30. электрогенератор 发电机
31. термоэлемент 热电偶
32. пьезодатчик 压电传感器
33. преобразователь [阳] 转换器

34. независимый источник 独立电源

35. двухполюсный 二极的

36. внутреннее сопротивление 内阻

37. соотношение 关系式,比值

38. короткое замыкание 短路

39. бесконечность［阴］无穷大

40. зависимый источник 受控电源

41. четырёхполюсный 四极的

42. входный зажим 输入端

43. выходный зажим 输出端

44. источник напряжения, управляемый напряжением（ИНУН）电压控制电压源

45. источник тока, управляемый напряжением（ИТУН）电压控制电流源

46. источник напряжения, управляемый током（ИНУТ）电流控制电压源

47. источник тока, управляемый током（ИТУТ）电流控制电流源

48. микросхема 微电路

49. вход 输入,输入端

50. неинвертирующий 同相的

51. инвертирующий 反相的

52. полярность［阴］极性

53. усиление 放大

54. коэффициент усиления 放大系数

55. полевой 场效应的

56. необратимость［阴］不可逆性

57. суммирование 求和

58. дифференцирование 微分

59. колебание 振荡

60. функция 函数

Вопросы для самопроверки　　**自测习题**

1. Чем отличается пассивный элемент от активного? 如何区分无源元件和有源元件?

2. Чем определяется величина сопротивления, индуктивности и ёмкости? 电阻、电感和电容的值由什么决定?

3. Чем отличается резистор от остальных пассивных элементов? 与其他无源元件相比,电阻有什么区别性特征?

4. Какие элементы относятся к независимым источникам? Как эти элементы обычно изображаются? 哪些元件属于独立电源? 这些元件的图例如何表示?

5. Чем полностью характеризуется источник напряжения? 电压源可由哪些物理量来完全表征?

6. Опишите вольт – амперные характеристики идеального источника напряжения и реального источника напряжения, и объясните их разницу. 描述理想电压源和实际电压源的电流–电压特性及区别。

7. Перечислите разновидности зависимых источников и их входные и выходные параметры. 列举受控电源的类型及其输入和输出参数的特征。

1.4 Законы Ома и Кирхгофа　欧姆定律和基尔霍夫定律

Основой для расчёта режима работы любой электрической цепи являются законы Ома и Кирхгофа. С их помощью, зная параметры элементов электрической цепи можно определить протекающие в ней токи и действующие напряжения. Можно также решить обратную задачу определения параметров цепи, обеспечивающих требуемые токи и напряжения.

欧姆定律和基尔霍夫定律是任何电路工作状态计算的基础。借助这两个定律,在知道电路元件参数的条件下,可得出电路中流动的电流和电压,还可以反过来求出确保所需电流和电压的电路参数。

Закон Ома устанавливает связь между током и напряжением на участках цепи. Для любого участка цепи, не содержащего активных элементов справедливо соотношение

欧姆定律揭示了分段电路中电流和电压之间的关系。对于不包含有源元件的任意一段电路,下列关系式成立

$$I = U/R \tag{1.13}$$

Закон Ома можно записать и для участков цепи, содержащих источник ЭДС (рис. 1.11). В этом случае его называют обобщённым законом Ома. Пусть ток на участке ac протекает от точки a к точке c. Это означает, что потенциал φ_a выше, чем φ_c и напряжение $U_{ac} = \varphi_a - \varphi_c > 0$, т. е. положительное направление U_{ac} совпадает с направлением тока. Прибавим и вычтем из U_{ac} потенциал точки b. Тогда $U_{ac} = \varphi_a - \varphi_b + \varphi_b - \varphi_c = U_{ab} + U_{bc}$. Напряжение на резисторе участка ab всегда совпадает с направлением тока и равно $U_{ab} = \varphi_a - \varphi_b = RI$, а напряжение на выводах источника ЭДС всегда противоположно E, т. е. $U_{bc} = \varphi_b - \varphi_c = -E$. Отсюда $U_{ac} = RI - E$. Если направление действия ЭДС будет противоположным направлению протекания тока, то изменятся направление и знак напряжения $U_{bc} = \varphi_b - \varphi_c = E$, и напряжение на участке ac будет равно $U_{ac} = RI + E$. В общем случае $U_{ac} = RI \pm E$, а протекающий ток равен

欧姆定律也可应用于包含电动势源的电路段(图1.11)。在这种情况下,它被称为广义欧姆定律。若 ac 段中的电流从点 a 流向点 c,这表示电势 φ_a 比 φ_c 高,电压 $U_{ac} = \varphi_a - \varphi_c > 0$,即 U_{ac} 正向与电流的方向一致。若从 U_{ac} 中添加和消除 b 点电动势,此时 $U_{ac} = \varphi_a - \varphi_b + \varphi_b - \varphi_c = U_{ab} + U_{bc}$,ab 段电阻电压的方向通常与电流方向重合, $U_{ab} = \varphi_a - \varphi_b = RI$,电动势源输出端的电压通常与 E 相反,即 $U_{bc} = \varphi_b - \varphi_c = -E$ 。由此得出, $U_{ac} = RI - E$ 。若电动势方向与电流方向相反,那么电压方向和符号也将改变, $U_{bc} = \varphi_b - \varphi_c = E$,ac 段的电压将等于 $U_{ac} = RI + E$ 。一般情况下, $U_{ac} = RI \pm E$,而流经的电流等于

$$I = (U_{ac} \pm E)/R \qquad (1.14)$$

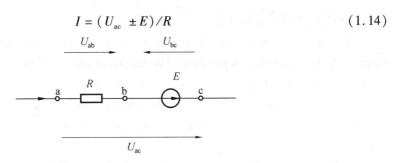

Рис. 1.11 Участки цепи, содержащих источник ЭДС

图 1.11 包含电动势源的电路段

Положительный знак в выражении (1.14) соответствует согласному направлению тока и ЭДС, а отрицательный встречному. Участок электрической цепи может содержать в общем случае n источников ЭДС и m резисторов. Тогда, используя тот же ход рассуждений, получим

公式(1.14)中的正号表示电流和电动势的方向一致,负号表示二者方向相反。电路部分通常可以包含 n 个电动势源和 m 个电阻。此时,使用相同的推理方法,可得

$$I = \frac{U_{ac} + \sum_{k=1}^{n} \pm E_k}{\sum_{k=1}^{m} R_k} \qquad (1.15)$$

В выражении (1.15) знак ЭДС в сумме принимается положительным, если её направление совпадает с положительным направлением протекания тока.

在表达式(1.15)中,电动势的符号被设定为正,前提是它的方向与电流的正方向一致。

Законы Кирхгофа являются частным случаем фундаментальных физических законов применительно к электрическим цепям. Соотношения между токами и ЭДС в ветвях электрической цепи и напряжениями на элементах цепи, позволяющие произвести расчёт электрической цепи, определяются двумя законами Кирхгофа.

基尔霍夫定律是应用于电路的基本物理定律中的特例。电路支路中电动势、电路元件电流和电压的相互关系需依据基尔霍夫两条分定律来确定。

Первый закон Кирхгофа отражает принцип непрерывности движения электрических зарядов, из которого следует, что в любой момент времени количество электрических зарядов, направленных к узлу, равно количеству зарядов, направленных от узла, т. е., что электрический заряд в узле не накапливается. Поэтому алгебраическая сумма токов в ветвях, сходящихся в узле электрической цепи, равна нулю

基尔霍夫第一定律反映了电荷连续运动的规律,从中可推导出,在任一瞬间流向结点的电荷的数量等于从结点流出的电荷的数量,即结点中的电荷无法蓄积,支路中通过结点的电流量的代数和为零

$$\sum_{k=1}^{n} I_k = 0 \qquad (1.16)$$

где n — число ветвей, сходящихся в узле.

其中 n 是通过结点的支路数量。

До написания уравнения (1.16) необходимо задать условные положительные направления токов в ветвях, обозначив эти направления на схеме стрелками. В уравнении (1.16) токи, направленные к узлу, записывают с одним знаком (например, с плюсом), а токи, направленные от узла — с противоположным знаком (с минусом). Таким образом, для узла b схемы (рис. 1.4) уравнение по первому закону Кирхгофа будет иметь вид

在列写方程式(1.16)之前,需设定各支路电流的正方向,并在电路图中用箭头标示。在方程式(1.16)中,流向结点的电流用一种符号表示(例如正号),而流出结点的电流用相反符号标示(负号)。对于电路中的结点 b(图1.4),依据基尔霍夫第一定律,方程式为

$$I_1 - I_3 - I_5 = 0$$

Первый закон Кирхгофа может быть сформулирован иначе: сумма токов, направленных к узлу, равна сумме токов, направленных от узла. Тогда уравнение для узла (рис. 1.4) будет записано так

基尔霍夫第一定律也可表述为:在任一瞬时时刻,流向某一结点的电流之和恒等于由该结点流出的电流之和。结点(图1.4)的方程式为

$$I_1 = I_3 + I_5$$

Второй закон Кирхгофа отражает физическое положение, состоящее в том, что изменение потенциала во всех элементах контура в сумме равно нулю. Это значит, что при обходе контура abcda электрической цепи, показанной на рис. 1.12, в силу того, что потенциал точки а один и тот же, общее изменение потенциала в контуре равно нулю. Из этого следует такая формулировка второго закона Кирхгофа.

基尔霍夫第二定律揭示了回路中的所有元件的电势之和等于 0。如图 1.12 所示,在沿 abcda 绕行一周的回路中,由于 a 点的电势相同,回路中电势的总变化等于 0,由此得出基尔霍夫第二定律。

В любом контуре электрической цепи постоянного тока алгебраическая сумма ЭДС равна алгебраической сумме падений напряжений на всех элементах этого контура

直流电路中任一回路上电动势之和恒等于各电阻上的电压降之和

$$\sum_{k=1}^{n} E_k = \sum_{k=1}^{m} R_k I_k \qquad\qquad (1.17)$$

где n —число ЭДС в контуре, m—число элементов с сопротивлением R_k в контуре.
其中 n 是回路中电动势源的数量;m 是回路中电阻元件 R_k 的数量。

При составлении уравнений по второму закону Кирхгофа предварительно задают условные положительные направления токов во всех ветвях электрической цепи и для каждого контура выбирают направление обхода. Если при этом направление ЭДС совпадает с направлением обхода контура, то такую ЭДС берут со знаком плюс, если не совпадает— со знаком минус. Падения напряжений в правой части уравнения (1.17) берут со знаком плюс, если положительное направление тока в данном элементе цепи совпадает с направлением обхода контура, если не совпадает—со знаком минус.

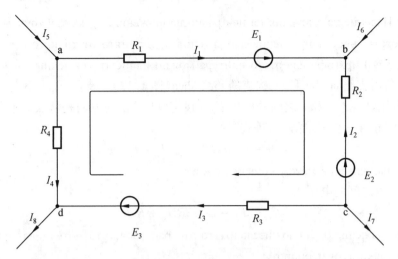

Рис. 1.12 Схема одного контура многоконтурной электрической цепи

图 1.12 多回路电路中的一个回路

依据基尔霍夫第二定律构建方程式时,需预先设定电路中所有支路电流的正方向,并为每一个回路选择绕行的方向。若此时电动势的方向与回路绕行的方向一致,那么这样的电动势用正号表示,如果不一致,则用负号表示。如果该电路元件的电流正方向与回路绕行的方向一致,则公式(1.17)中右面部分的电压降带正号,如果方向不一致,则带负号。

Внутренние сопротивления $R_{вт}$ источников ЭДС на электрических схемах могут быть изображены по-разному (рис. 1.13).

电路图中电动势源内阻 $R_{вт}$ 可用不同方式标示(图 1.13)。

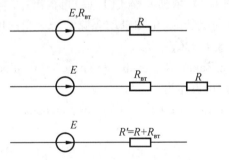

Рис. 1.13 Способы отображения на схемах наличия

внутреннего сопротивления источника ЭДС

图 1.13 电动势源内阻标示方式

Для контура abcda (рис. 1.12), сопротивления ветвей которого включают в себя и внутренние сопротивления источников ЭДС, управление (1.17) принимает вид

对于 abcda 形成的回路(图 1.12),支路中的电阻还包括电动势源的内阻,方程式(1.17)可写为

$$E_1 - E_2 + E_3 = R_1 I_1 - R_2 I_2 + R_3 I_3 - R_4 I_4$$

Рассмотрим теперь контур abca (рис. 1.12), состоящий из ветвей ab, bc и ca. Ветвь ca, замыкающая контур, проходит в пространстве, в котором отсутствуют источники ЭДС. Падение напряжения на ней равно напряжению U_{ca} между точками c и a (условное положительное направление напряжения U_{ca} принято от точки c к точке a). По второму закону Кирхгофа для этого контура можно написать уравнение

现在分析由支路 ab,bc 和 ca 构成的环路 abca(图 1.12)。支路 ca 中不存在电动势源,支路 ca 的电压降等于 c 和 a 之间的电压 U_{ca}(设定电压 U_{ca} 的方向是从点 c 到点 a)。依据基尔霍夫第二定律,这个回路的方程式为

$$E_1 - E_2 = R_1 I_1 - R_2 I_2 + U_{ca}$$

Откуда напряжение между точками c и a

c 点和 a 点之间的电压为

$$U_{ca} = E_1 - E_2 - R_1 I_1 + R_2 I_2$$

Если напряжение U_{ca} положительно, то это означает, что потенциал точки c выше потенциала точки a, и наоборот.

如果电压 U_{ca} 是正向的,那么点 c 的电势比点 a 的电势高,反之亦然。

Таким образом, используя второй закон Кирхгофа, можно опеределять разность потенциалов (напряжений) между любыми двумя точками электрической цепи.

因此,依据基尔霍夫第二定律,可确定电路中任意两点电势(电压)的差值。

Для одноконтурной схемы (рис. 1.3) в соответствии с уравнением (1.17) можно записать: $E = RI = U_R$. Но вместо ЭДС E при обходе контура по направлению тока можно взять напряжение на зажимах источника ЭДС, которое направлено противоположно направлению обхода контура, в результате чего получим $U_R - U = 0$ или $U = U_R$.

对于单回路电路图(图 1.3),依据方程式(1.17)可得出:$E = RI = U_R$。用电压替代电动势 E,当回路沿电流的方向绕行时,可知电动势源端子承受的电压与回路绕行的方向相反,由此得出:$U_R - U = 0$ 或 $U = U_R$。

Следовательно, второй закон Кирхгофа можно сформулировать в таком виде

因此基尔霍夫第二定律可表述为

Сумма напряжений на всех элементах контура, включая источники ЭДС, равна нулю.

在回路中包括电动势源在内的所有元件电压的代数和恒等于零。

$$\sum_k U_k = 0$$

Если в ветви имеется n последовательно соединённых элементов с сопротивлением элемента R_k, то

若在支路中有 n 个电阻元件 R_k 串联连接,那么

$$U = \sum_{k=1}^{n} U_k$$

где $U_k = R_k I_k$, т. е. падение напряжения на участке цепи или напряжение между зажимами ветви, сосоящей из последовательно соединённых элементов, равно сумме падений напряжений на этих элементах.

其中 $U_k = R_k I_k$,代表电路支路的电压降或元件串联连接支路的端子之间的电压降等于这些

元件上的电压降的代数和。

Новые слова и словосочетания 单词和词组

1. закон Ома 欧姆定律
2. закон Кирхгофа 基尔霍夫定律
3. непрерывность［阴］连续性

Вопросы для самопроверки 自测习题

1. Что такое закон Ома? 什么是欧姆定律?

2. Сформулируйте первый и второй законы Кирхгофа. 表述基尔霍夫两条定律的内容。

3. Какой принцип отражает первый закон Кирхгофа? Почему алгебраическая сумма электрических токов в узлах цепи равна нулю? 基尔霍夫第一定律反映了什么规律? 为什么电路结点中电流的代数和等于零?

4. Как предварительно задают условные положительные направления токов во всех ветвях электрической цепи при составлении уравнений по второму закону Кирхгофа и для каждого контура выбирают направление обхода? 在基尔霍夫第二定律构建方程式时，如何预先设定电路中所有支路电流的正向? 如何选择每一个回路的绕行方向?

5. В чем суть первого и второго законов Кирхгофа? 基尔霍夫第一定律和第二定律的本质是什么?

1.5 Режимы работы электрической цепи 电路工作条件

Элементами электрической цепи являются конкретные электротехнические устройства, которые могут работать в различных режимах. Режимы работы как отдельных элементов, так и всей электрической цепи характеризуются значениями тока и напряжения. Поскольку ток и напряжение в общем случае могут принимать любые значения, то режимов может быть бесчисленное множество.

电路中的电子设备由具体元件构成,这些电子设备可在不同条件下工作。电流和电压可表征部分元件或全部电路的工作条件。通常电流和电压可为任意值,因而工作条件可以是无数量值的集合。

Рассмотрим наиболее характерные режимы работы электрической цепи с источником ЭДС, к которому подключен электроприёмник с регулируемым сопротивлением R (рис. 1.14). Пусть ЭДС E источника и его внутреннее сопротивление $R_{вт}$ остаются неизменными. Ток в цепи изменяется при изменении сопротивления R электроприёмника, который является линейным элементом. Для схемы (рис. 1.14) по второму закону Кирхгофа можно записать

下面来分析带电动势源电路的工作条件,图1.14电路中接入了可变电阻 R 的负载。假定电动势源 E 及其内阻 $R_{вт}$ 均不变,而电路中的电流随着线性电阻元件 R 的变化而不断变化。依据基尔霍夫第二定律,图1.14中的方程式为

$$E = RI + R_{вт}I \qquad (1.18)$$

где $RI = U$ —напряжение на зажимах приёмника, т. е. напряжение на зажимах внешней цепи; $R_{вт}I$ —падение напряжения внутри источника ЭДС. Так как приёмник присоединён непосредственно к зажимам источника ЭДС, то напряжение U одновременно является напряжением на его зажимах.

其中 $RI = U$ 为负载端子电压,即外电路端子上的电压;$R_{вт}I$ 是电动势源内的电压降。负载被直接接到电动势源的端子上,因而电压 U 是端子上的电压。

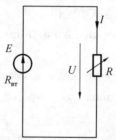

Рис. 1.14 Схема простейшей цепи постоянного тока
с переменным сопротивлением электроприёмника

图1.14 带可变电阻的最简单直流电路

Из уравнения（1.18）следует

由方程式（1.18）可推出

$$U = E - R_{вт}I \qquad (1.19)$$

Это уравнение, описывающее зависимость напряжения на зажимах источника ЭДС от тока в цепи, является уравнением внешней характеристики источника ЭДС（рис. 1.15）. При условии, что $E = \mathrm{const}$ и $R_{вт} = \mathrm{const}$, зависимость $U(I)$ является линейной. Характерные режимы удобнее всего рассматривать, пользуясь внешней характеристикой.

这个方程式描述的是电动势源端子上的电压和电路中电流的关系,它也是电动势源外部特性曲线(图1.15)的方程式,其中 $E = \mathrm{const}$, $R_{вт} = \mathrm{const}$,所以 $U(I)$ 的曲线图是线性的,利用外部特性曲线图可更加方便地分析工作条件。

1. Режим холостого хода　空载

Это режим, при котором ток в цепи $I = 0$, что имеет место при разрыве цепи. Как следует из уравнения（1.19）, при холостом ходе напряжение на зажимах источника ЭДС $U = E$, поэтому вольтметр（прибор с очень большим внутренним сопротивлением）, будучи включён в такую цепь, измеряет ЭДС источника. На внешней характеристике точка холостого хода обозначена x.

在这种工作条件下,电路中 $I = 0$,电路断开。由方程式(1.19)得出,在空载条件下,将电压表(带较大内部电阻的设备)接入该电路,测量电源电动势,可得电动势源端子电压 $U = E$ 。在外部曲线图中,空载运行的点用 x 表示。

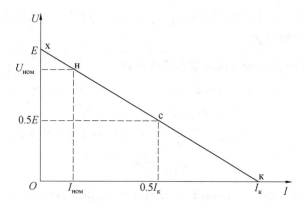

Рис. 1. 15 Внешняя характеристика источника ЭДС

图 1.15 电动势源外部特性曲线

2. Номинальный режим　额定工作条件

Номинальный режим имеет место тогда, когда источник ЭДС или любой другой элемент цепи работает при значениях тока, напряжения и мощности, указанных в паспорте данного электротехнического устройства. Номинальные значения $I_{\text{ном}}$, напряжения $U_{\text{ном}}$ и мощности $P_{\text{ном}}$ соответствуют наиболее выгодным условиям работы устройства с точки зрения экономичности, надёжности, долговечности и т. п. На внешней характеристике точка, соответствующая номинальному режиму, обозначена н.

额定工作条件是指电动势源或其他元件按照设备说明书指定的电流、电压和功率运行。从经济性、稳定性和耐用性等方面来看,额定电流 $I_{\text{ном}}$、电压 $U_{\text{ном}}$ 和功率 $P_{\text{ном}}$ 是对设备最有利的工作条件。在外部特性曲线图中,额定工作条件的点用 н 表示。

3. Режим короткого замыкания　短路

Это режим, когда сопротивление приёмника равно нулю, что соответствует соединению зажимов источника ЭДС между собой.

在这种工作条件下,负载电阻等于零,这等于电动势源端子直接相连。

Из уравнения (1.18) следует, что ток в цепи в любом из режимов

由方程式(1.18)得出,任何工作条件下电路中的电流等于

$$I = \frac{E}{R + R_{\text{вт}}} \tag{1.20}$$

При коротком замыкании цепи, когда $R = 0$, ток достигает максимального значения $I_{\text{к}} = E/R_{\text{вт}}$, ограниченого внутренним сопротивлением $R_{\text{вт}}$ источника ЭДС, а напряжение на зажимах источника ЭДС $U = RI = 0$. Значению тока $I_{\text{к}}$ и напряжению $U = 0$ соответствует точка к на внешней характеристике источника ЭДС. Ток короткого замыкания может достигать максимального значения и даже больше номинального тока во много раз. Поэтому режим короткого замыкания для большинства электроустановок является аварийным режимом.

电路短路时, $R = 0$,电动势源内阻 $R_{\text{вт}}$ 很小,因此电流达到最大值 $I_{\text{к}} = E/R_{\text{вт}}$,而电动势源端子电压 $U = RI = 0$。电流值为 $I_{\text{к}}$,电压 $U = 0$ 时的工作点为电动势源外部特性曲线图 к

点。短路时的电流能达到最大值,甚至超过额定电流很多倍。因此,对于大多数的用电设备来说,短路属于一种故障模式。

4. Согласованный режим   最大功率工作条件

Согласованный режим источника ЭДС и внешней цепи имеет место, когда сопротивление внешней цепи $R = R_{вт}$. В согласованном режиме ток в цепи

当外电路的电阻 $R = R_{вт}$ 时,电动势源和外电路具备最大功率工作条件,此时,电流等于

$$I_c = \frac{E}{2R_{вт}} = 0.5I_к \tag{1.21}$$

т. е. в два раза меньше тока короткого замыкания. ЭДС E источника уравновешивается двумя равными по значению падениями напряжения, обусловленными сопротивлением внешней цепи и внутренним сопротивлением, т. е. $U = 0,5E$. Точка, соответствующая согласованному режиму, на внешней характеристике обозначена с.

即比短路电流小一半。电源电动势 E 被具有两个相同数值的外电路电压降和内阻电压降均分,即 $U = 0.5E$。在外部特性曲线图中,满足最大功率的点用 c 表示。

Новые слова и словосочетания   单词和词组

1. режим работы 工作条件

2. переменный 可变的

3. режим холостого хода 空载

4. разрыв 断开

5. номинальный 额定的

6. номинальный режим 额定工作条件

7. паспорт 说明书

8. экономичность [阴] 经济性

9. надёжность [阴] 稳定性

10. долговечность [阴] 耐用性

11. электроустановка 用电设备,电气装置

12. аварийный режим 故障模式

13. согласованный режим 最大功率条件

Вопросы для самопроверки   自测习题

1. Перечислите типовые режимы электрической цепи. 列举电路常见的工作条件。

2. Какой режим соответствуют наиболее выгодным условиям работы устройства с точки зрения экономичности, надёжности, долговечности? 从经济性、稳定性和耐用性方面考虑,哪种工作条件对设备最有利?

3. Что такое согласованный режим? 什么是最大功率工作条件?

1.6 Энергетические соотношения в цепях постоянного тока
直流电路中的能量关系

Для схемы（рис. 1.14）уравнение（1.18）имеет вид

图 1.14 对应的电压方程式(1.18)为

$$E = U + R_{вт}I$$

После умножения всех членов этого уравнения на ток I получим $EI = UI + R_{вт}I^2$ или

将这个方程式两侧乘以电流 I , 得到 $EI = UI + R_{вт}I^2$ 或

$$P_1 = P_2 + P_п \qquad\qquad (1.22)$$

где $P_1 = EI$ — мощность источника ЭДС（источника электроэнергии）, $P_2 = UI$ —мощность энергии, потребляемой электроприёмником, $P_п = R_{вт}I^2$ —мощность потерь энергии в источнике ЭДС.

其中 $P_1 = EI$ 是电动势源功率(电能电源); $P_2 = UI$ 是负载功率; $P_п = R_{вт}I^2$ 是电动势源内阻对应的能量损耗功率。

Уравнение（1.22）является уравнением баланса мощностей электрической цепи.

方程式(1.22)是电路的功率平衡方程式。

Записав вырыжение для мощности P_2 электроприёмника с учётом выражения （1.20）, получим зависимость мощности приёмника от его сопротивления R при $E = \text{const}$ и $R_{вт} = \text{const}$

依据公式(1.20), 得出负载功率 P_2 的表达式之后, 可进一步求得负载功率和它的电阻 R 在 $E = \text{const}$, $R_{вт} = \text{const}$ 时的关系式

$$P_2 = UI = RI^2 = \frac{E^2 R}{(R + R_{вт})^2} \qquad\qquad (1.23)$$

Мощность P_2 в режиме холостого хода, когда $I = 0$, и в режиме короткого замыкания, когда $U = 0$, равна нулю. Следовательно, зависимость $P_2(I)$ при изменении I тока от 0 до $I_к$ имеет максимум. Для определения условий, при которых эта мощность будет наибольшей（$P_2 = P_{2max}$）, воспользуемся уравнением（1.22）

在空载 $I = 0$ 以及短路 $U = 0$ 时,功率 P_2 都等于零。电流在 0 到 I_k 范围内变化时, $P_2(I)$ 具有最大值。为确定最大功率的条件（$P_2 = P_{2max}$）, 可利用方程式(1.22)

$$P_2 = P_1 - P_п = EI - R_{вт}I^2$$

Приравняв к нулю производную dP_2/dI , т. е.

令导数 dP_2/dI 为零,即

$$\frac{dP_2}{dI} = E - 2R_{вт}I = 0$$

с учётом уравнения（1.21）получим

依据公式(1.21),可推出

$$I = \frac{E}{2R_{вт}} = I_c = 0.5I_k$$

Таким образом, максимальная мощность потребляемой электроэнергии имеет место при согласованном режиме, когда $R = R_{вт}$. С учётом этого равенства из формулы (1.23) определим значение мощности P_{2max} или мощности P_{2c} при согласованном режиме

在最大功率工作条件下即 $R = R_{вт}$，可利用的电能功率达到最大值，依据公式（1.23）可确定功率 P_{2max} 或最大功率工作条件下的功率 P_{2c}

$$P_{2max} = P_{2c} = \frac{E^2 R_{вт}}{(2R_{вт})^2} = \frac{E^2}{4R_{вт}}$$

Мощность P_{1c} источника электроэнергии в согласованном режиме, если учесть уравнение (1.21)

依据式（1.21），在最大功率工作条件下，电源的功率 P_{1c} 等于

$$P_{1c} = EI_c = \frac{E^2}{2R_{вт}}$$

Наибольшую мощность источник электроэнергии развивает при коротком замыкании, когда ток достигает наибольшего значения. В этом случае $P_{1max} = E/I_k = E^2/R_{вт}$. Мощность источника в согласованном режиме в два раза меньше его максимальной мощности.

电源最大功率出现在短路条件下，此时电流达到最大值，$P_{1max} = E/I_k = E^2/R_{вт}$，最大功率工作条件下的电源功率比它的最大功率小一半。

Коэффициент полезного действия (КПД) источника электроэнергии в согласованном режиме

在最大功率工作条件下，有效系数为

$$\eta_c = P_{2c}/P_{1c} = 0.5$$

Из-за такого низкого значения КПД, обусловленного большим потерями мощности и энергии в источнике питания и сетях, согласованный режим в промышленных установках не применяют. Однако этот режим имеет преимущество перед другим режимами, заключащееся в том, что при $E = \mathrm{const}$ мощность приёмника достигает наибольшего значения. Поэтому согласованный режим применяют в цепях с малыми токами (схемы автоматики, электрических измерений, связи и т. д.), в которых КПД не имеет решающего значения.

由于电源和电网中的能量和功率损失较大，有效系数较小，因而最大功率工作条件不宜应用于工业设备。但与其他工作条件相比，这种工作条件的优势在于：当 $E = \mathrm{const}$ 时，负载功率达到最大值。因此最大功率模式可应用于具有较小电流的电路（自动化装置、电子测量、通信电缆等），这些电路的有效系数对于整个电路的影响较小。

Зависимости P_1, P_2, $P_п$ и η от тока в цепи показаны на рис. 1.16. При их построении принималось во внимание, что $E = \mathrm{const}$ и $R_{вт} = \mathrm{const}$. Зависимость $P_1(I) = EI$ имеет линейный характер. Мощность потерь энергии в источнике параболически зависит от тока, причём при токе короткого замыкания она имеет максимальное значение

P_1、P_2、$P_п$、η 与电流的关系如图 1.16 所示。在关系式中，$E = \mathrm{const}$，$R_{вт} = \mathrm{const}$，关系式 $P_1(I) = EI$ 具有线性特征。电源中的能量损耗功率取决于电流，呈抛物线形式，在电流短

路时,它达到最大值

$$P_{\text{п}} = R_{\text{вт}} I_{\text{к}}^2 = R_{\text{вт}} \left(\frac{E}{R_{\text{вт}}} \right)^2 = \frac{E^2}{R_{\text{вт}}} = P_{1\text{max}}$$

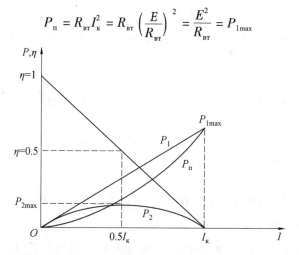

Рис. 1.16 Энергетические зависимости в цепях постоянного тока

图 1.16 直流电路中的能量曲线

Мощность электроприёмника $P_{2\text{max}}$ имеет наибольшее значение при согласованном режиме, т. е. при $I = 0{,}5 I_{\text{к}}$. Так как для КПД справедливо следующее равенство

在最大功率工作条件下,负载功率 $P_{2\text{max}}$ 达到最大值,即 $I = 0.5 I_{\text{к}}$ 。有效系数可用下列等式计算

$$\eta = \frac{P_2}{P_1} = \frac{P_1 - P_{\text{п}}}{P_1} = 1 - \frac{R_{\text{вт}} I^2}{EI} = 1 - \frac{I}{I_{\text{к}}}$$

То зависимость $\eta(I)$ является линейной. При номинальном режиме КПД много выше, чем при согласованном режиме. Для большинства промышленных источников электроэнергии при номинальном режиме $\eta = 0{,}8—0{,}9$. Следовательно, $I_{\text{ном}} = (0{,}1—0{,}2) I_{\text{к}}$, т. е. номинальный ток во много раз меньше тока короткого замыкания.

有效系数 $\eta(I)$ 的关系曲线是线性的。额定工作条件下的有效系数比最大功率工作条件下的有效系数高。对于大多数工业电能电源,在额定工作条件下,有效系数 $\eta = 0.8—0.9$。相应地,额定电流 $I_{\text{ном}} = (0.1—0.2) I_{\text{к}}$,即额定电流远小于短路时的电流。

Новые слова и словосочетания 单词和词组

1. равенство 相等,等式

2. коэффициент полезного действия (КПД)有效系数

3. автоматика 自动化装置

Вопросы для самопроверки 自测习题

1. Когда источник электроэнергии развивает наибольшую мощность? 电源最大功率出现在什么样的工作条件下?

2. Почему согласованный режим не применяют в промышленных установках ? За什么最大功率工作条件不宜应用于工业设备?

3. Как определяются условия, при которых мощность нагрузки будет наибольшей? 如何推导负载最大功率的工作条件?

1.7 Классификация электрических цепей　　电路的分类

В общем случае, когда схема электрической цепи неизвестна, её изображают в виде прямоугольника с рядом выводов (полюсов) схемы, с помощью которых она соединяется с другими устройствами.

在一般情况下,当电路图未知时,可将电路图描述为一个矩形,该矩形具有多个端子(极),并与其他设备相连。

1. В зависимости от числа выводов (полюсов)　　根据端子(极)数量

В зависимости от числа выводов (полюсов) электрические цепи делятся на: двухполюсники, четырёхполюсники, многополюсники (рис. 1.17).

根据端子(极)数量,电路分为:二端网络、四端网络和多端网络(图1.17)。

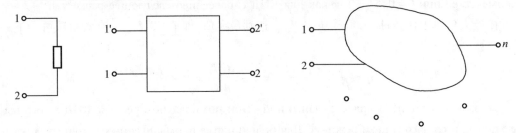

Рис. 1.17 Двухполюсники, четырёхполюсники, многополюсники

图1.17 二端网络、四端网络和多端网络

2. В зависимости от характера элементов, входящих в электрическую цепь
根据电路中接入元件的特征

Линейные цепи—это цепи, которые состоят только из линейных элементов, т. е. элементов, параметры которых не зависят от токов и напряжений на них. Все линейные элементы имеют линейные вольт-амперные характеристики (рис. 1.18). Процессы в таких цепях описываются линейными дифференциальными уравнениями с постоянными коэффициентами.

线性电路是仅由线性元件组成的电路,即元件参数不取决于电流和电压。所有线性电阻元件均具有线性电流-电压特性(图1.18)。这种电路的状态可由具有恒定系数的线性微分方程描述。

Нелинейные цепи—это цепи, которые содержат нелинейные элементы, т. е. элементов, параметры которых зависят от токов и напряжений на них. Все нелинейные элементы имеют нелинейные вольт-амперные характеристики (рис. 1.19). Процессы в таких цепях описываются нелинейными дифференциальными уравнениями с постоянными ко-

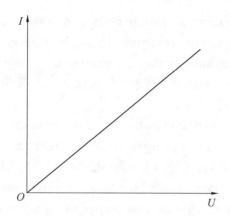

Рис. 1.18 Линейные вольт-амперные характеристики

图 1.18 线性电流–电压特性曲线

эффициентами.

　　非线性电路是包含非线性元件的电路,即元件参数取决于电流和电压。所有非线性元件都具有非线性电流–电压特性(图 1.19)。这种电路的状态可由具有恒定系数的非线性微分方程描述。

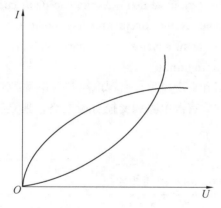

Рис. 1.19 Нелинейные вольт-амперные характеристики

图 1.19 非线性电流–电压特性曲线

3. В зависимости от соотношения длины электромагнитной волны λ и геометрических размеров электрической цепи L　根据电磁波的长度 λ 与电路的几何尺寸 L 之比

　　λ —это путь, который проходит волна за период T.

　　λ ——电磁波在周期 T 中的传播长度。

　　$\lambda = cT = c/\varphi$, где c —скорость света, φ —частота. Длина волны зависит от частоты сигнала.

　　$\lambda = cT = c/\varphi$,其中 c 是光速, φ 是频率。波长取决于信号频率。

　　Если $\lambda \geqslant L$, то цепи называются цепями с сосредоточенными параметрами. В них все процессы преобразования энергии сосредоточены в элементах.

　　当 $\lambda \geqslant L$ 时,这些电路被称为集总参数电路,所有能量转换过程都集中在元件中。

В таких цепях токи и напряжения в различных сечениях цепи зависят только от времени и не зависят от координаты сечениях. Процессы в таких цепях описываются дифференциальными уравнениями в полных производных.

在这些电路中,各部分电路的电流和电压仅取决于时间,不取决于元件的坐标。这些电路的状态由全微分方程描述。

Если $\lambda \leqslant L$, то цепи называются цепями с распределёнными параметрами. В них элементы R, L, C необходимо рассматривать распределёнными в пространстве.

当 $\lambda \leqslant L$ 时,这些电路被称为分布式电路,此时可将元件 R,L,C 视为在空间中分布。

Токи и напряжения в таких цепях зависят не только от времени, но и от координаты. Процессы в таких цепях описываются дифференциальными уравнениями в частных производных.

这些电路中的电流和电压不仅取决于时间,还取决于元件的坐标位置。这些电路的过程由偏微分方程描述。

4. В зависимости от наличия в цепях активных элементов 根据电路中是否存在有源元件

Различают пассивные и активные цепи. Активные цепи содержат источники (активные элементы), а пассивные их не содержат. Активные цепи делят на автономные и неавтономные. Автономные цепи содержат независимые источники, а неавтономные содержат только зависимые источники.

电路还可分为无源电路和有源电路。有源电路包含电源(有源元件),而无源电路则不包含电源。有源电路分为独立有源电路和受控有源电路。独立有源电路包含独立电源,而受控有源电路仅包含受控电源。

Новые слова и словосочетания 单词和词组

1. прямоугольник 矩形
2. двухполюсник 二端网络
3. четырёхполюсник 四端网络,二端口网络
4. многополюсник 多端网络
5. линейная цепь 线性电路
6. нелинейная цепь 非线性电路
7. электромагнитная волна 电磁波
8. скорость света 光速
9. частота 频率
10. длина волны 波长
11. сосредоточенный параметр 集总参数
12. координата 坐标
13. распределённый 分布式的

Вопросы для самопроверки　自测习题

1. Чем отличаются линейные цепи и нелинейные цепи? 如何区分线性电路和非线性电路?

2. Какие цепи называются цепями с сосредоточенными параметрами? 什么样的电路被称为集总电路?

3. Опишите характерные особенности цепей с распределёнными параметрами и цепей с сосредоточенными параметрами. 描述分布式电路与集总电路的特点。

Глава 2   Эквивалентные преобразования электрических цепей
第 2 章   电路的等效变换

Электрические цепи считают простыми, если они содержат только последовательное или только параллельное соединение элементов. Участок цепи, содержащий и параллельное, и последовательное соединение элементов называют сложным или участком со смешанным соединением элементов.

简单电路是指对元件仅进行串联或并联连接的电路。复杂电路或元件混联电路是指对元件同时进行并联和串联连接的电路。

Преобразования электрических цепей считают эквивалентными, если при их выполнении напряжения и токи на интересующих нас участках не изменяются.

在变换过程中,如果我们关注的分段电路的电压和电流不变,则这种电路变换是等效变换。

Метод эквивалентных преобразований заключается в том, что электрическую цепь или её часть заменяют более простой по структуре электрической цепью. При этом токи и напряжения в непреобразованной части цепи должны оставаться неизменными, т. е. такими, каким они были до преобразования. В результате преобразований расчёт цепи упрощается и часто сводится к элементарным арифметическим операциям.

等效变换是指用更简单的电路替代原电路或电路中的某一部分,此时未变换电路部分中的电流和电压保持不变,即与它们变换之前的电流和电压相同。等效变换能简化电路的计算过程,一般可简化至基本算术运算。

2. 1 Неразветвлённые и разветвлённые линейные электрические цепи с одним источником питания   带单个电源的线性无分支或有分支电路

Если большое число пассивных элементов вместе с источником ЭДС образуют электрическую цепь, то их взаимное соединение может быть выполнено различными способами. Существуют следующие характерные способы таких соединений.

当多个无源元件和电动势源一起构成电路时,它们能够以不同的方式连接,存在以下几种典型连接方式。

1. Последовательное соединение элементов   元件串联

Это самое простое соединение. При таком соединениии во всех элементах цепи ток имеет одно и то же значение. Таким способом могут быть соединены или все пассивные элементы цепи, и тогда цепь будет одноконтурной неразветвлённой (рис. 2.1(а)), или может быть соединена только часть элементов многоконтурной цепи.

这是最简单的连接方式,在这种连接中,电路中所有元件的电流相等。采用这种方式可以连接电路中所有的无源元件,此时的电路被称为单回路串联电路(图2.1(a)),以这种方式也可以连接多回路电路中的部分元件。

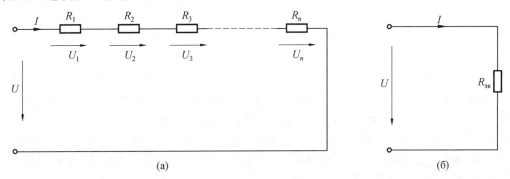

Рис. 2.1 Последовательное соединение линейных элементов

图2.1 线性元件的串联

При последовательном соединении n элементов напряжение на зажимах цепи будет равно сумме падений напряжения на n последовательно включённых элементах, т. е.

n 个元件串联时,电路中端子承受的电压等于 n 个串联接入的元件的电压降之和,即

$$U = U_1 + U_2 + U_3 + \ldots + U_n$$

или

或

$$U = R_1 I + R_2 I + R_3 I + \ldots + R_n I$$
$$= (R_1 + R_2 + R_3 + \ldots + R_n) I = R_{эк} I \qquad (2.1)$$

где $R_{эк} = \sum_{k=1}^{n} R_k$ —эквивалентное сопротивление цепи.

其中 $R_{эк} = \sum_{k=1}^{n} R_k$ 为等效电阻。

Таким образом, эквивалентное сопротивление последовательно соединённых пассивных элементов равно сумме сопротивлений этих элементов. Схема электрической цепи (рис. 2.1(а)) может быть представлена эквивалентной схемой (рис. 2.1(б)), состоящей из одного элемента с эквивалентным сопротивлением $R_{эк}$. Для такой схемы $U = R_{эк} I$, что совпадает с уравнением (2.1).

无源元件串联的等效电阻等于所有元件的电阻和。电路图(2.1(б))可视作图(2.1(a))的等效电路图,它由一个带等效电阻的元件 $R_{эк}$ 构成。该类电路图中 $U = R_{эк} I$,这与方程式(2.1)一致。

При расчёте цепи с последовательным соединением элементов при заданных напряжении источника питания и сопротивлениях элементов ток в цепи рассчитывают по закону Ома

在计算串联电路时,若指定了电源电压和元件的电阻值,可依据欧姆定律计算电路中的电流

$$I = U/R_\text{эк} \qquad (2.2)$$

Падение напряжения на k-м элементе R_k

在第 k 个电阻元件 R_k 的电压降

$$U_k = R_k I = \frac{R_k}{R_\text{эк}} U \qquad (2.3)$$

зависит не только от сопротивления этого элемента R_k , но и от эквивалентного сопротивления $R_\text{эк}$, т. е. от сопротивления других элементов цепи. В этом заключается существенный недостаток последовательного соединения элементов. В предельном случае, когда сопротивление какого-либо элемента цепи становится равным бесконечности (разрыв цепи), ток во всех элементах цепи становится равным нулю.

不仅取决于该元件的电阻 R_k ,还取决于等效电阻 $R_\text{эк}$,即取决于电路中其他元件的电阻,这也是串联连接电路的缺陷。在极端情况下,当电路元件的电阻变为无穷大(断路故障)时,所有电路元件的电压恒等于零。

Так как при последовательном соединении ток во всех элементах цепи один и тот же, то отношение падений напряжения на элементах равно отношению сопротивлений этих элементов.

在串联电路中,所有元件的电流相等,元件中电压降比值等于这些元件电阻的比值。

$$\frac{U_k}{U_n} = \frac{R_k}{R_n} \qquad (2.4)$$

2. Параллельное соединение элементов   元件并联

Это такое соединение, при котором ко всем элементам цепи приложено одно и то же напряжение. По схеме параллельного соединения могут быть соединены все пассивные элементы цепи (рис. 2.2(a)) или только часть их.

在这种连接中,所有元件的电压相等。采用并联方式可连接电路中所有的无源元件(图2.2(a))或者部分元件。

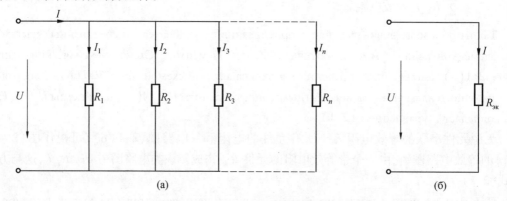

(а)   (б)

Рис. 2.2 Параллельное соединение линейных элементов

图2.2 线性元件的并联

Каждый параллельно включённый элемент образует отдельную ветвь. Поэтому цепь с параллельным соединением элементов, изображённая на рис. 2.2(a), хотя и является простой цепью (так как содержит только два узла), в то же время разветвлённая. В каждой параллельной ветви ток

每个并联连接的元件构成单条支路。图(2.2(a))中并联电路是简单电路(因为只包含两个结点),同时也是有分支电路。每一个并联支路中的电流

$$I_k = \frac{U}{R_k} = G_k U \tag{2.5}$$

где $G_k = 1/R_k$ —проводимость k-й ветви.

其中 $G_k = 1/R_k$ 是第 k 条分支的电导。

По первому закону Кирхгофа

依据基尔霍夫第一定律

$$I = I_1 + I_2 + I_3 + \ldots + I_n \tag{2.6}$$

или

或

$$
\begin{aligned}
I &= G_1 U + G_2 U + G_3 U + \ldots + G_n U \\
&= (G_1 + G_2 + G_3 + \ldots + G_n) U = G_{\text{эк}} U
\end{aligned} \tag{2.7}
$$

где $G_{\text{эк}} = \sum\limits^{n} G_k$ —эквивалентная проводимость цепи.

其中 $G_{\text{эк}} = \sum\limits^{n} G_k$ 为等效电导。

Таким образом, при параллельном соединении пассивных элементов их эквивалентная проводимость равна сумме проводимостей этих элементов. Эквивалентная проводимость всегда больше проводимости любой части параллельных ветвей. Эквивалентной проводимости $G_{\text{эк}}$ соответствует эквивалентное сопротивление $R_{\text{эк}} = 1/G_{\text{эк}}$.

在无源元件并联时,它们的等效电导等于这些元件的电导之和。等效电导通常大于并联支路中每一部分的电导 $G_{\text{эк}}$,等效电导对应于等效电阻 $R_{\text{эк}} = 1/G_{\text{эк}}$。

Тогда эквивалентная схема цепи, изображённая на рис. 2.2(a), будет иметь вид, представленный на рис. 2.2(6). Ток в неразветвлённой части цепи с параллельным соединением элементов может быть определён из этой схемы по закону Ома

图 2.2(6)是图 2.2(a)的等效电路图。在这个电路图中,带并联元件的无分支电路的电流可依据欧姆定律确定

$$I = \frac{U}{R_{\text{эк}}} = G_{\text{эк}} U \tag{2.8}$$

Следовательно, если напряжение источника питания постоянно, то при увеличении числа параллельно включённых элементов (что приводит к увеличению эквивалентной проводимости) ток в неразветвлённой части цепи (ток источника питания) увеличивается.

因此,若电源电压恒定,随着并联连接的元件数量增加(这导致等效电导增加),电路无分支部分的电流(电源电流)随之增加。

Из формулы (2.5) видно, что ток в каждой ветви зависит только от проводимости данной ветви и не зависит от проводимостей других ветвей. Независимость режимов параллельных ветвей друг от друга — важное преимущество параллельного соединения пассивных элементов. В промышленных установках параллельное соединение электроприёмников применяют в большинстве случаев. Самым наглядным примером является включение электрических осветительных ламп.

从公式(2.5)可得出,每条支路中的电流仅取决于该支路的电导,不取决于其他支路的电导。并联支路间彼此独立,这是无源元件并联的主要优势。在工业设备中,负载大多使用并联连接,电照明灯的接线就是最简单的例子。

Так как при параллельном соединении ко всем элементам приложено одно и то же напряжение, а ток в каждой ветви пропорционален проводимости этой ветви, то отношение токов в параллельных ветвях равно отношению проводимостей этих ветвей или обратно пропорционально отношению их сопротивлений.

在并联电路中,所有元件的电压相同,每条分支的电流与该分支的电导成正比,并联支路中的电流比等于这些分支的电导比或与它们的电阻成反比。

$$\frac{I_k}{I_n} = \frac{G_k}{G_n} = \frac{R_n}{R_k} \tag{2.9}$$

3. Смешанное соединение элементов　元件混联

Смешанное соединение элементов представляет собой сочетание последовательного и параллельного соединений. Такая цепь может иметь различное число узлов и ветвей. Пример смешанного соединения приведён на рис. 2.3(а).

元件混联是指电路中的连接既有串联,也有并联。这种电路有不同数量的结点和分支,如图 2.3(a)所示。

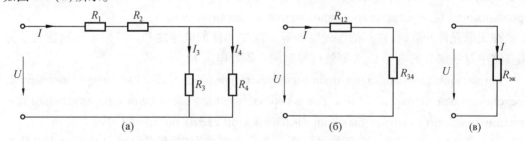

Рис. 2.3 Смешанное соединение линейных элементов

图 2.3 线性元件的混联

Для расчёта такой цепи необходимо последовательно определять эквивалентные сопротивления для тех частей схемы, которые представляют собой только последовательное или только параллельное соединение. В рассматриваемой схеме имеется последовательное соединение элементов с сопротивлениями R_1 и R_2 и параллельное соединение элементов с сопротивлениями R_3 и R_4. Используя полученные ранее соотношения между параметрами элементов цепи при последовательном и параллельном их соединении, реальную схему цепи можно последовательно заменить эквивалентными схемами.

在计算这种电路时,需要依次确定那些仅有串联或仅有并联的部分电路中的等效电阻。在示意图中有电阻元件 R_1 和 R_2 的串联,还有电阻 R_3 和 R_4 的并联,利用之前得到的串联和并联元件的等效参数值,可依次用等效电路来替代实际电路。

Эквивалентное сопротивление последовательно соединённых элементов $R_{12} = R_1 + R_2$. Эквивалентное сопротивление параллельно соединённых элементов R_3 и R_4

串联连接元件的等效电阻 $R_{12} = R_1 + R_2$。并联连接的 R_3 和 R_4 的等效电阻为

$$R_{34} = \frac{1}{G_{34}} = \frac{1}{G_3 + G_4} = \frac{1}{1/R_3 + 1/R_4} = \frac{R_3 R_4}{R_3 + R_4}$$

Эквивалентная схема с сопротивлениями элементов R_{12} и R_{34} изображена на рис. 2.3(б). Для этой схемы последовательного соединения R_{12} и R_{34} эквивалентное сопротивление $R_{\text{эк}} = R_{12} + R_{34}$, а соответствующая эквивалентная схема представлена на рис. 2.3(в). Найдём ток в этой цепи

带电阻 R_{12} 和 R_{34} 的等效电路如图 2.3(б)所示,在该电路中,对于串联连接的 R_{12} 和 R_{34},等效电阻 $R_{\text{эк}} = R_{12} + R_{34}$,相应的等效电路如图 2.3(в)所示。该电路中的电流为

$$I = \frac{U}{R_{\text{эк}}} \tag{2.10}$$

Это ток источника питания и ток в элементах R_1 и R_2 реальной цепи. Для расчёта токов I_3 и I_4 определяют напряжение на участке цепи с сопротивлением R_{34} (рис. 2.3(б))

这是实际电路中的电源电流以及元件 R_1 和 R_2 中的电流。为计算电流 I_3 和 I_4,需先确定电阻 R_{34} 支路的电压(图 2.3(б))

$$U_{34} = R_{34}I = R_{34}\frac{U}{R_{\text{эк}}} \tag{2.11}$$

тогда токи I_3 и I_4 можно найти по закону Ома

此时,可依据欧姆定律求得电流 I_3 和 I_4

$$I_3 = \frac{U_{34}}{R_3} ; I_4 = \frac{U_{34}}{R_4} \tag{2.12}$$

Подобным образом можно рассчитать и ряд других схем электрических цепей со смешанным соединением пассивных элементов.

以同样的方式可计算混联中其他类型的电路。

Новые слова и словосочетания　单词和词组

1. эквивалентное преобразование 等效变换

2. последовательное соединение 串联

3. параллельное соединение 并联

4. смешанное соединение 混联

5. неразветвлённый 无分支的

6. разветвлённый 有分支的

7. одноконтурный 单回路的

8. многоконтурный 多回路的

9. осветительная лампа 照明灯

1. Чем различаются простая и сложная электрические цепи? 如何区分简单电路和复杂电路?

2. Что такое эквивалентное преобразование? В чём заключается такой метод? 什么是等效变换? 这种方法具有哪些特点?

3. Какие характерные способы соединений элементов цепей существуют? 电路元件主要有哪几种典型连接方式?

4. Как меняется общее сопротивление последовательно соединённых резисторов при подключении нового элемента? 串联电路中接入新元件时,总电阻有何变化?

5. Как меняется общая проводимость параллельно соединённых резисторов при подключении нового элемента? 并联电路中接入新元件时,总电导有何变化?

6. Возможно ли последовательное соединение ветвей электрической цепи? 电路支路能否串联?

7. Возможно ли параллельное соединение ветвей электрической цепи? 电路支路能否并联?

2. 2 Преобразование последовательного соединения ветвей с источниками ЭДС　　多电动势源串联电路变换

В любое последовательное соединение может входить произвольное число сопротивлений (резисторов) и источников ЭДС, а также не более одного источника тока. Наличие более одного источника тока в соединении исключается вследствие логического противоречия, т. к. в последовательном соединении через все элементы протекает одинаковый ток и этот ток равен току источника. Если же источников тока несколько, то они должны формировать несколько различных токов, что невозможно по характеру их соединения.

串联连接可包含任意数量的电阻(电阻器)、电动势源和不超过一个电流源。为避免逻辑冲突,在连接中最多只能出现一个电流源。因为在串联时,相同的电流流过所有元件,并且该电流等于电流源的电流;若存在多个电流源,则它们会形成几个不同的电流,鉴于串联特性,这是无法实现的。

Присутствие источника в соединении означает лишь то, что ток в этом соединении задан, поэтому без ущерба для общности выводов источник тока можно вынести за пределы соединения и не рассматривать. Тогда в общем случае в соединение будут входить m сопротивлений и n источников ЭДС (рис. 2.4(a)). Не изменяя режима работы соединения, их можно переместить так, чтобы образовались две группы элементов: сопротивления и источники ЭДС (рис. 2.4(б)). Затем каждая группа элементов соединяется последовательно, чтобы получить эквиваленты. Наконец, можно получить эквивалентную схему, включающую только один резистор и один источник электродвижующей силы. Для этой цепи, показанной на рис. 2.4(в), можно написать уравнение Кирхгофа в виде

　　串联中存在电流源仅表示电流已确定,因此,在不影响结论的前提下,可将电流源从连接中去掉,暂不考虑。在一般情况下,该连接包括 m 个电阻和 n 个电动势源(图 2.4(a))。在不改变连接工作条件的情况下,它们的相对位置可以改变,以便形成两组元件:电阻和电动势源(图 2.4(б)),再将各组元件串联等效,最终可以得到只包括一个电阻和一个电动势源的等效电路,如图 2.4(в)所示,该类电路的基尔霍夫方程可写为

$$U = IR_1 + IR_2 + \ldots IR_m + E_1 + \ldots - E_{n-1} + E_n$$
$$= I(R_1 + R_2 + \ldots + R_m) + E_1 + \ldots - E_{n-1} + E_n$$
$$= IR + E \tag{2.13}$$

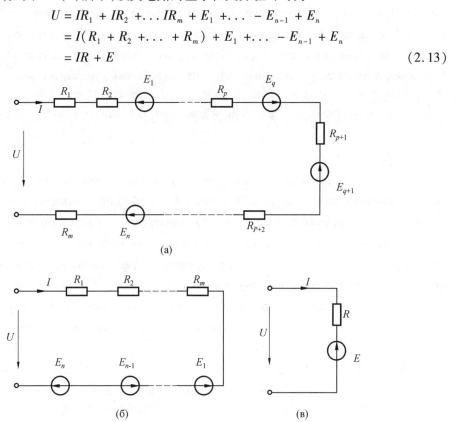

Рис. 2.4 Преобразование последовательного соединения ветвей с источниками ЭДС

图 2.4 多电动势源串联电路变换

　　Таким образом, любое последовательное соединение элементов можно представить последовательным соединением одного сопротивления R и одного источника ЭДС E. Причём, общее сопротивление соединения равно сумме всех сопротивлений $R = \sum_{k=1}^{m} R_k$, а общая ЭДС—алгебраической сумме $E = \sum_{k=1}^{n} \pm E_k$, где положительный знак имеют ЭДС, направления которых противоположны направлению протекания тока в соединении.

因此,任何元件的串联都可以由一个电阻 R 和一个电动势源 E 的串联表示,连接的等效电阻等于所有电阻之和,即 $R = \sum_{k=1}^{m} R_k$,等效电动势是所有电动势的代数和 $E = \sum_{k=1}^{n} \pm E_k$,其中具有正号的电动势的方向与连接中电流的方向相反。

2.3 Преобразование параллельного соединения ветвей с источниками тока   多电流源并联电路变换

В любое параллельное соединение может входить произвольное число сопротивлений (резисторов) и источников тока, а также не более одного источника ЭДС. Наличие более одного источника ЭДС в соединении исключается вследствие логического противоречия, т. к. в параллельном соединении на всех все элементах одинаковое падение напряжения и оно равно ЭДС источника. Если же источников ЭДС несколько, то они должны формировать несколько различных ЭДС, что невозможно по характеру соединения.

并联电路可包括任意数量的电阻(电阻器)、电流源和不超过一个电动势源。为避免逻辑冲突,在连接中最多只能出现一个电动势源,因为在并联时所有元件的压降相同,并且等于电源电动势。若存在多个电动势源,则它们可形成几个不同的电动势,鉴于并联特性,这是无法实现的。

Присутствие источника ЭДС в соединении означает лишь то, что падение напряжения в соединении задано, поэтому без ущерба для общности выводов источник ЭДС можно вынести за пределы соединения и не рассматривать. Тогда в общем случае в соединение будут входить m сопротивлений и n источников тока (рис. 2.5(а)). Не изменяя режима работы соединения, их можно переместить так, чтобы образовались две группы элементов: сопротивления и источники тока (рис. 2.5(б)). Затем каждая группа элементов соединяется параллельно, чтобы получить эквиваленты. Наконец, можно получить эквивалентую схему, включающую только один резистор и один источник тока. Для этой цепи, показанной на рис. 2.5(в), можно написать уравнение Кирхгофа в виде

并联中存在电动势源仅意味着电压降已确定,因此,在不影响结论的前提下,可以将电动势源从连接中去掉,暂不考虑。在一般情况下,该连接包括 m 个电阻和 n 个电流源(图2.5(а))。在不改变连接工作条件的情况下,它们的相对位置可以改变,以便形成两组元件:电阻和电流源(图2.5(б)),再将各组元件并联等效,最终可以得到只包括一个电阻和一个电流源的等效电路,如图2.5(в)所示,该类电路的基尔霍夫方程可写为

$$I = U/R_1 + U/R_2 + \dots U/R_m + J_1 - J_2 + \dots + J_n$$
$$= U(1/R_1 + 1/R_2 + \dots + 1/R_m) + J_1 - J_2 + \dots + J_n$$
$$= U/R + J \tag{2.14}$$

Таким образом, любое параллельное соединение элементов можно представить параллельным соединением одного сопротивления R и одного источника тока J. Причём, общее сопротивление соединения определяется через сумму проводимостей, входящих в

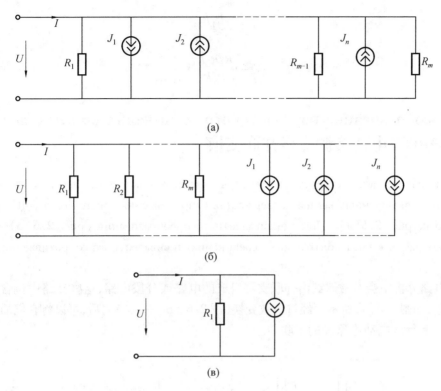

Рис. 2.5 Преобразование параллельного соединения ветвей с источниками тока

图 2.5 多电流源并联电路变换

множитель $R = \dfrac{\prod\limits_{p=1}^{m} R_p}{\sum\limits_{q=1}^{m} \left(\prod\limits_{\substack{p=1 \\ p \neq q}}^{m} R_p \right)}$, а общий ток источника равен алгебраической сумме $J =$

$\sum\limits_{k=1}^{n} \pm J_k$, где положительный знак имеют токи, направления которых по отношению к узлу соединения противоположны направлению тока в соединении I .

　　因此,任何元件的并联都可以等效为一个电阻 R 和一个电流源 J 的并联。并联时的等

效电阻等于各电导之和的倒数(电阻之和的倒数与各电阻的乘积),即 $R = \dfrac{\prod\limits_{p=1}^{m} R_p}{\sum\limits_{q=1}^{m} \left(\prod\limits_{\substack{p=1 \\ p \neq q}}^{m} R_p \right)}$;等

效电流源的电流等于各电流源的代数和,即 $J = \sum\limits_{k=1}^{n} \pm J_k$,相对于连接结点,具有正号的电流

源的方向与电流 I 的方向相反。

　　Для наиболее часто встречающихся соединений двух и трёх сопротивлений выражения для общего сопротивления R имеют вид

　　对于最常见的两个电阻和三个电阻的并联,等效电阻 R 的表达式为

$$R = \frac{R_1 R_2}{R_1 + R_2}$$

$$R = \frac{R_1 R_2 R_3}{R_1 R_2 + R_2 R_3 + R_1 R_3} \tag{2.15}$$

2.4 Преобразование параллельного соединения ветвей с источниками ЭДС　电动势源支路并联变换

При анализе часто встречаются электрические цепи или участки цепей, состоящие из параллельно включённых ветвей, содержащих сопротивления и источники ЭДС, как это показано на рис. 2.6(а). После эквивалентного преобразования (рис. 2.6(б)—(г)), их можно свести к последовательному соединению эквивалентного сопротивления R и источника ЭДС E.

在电路分析中会经常遇到由并联支路组成的电路或分段电路,这些支路中包含电阻和电动势源,如图2.6(a)所示。经过等效变换(图2.6(б)—(г))之后,可以将它们简化为等效电阻 R 和等效电动势源 E 的串联。

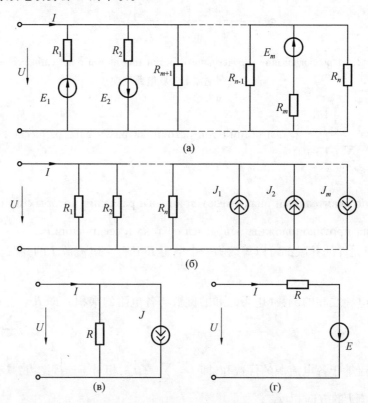

Рис. 2.6 Преобразование параллельного соединения ветвей с источниками ЭДС

图2.6 电动势源支路并联变换

Пусть, например, участок цепи содержит m ветвей с источниками ЭДС и сопротивлениями и $n - m$ параллельно включённых сопротивления.

例如,分段电路包含 m 个含有电动势源和电阻的支路以及 $n - m$ 个并联电阻支路。

Преобразуем источники ЭДС в источники тока, считая последовательно включённое сопротивление внутренним сопротивлением источника. В результате мы получим параллельное соединение всех n сопротивлений участка и источников тока $J_k = E_k/R_k$, которое дальше преобразуется в эквивалентный источник тока $J = \sum\limits_{k=1}^{m} \pm J_k = \sum\limits_{k=1}^{m} \pm E_k/R_k$ и внутренней проводимостью $G = \dfrac{1}{R} = \sum\limits_{k=1}^{n} \dfrac{1}{R_k}$, а затем в источник ЭДС $E = \dfrac{\sum\limits_{p=1}^{m} \pm E_p/R_p}{G} =$

$\dfrac{\sum\limits_{p=1}^{m} \pm E_p/R_p}{\sum\limits_{q=1}^{n} 1/R_q}$. Положительный знак тока и ЭДС источников в этих выражениях соответствует направлению противоположному направлению входного тока I по отношению к узлу цепи.

若将与电动势源串联的电阻看作电动势源的内阻,那么电动势源可被变换为电流源,由此可将分段电路变换为 n 个电阻和所有电流源的并联 $J_k = E_k/R_k$,进一步变换为等效电流源 $J = \sum\limits_{k=1}^{m} \pm J_k = \sum\limits_{k=1}^{m} \pm E_k/R_k$ 和电导 $G = \dfrac{1}{R} = \sum\limits_{k=1}^{n} \dfrac{1}{R_k}$,最后变换为电动势源 $E = \dfrac{\sum\limits_{p=1}^{m} \pm E_p/R_p}{G} =$

$\dfrac{\sum\limits_{p=1}^{m} \pm E_p/R_p}{\sum\limits_{q=1}^{n} 1/R_q}$。在以上表达式中,相对于电路结点,电流源和电动势源的正方向与输入电流 I 的方向相反。

2.5 Преобразование смешанного соединения с источниками электрической энергии 电源电路混联变换

Вместо одно из сопротивлений в смешанном соединении может быть источник ЭДС (рис. 2.7). В этом случае преобразование цепи проводит к эквивалентному сопротивлению R и источнику ЭДС E.

一个电阻可能被一个电动势源替代(图 2.7)。此时,电路可等效变换为电阻 R 和电动势源 E 串联。

В начале преобразования исходный источник ЭДС и R_2 заменяют на эквивалентный источник тока J. Затем объединяют параллельно включённые R_2 и R_3. После чего преобразуют источник тока в источник ЭДС и объединяют последовательно включённые R_1 и R_{23}.

在变换开始时,用等效电流源 J 替代原始电动势源和 R_2,再并联 R_2 和 R_3,将电流源变换为电动势源,串联 R_1 和 R_{23}。

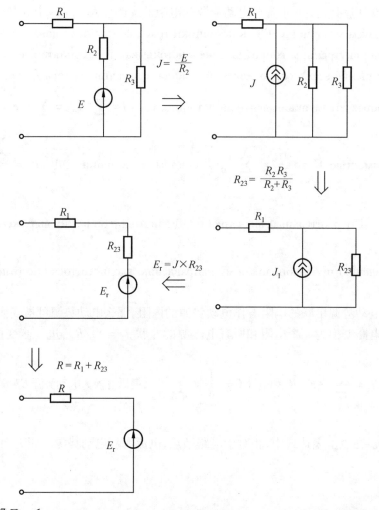

Рис. 2.7 Преобразование смешанного соединения с источниками электрической энергии

图 2.7 电源电路混联变换

В результате преобразования получается эквивалентное сопротивление $R = R_1 +$ $\dfrac{R_2 R_3}{R_2 + R_3}$ и ЭДС эквивалентного источника $E_r = E \dfrac{R_3}{R_2 + R_3}$.

经过变换得到等效电阻 $R = R_1 + \dfrac{R_2 R_3}{R_2 + R_3}$ 和等效电源电动势 $E_r = E \dfrac{R_3}{R_2 + R_3}$ 。

В смешанное соединение может также включаться источник тока (рис. 2.8).

在混联中也可接入电流源(图2.8)。

В этом случае вначале преобразуются в эквивалентное соединение включённые последовательно R_2 и R_3. Затем источник тока совместно с сопротивлением R_{23} преобразуется в источник ЭДС $E = J(R_2 + R_3)$. Наконец, последовательно соединённые R_1 и R_{23} объединяются в общее сопротивление.

在这种情况下,最初串联的 R_2 和 R_3 进行等效变换,之后将并联的电流源与 R_{23} 等效变换为电动势源 $E = J(R_2 + R_3)$,最后将串联的 R_1 和 R_{23} 合并为等效电阻。

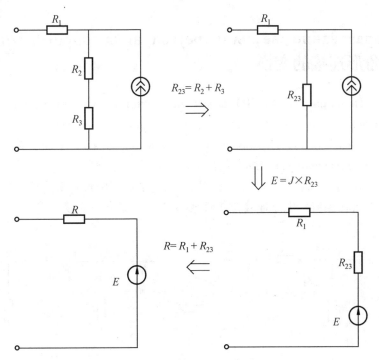

Рис. 2.8 Преобразование смешанного соединения с источником тока

图 2.8 电流源电路混联变换

$$R = R_1 + R_{23} \tag{2.16}$$

Таким образом, и в этом случае в результате преобразования получается последовательное соединение сопротивления и источника ЭДС.

因此,经过变换,可得到电阻和电动势源的串联等效电路。

Следует заметить, что принципиально невозможно преобразовать смешанные соединения, показанные на рис. 2.9.

应当注意的是,原则上不能对图 2.9 所示的混联电路进行等效变换。

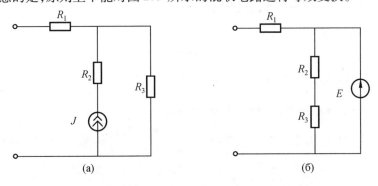

Рис. 2.9 Смешанные соединения цепей

图 2.9 混联电路

2. 6 Преобразование звезды и треугольника сопротивлений　电阻星形和三角形连接的变换

Приведённые на рисунке (2.10) схемы соединений не относятся к типам последовательного, параллельного или смешанного, а образуют два новых соединения—звездой (Y) и треугольником (△). Их можно взаимно преобразовать, сохранив неизменными токи в точках подключения внешней цепи: 1, 2 и 3.

图 2.10 所示电路不属于串联、并联和混联,而是形成了两种新型连接:星形连接(Y)和三角形连接(△),在保持外电路连接点 1、2 和 3 上的电流不变的条件下,它们可以相互变换。

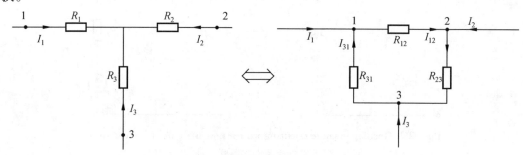

Рис. 2.10 Преобразование звезды и треугольника сопротивлений

图 2.10 电阻星形和三角形连接的变换

Для контура 1-2-3 треугольника можно составить уравнение по второму закону Кирхгофа в виде

对于由结点 1-2-3 构成的三角形回路,根据基尔霍夫第二定律,可列写下列方程

$$R_{12}I_{12} + R_{23}I_{23} + R_{31}I_{31} = 0 \tag{2.17}$$

для узлов—уравнения по первому закону Кирхгофа

对于结点,依据基尔霍夫第一定律,方程可写为

$$I_{31} = I_{12} - I_1$$
$$I_{23} = I_{12} + I_2 \tag{2.18}$$

Подставляя выражения (2.18) в уравнение (2.17), получим $I_{12} = \dfrac{R_{31}I_1 - R_{23}I_2}{R_{12} + R_{23} + R_{31}}$.

Тогда напряжение между узлами 1-2 будет равно

将方程(2.18)代入方程(2.17),可得 $I_{12} = \dfrac{R_{31}I_1 - R_{23}I_2}{R_{12} + R_{23} + R_{31}}$,那么 1-2 结点之间的电压等于

$$U_{12} = R_{12}I_{12} = \frac{R_{12}R_{31}I_1 - R_{12}R_{23}I_2}{R_{12} + R_{23} + R_{31}} \tag{2.19}$$

Для схемы звезды напряжение между точками 1-2 равно

对于星形电路,1-2 结点之间的电压为

$$U_{12} = R_1 I_1 - R_2 I_2 \tag{2.20}$$

Сопоставляя выражения (2.19) и (2.20), получим

对比表达式(2.19)和表达式(2.20)，可得

$$R_1 = \frac{R_{12}R_{31}}{R_{12} + R_{23} + R_{31}}$$

$$R_2 = \frac{R_{12}R_{23}}{R_{12} + R_{23} + R_{31}} \tag{2.21}$$

и по аналогии

类似地

$$R_3 = \frac{R_{31}R_{23}}{R_{12} + R_{23} + R_{31}} \tag{2.22}$$

Решая эти три уравнения относительно сопротивлений треугольника, получим

在求解三角形连接电阻的三个方程时，可得

$$R_{12} = \frac{R_1R_2 + R_2R_3 + R_3R_1}{R_3}$$

$$R_{23} = \frac{R_1R_2 + R_2R_3 + R_3R_1}{R_1} \tag{2.23}$$

$$R_{31} = \frac{R_1R_2 + R_2R_3 + R_3R_1}{R_2}$$

Рассмотрим типичные преобразования на примере электрической цепи, приведённой на рис. 2.11(а). Здесь сопротивления $R_2 \ldots R_6$, образуют две звезды ($R_2R_3R_6$ и $R_4R_5R_6$) и два треугольника ($R_2R_4R_6$ и $R_3R_5R_6$). Любое из этих четырёх соединений можно преобразовать по схеме Y$\Leftrightarrow\triangle$, получив в результате смешанное соединение.

我们用图2.11(a)中所示电路来分析典型变换，其中电阻 $R_2 - R_6$ 形成两个星形连接电路($R_2R_3R_6$ 和 $R_4R_5R_6$)与两个三角形连接电路($R_2R_4R_6$ 和 $R_3R_5R_6$)。在这四个连接中，任何一个连接都可进行 Y$\Leftrightarrow\triangle$ 变换，从而得到一个混联电路。

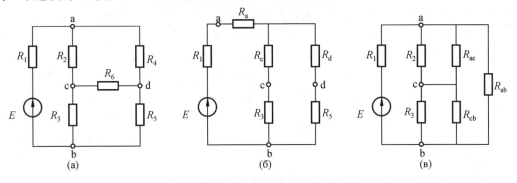

Рис. 2.11 Преобразование по схеме Y$\Leftrightarrow\triangle$

图2.11 Y$\Leftrightarrow\triangle$连接的等效变换

Преобразование треугольника $R_2R_4R_6$ в звезду $R_aR_cR_d$ приводит к смешанному соединению, показанному на рис. 2.11(б), где значения сопротивлений R_a, R_c и R_d определяются по выражениям (2.21). Очевидно, что такое же соединение можно получить, преобразовав в звезду второй треугольник— $R_3R_5R_6$.

　　将三角形 $R_2R_4R_6$ 变换为星形 $R_aR_cR_d$,形成如图 2.11(6) 所示的混联电路,其中电阻 R_a , R_c 和 R_d 的值由表达式(2.21)确定。显然,也可以将第二个三角形 $R_3R_5R_6$ 变换为星形连接,从而得到同样的电路连接。

　　В результате преобразования звезды $R_4R_5R_6$ в треугольник $R_{ac}R_{ab}R_{cb}$ мы также получим смешанное соединение （рис. 2.11(в)）, сопротивления которого R_{ac} , R_{ab} и R_{cb} определяются по выражениям (2.23). Аналогичный результат получается при преобразовании звезды $R_2R_3R_6$.

　　在将星形 $R_4R_5R_6$ 变换为三角形 $R_{ac}R_{ab}R_{cb}$ 后,可获得图 2.11(в) 所示的混联电路,电阻 R_{ac} , R_{ab} 和 R_{cb} 由表达式(2.23)确定。通过变换星形 $R_2R_3R_6$,也可得到同样的连接电路。

　　В принципе все эти преобразования равноценны и выбор должен осуществляться исходя из конечной цели, поставленной в задаче.

　　原则上,所有变换都是等效的,需要依据设定任务的最终目标来选择变换类型。

2.7 Пример задачи, решаемой преобразованием цепи　电路等效变换示例

　　Метод эквивалентных преобразований целесообразно применять для решения задач, в которых требуется определить какую-либо одну величину и электрическая цепь часто имеет не более трёх контуров.

　　等效变换法适用于解决需要确定某一个量的问题,通常该类电路不超过三个回路。

　　Пусть, например, требуется найти падение напряжения на R_2 при известных сопротивлениях цепи и ЭДС источника （рис. 2.12）.

　　例如,在图 2.12 中,已知电阻和电动势源,求 R_2 两端的电压降。

　　Для решения задачи нужно определить ток в R_2 . Проведём ряд преобразований, конечной целью которых является получение эквивалентной цепи, состоящей из одного контура, включающего сопротивление, в котором требуется определить ток. Поэтому при всех преобразованиях ветвь с R_2 должна оставаться неизменной.

　　解题需要确定 R_2 中的电流。我们进行一系列变换的最终目标是获得一个等效电路,该等效电路由一个回路组成,其中包含需要确定其电流的电阻。因此,在进行所有变换时,带 R_2 的支路应保持不变。

　　Вначале заменим источник ЭДС E с внутренним сопротивлением R_1 на эквивалентный источник тока J .

　　首先,用等效电流源 J 替代具有内阻 R_1 的电动势源 E 。

　　Затем объединим параллельно включённые сопротивления R_1 и R_4 .

　　然后,将电阻 R_1 和 R_4 并联。

　　После чего преобразуем источник тока J с внутренним сопротивлением R_{14} в эквивалентный источник ЭДС.

　　再将具有内阻 R_{14} 的电流源 J 变换为等效电动势源。

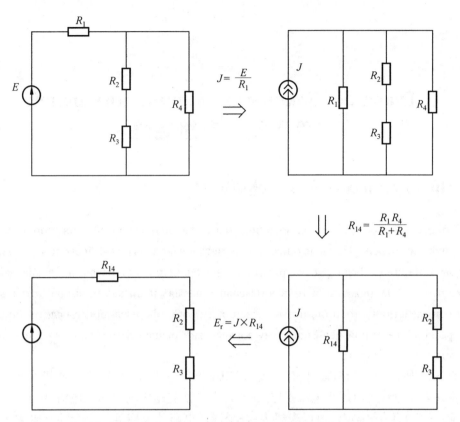

Рис. 2.12 Пример задачи, решаемой преобразованием цепи

图 2.12 电路等效变换示例

$$E_{\mathrm{r}} = E \frac{R_4}{R_1 + R_4} \qquad (2.24)$$

Тогда по закону Ома ток в эквивалентном контуре будет равен $I = \dfrac{E_{\mathrm{r}}}{R_{14} + R_2 + R_3}$, а искомое напряжение $U_2 = R_2 I.$

然后根据欧姆定律, 可得等效电路中的电流 $I = \dfrac{E_{\mathrm{r}}}{R_{14} + R_2 + R_3}$, 所求电压 $U_2 = R_2 I$。

Из приведённого решения видно, что после преобразования цепи оно сводится к элементарным арифметическим операциям на основе закона Ома.

从上述求解过程可以看出, 对电路进行变换之后, 求解过程可简化为基于欧姆定律的基本算术运算。

Глава 3   Законы электрических цепей
第 3 章   电路定理

3.1 Принцип наложения   叠加定理

Принцип наложения (суперпозиции) имеет важнейшее значение в теории линейных электрических цепей. Подавляющее число методов анализа линейных цепей базируется на этом принципе. Если рассматривать напряжения и токи источников как задающие воздействия, а напряжение и токи в отдельных ветвях цепи как реакцию (отклик) цепи на эти воздействия, то принцип наложения можно сформулировать следующим образом: реакция линейной цепи на сумму воздействий равна сумме реакций от каждого воздействия в отдельности.

叠加定理是线性电路理论中最重要的定理。该定理是绝大多数线性电路分析方法的理论依据。若将电源的电压和电流视作激励,并将电路支路中的电压和电流视为对这些激励的反应(响应),则叠加定理可以表述为:一个线性电路的响应等于每个独立电源单独作用时响应的代数和。

Принцип наложения можно использовать для нахождения реакции в линейной цепи, находящейся как под воздействием нескольких источников, так и при сложном произвольном воздействии одного источника.

叠加定理可用于求解在多个电源或一个具有复杂激励电源作用下的线性电路响应。

Рассмотрим вначале случай, когда в линейной цепи действует несколько источников. В соответствии с принципом наложения для нахождения тока i или напряжения u в заданной ветви осуществим поочередное воздействие каждым источником и найдем соответствующие частные реакции i_k и u_k на эти воздействия. Тогда результирующая реакция в соответствии с принципом наложения определится как

我们首先来研究在线性电路中存在多个电源的情况。根据叠加定理,为找到指定支路中的电流 i 或电压 u,需要使每个电源轮流发挥作用,并求得单个电源作用时对应的响应 i_k 和 u_k。依据叠加定理,合成响应为

$$i = \sum_{k=1}^{n} i_k ; u = \sum_{k=1}^{n} u_k \tag{3.1}$$

где n —общее число источников.

其中 n 是电源总数。

Если в линейной цепи приложено напряжение сложной формы, применение принципа наложения позволяет после разложения этого воздействия на сумму простейших найти реакцию цепи на каждое из них в отдельности с последующим наложением полученных результатов. Следует отметить, что принцип наложения является следствием линейности уравнений, которые описывают цепь, поэтому его можно применить к любым физическим величинам, которые связаны между собой линейной зависимостью (например, ток и напряжение). В то же время этот принцип нельзя использовать при вычислении мощности, так как она связана с напряжением и током квадратичной зависимостью.

如果在线性电路中施加复杂形式的电压,则可利用叠加定理将复杂响应分解为简单响应之和,即先找到构成复杂形式电压的每个简单电压形式,然后将各简单电压对应的响应进行叠加。应当注意的是,叠加定理体现了电路方程的线性特征,因此可以将其应用于与线性相关的任何物理量(例如,电流和电压)。与此同时,叠加定理不能用于计算功率,因为功率与电压和电流存在二次相关性。

Принцип наложения лежит в основе большинства временных и частотных методов расчёта линейных цепей, которые рассматриваются в последующих главах. В отличие от линейных для нелинейных цепей принцип суперпозиции неприменим—и это обстоятельство часто служит критерием оценки линейности или нелинейности электрической цепи.

叠加定理是基于时间和频率的大多数线性电路计算方法的基础,我们将在后续章节中论述这些计算方法。与线性电路相反,非线性电路中不能使用叠加定理,这一条件通常是区分线性电路或非线性电路的标准。

Для оценки линейности электрической цепи подадим на её вход воздействие $x(t)$ в виде напряжения или тока (рис. 3.1) и будем наблюдать реакцию $y(t)$ на выходе. Если при воздействии $kx(t)$ (где k—вещественное число) реакция равна $ky(t)$, то данная цепь будет линейной. Если такой пропорциональности нет, то цепь является нелинейной.

为了区分电路的线性特征,可将电压或电流激励 $x(t)$ 应用于其输入端(图3.1),然后观察输出端的响应 $y(t)$。若激励变为 $kx(t)$ (其中 k 是实数),响应等于 $ky(t)$,该电路是线性电路。若不存在这样的比例关系,则该电路为非线性电路。

Рис. 3.1 Реакция в линейной цепи

图 3.1 线性电路中的响应

Многие нелинейные цепи в режиме малых сигналов также могут считаться линейными и к ним может быть применён принцип суперпозиции. Всё это свидетельствует о чрезвычайно важном месте, который занимает принцип наложения в теории электрических цепей.

小信号模型下的许多非线性电路也可以被视作线性电路,并可以应用叠加定理。这表明,叠加定理在电路理论中占有极其重要的地位。

Большая часть радиотехнических устройств и систем относится к классу линейных цепей: это усилители, фильтры, корректоры, интеграторы, дифференциаторы, другие цепи, предназначенные для линейной обработки сигналов. В то же время имеется значительное количество устройств, которые нельзя отнести к классу линейных цепей и для их анализа необходимо использовать специальные методы.

多数无线电工程设备和系统都属于线性电路,其中包括放大器、滤波器、调节器、积分器、微分器和其他用于信号处理的电路;与此同时,还有许多设备不能归为线性电路,因而需要使用特殊的分析方法。

Новые слова и словосочетания　单词和词组

1. принцип наложения 叠加定理
2. суперпозиция 叠加
3. воздействие 激励
4. реакция 反应,反响,响应
5. отклик 响应
6. результирующий 合成的
7. разложение 分解
8. квадратичный 二次方的
9. временной 时间的
10. частотный 频率的
11. линейность [阴] 线性
12. нелинейность [阴] 非线性
13. вещественное число 实数
14. пропорциональность[阴]比例
15. радиотехнический 无线电技术的
16. фильтр 滤波器
17. корректор 调节器
18. интегратор 积分器
19. дифференциатор 微分器

3.2 Теорема замещения　替代定理

При обосновании некоторых методов анализа электрических цепей используется теорема замещения, которую можно сформулировать следующим образом: значение всех токов и напряжений в цепи не изменится, если любую ветвь цепи с напряжением u и током i (рис. 3.2(а)) заменить источником напряжения с задающим напряжением u_r (рис. 3.2(б)) или источником тока с задающим током i_r (рис. 3.2(в)).

替代定理用于证明某些分析电路的方法的合理性,该定理可表述为:使用电压为 u_r 的电压源(图 3.2(б))或电流为 i_r 的电流源(图 3.2(в))替换电压为 u 或电流为 i(图 3.2(а))的任何支路,电路中所有电流值和电压值都不会改变。

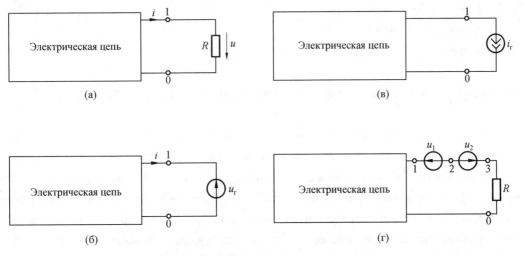

Рис. 3.2 Доказательство теоремы замещения

图 3.2 替代定理的证明

Докажем эту теорему на примере источника напряжения (рис. 3.2(б)). Для этого включим в ветвь с R (рис. 3.2(а)) два источника напряжения с задающим напряжением $u_1 = u_2 = Ri$ и направленные навстречу друг другу (рис. 3.2(г)).

我们可以用一个电压源的例子来证明该定理(图 3.2(б))。将两个带有指定电压的电压源 $u_1 = u_2 = Ri$ 接入带有 R 的支路中(图 3.2(а)),并使其方向相反(图 3.2(г))。

Приняв потенциал узла $\varphi_0 = 0$, найдём потенциалы узлов $\varphi_3, \varphi_2, \varphi_1$:

选取参考电位点 $\varphi_0 = 0$,求结点 1、2、3 的电位:

$$\varphi_3 = Ri, \varphi_2 = \varphi_3 - u_2 = Ri - Ri = 0; \varphi_1 = \varphi_2 + u_1 = Ri$$

Таким образом, потенциал узла 1 в схеме рис. 3.2(а) и в схеме рис. 3.2(г) оказывается одинаковым. А так как $\varphi_2 = 0$ и $\varphi_0 = 0$, то закорачивая их между собой, приходим к схеме рис. 3.2(б), что и доказывает теорему. Аналогично доказывается и теорема замещения источником тока (рис. 3.2(в)).

因此,图 3.2(а)和 3.2(г)中结点 1 的电位是相同的。由于 $\varphi_2 = 0$,$\varphi_0 = 0$,可将它们短接在一起,因此得到图 3.2(б)中的电路,定理由此得到证明。用类似的方法也可证明电流源替代定理(图 3.2(в))。

Теорема замещения справедлива как по отношению к линейным, так и нелинейным цепям, так как при её доказательстве не накладывается на выделенную ветвь никаких ограничений, кроме того, что она обменивается энергией с остальной частью цепи только через зажимы $1-0$ с помощью тока i.

替代定理对线性和非线性电路均可适用,因为在证明过程中,对所选支路没有任何限定,它仅借助了结点 0-1 的电压以及支路电流 i 与电路其他部分进行能量交换。

1. теорема 定理
2. теорема замещения 替代定理
3. закорачивать［未］短接

3.3 Теорема об активном двухполюснике　有源二端网络定理

Теорема об активном двухполюснике используется обычно в случае, когда надо найти реакцию цепи (ток или напряжение) в одной ветви. При этом удобно всю остальную часть цепи, к которой подключена данная ветвь, рассматривать в виде двухполюсника (на рис. 3.3(a) показана резистивная ветвь). Двухполюсник называют активным, если он содержит источники электрической энергии, и пассивным—в противном случае. На рисунках активный двухполюсник будем обозначать буквой А, а пассивный—П.

当需要在一条支路中求解电路响应(电流或电压)时,可使用有源二端网络定理。在这种情况下,为便于分析,可将该支路(图 3.3 (a)电阻支路)所连接的其余电路看作二端网络。如果二端网络包含电源,则被称为有源二端网络,否则称其为无源二端网络。在电路图中,有源二端网络用字母 A 表示,无源二端网络用 П 表示。

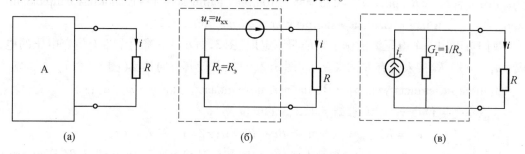

Рис. 3.3 Эквивалентные цепи активного двухполюсника

图 3.3 有源二端网络等效电路

Различают две модификации теоремы об активном двухполюснике: теорема об эквивалентном источнике напряжения (теорема Тевенина) и теорема об эквивалентном источнике тока (теорема Нортона).

有源二端网络派生出两个定理:等效电压源定理(戴维宁定理)和等效电流源定理(诺顿定理)。

3.3.1 Теорема об эквивалентном источнике напряжения (Теорема Тевенина)
等效电压源定理(戴维宁定理)

Согласно теореме Тевенина ток в любой ветви линейной электрической цепи не изменится, если активный двухполюсник, к которому подключена данная ветвь, заменить эквивалентным источником (генератором) напряжения с задающим напряжением, равным напряжению холостого хода на зажимах разомкнутой ветви и внутренним сопротивлением, равным эквивалентному входному сопротивлению пассивного двухполюсника со стороны разомкнутой ветви (рис. 3. 3(6)).

根据戴维宁定理,支路接入的有源二端网络被一个等效电压源(发电机)和一个内阻替代,其中等效电压源的电压等于开路电压,内阻等于从开路两端看进去的无源二端网络的等效电阻,此时该线性电路中任何支路的电流都不会改变(图 3.3(6))。

Для доказательства этой теоремы предположим, что цепь не содержит зависимых источников. Тогда, разомкнув ветвь с элементом R, определим расчётным или экспериментальным путём напряжение холостого хода $u_{\text{хх}}$ (рис. 3. 4(а)). Затем включим в эту ветвь навстречу друг другу два источника напряжения с задающим напряжением $u_{\text{r1}} = u_{\text{r2}} = u_{\text{хх}}$ (рис. 3. 4(6)).

为了证明该定理,我们假设该电路不含受控电源。在断开含有 R 的支路后,通过计算或实验确定开路电压 $u_{\text{хх}}$(图 3.4(а)),然后在这条支路中串入两个极性相反的电压源,设定它们的电压为 $u_{\text{r1}} = u_{\text{r2}} = u_{\text{хх}}$ (图 3.4(6))。

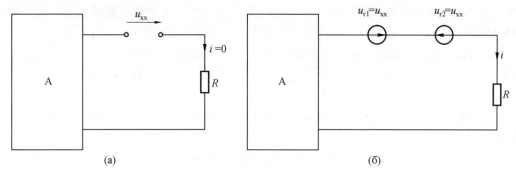

Рис. 3. 4 Доказательство теоремы Тевенина

图 3.4 戴维宁定理的证明

Ток в ветви с R при этом (рис. 3. 4(6)) не изменится по сравнению с током i в исходной схеме (рис. 3. 3(а)). Результирующий ток в выделенной ветви найдём в соответствии с принципом наложения: $i = i_{\text{A}} + i_1 + i_2$, где i_{A} —частичный ток, обусловленный активным двухполюсником; i_1—ток, обусловленный действием источника u_{r1}; i_2—ток, обусловленный действием источника u_{r2}. Однако напряжение активного двухполюсника и задающее u_{r2} действует навстречу друг другу, поэтому $i_{\text{A}} + i_2 = 0$. Следовательно, ток в цепи $i = i_1$ будет обусловлен только действием источника с $u_{\text{r1}} = u_{\text{хх}}$ (рис. 3. 3(6)). Частичный ток i_1 может быть найден, если положить все задающие напряжения и токи активного двухполюсника равными нулю. Получившийся при этом пассивный двухполюсник полностью характеризуется своим эквивалентным сопротивлением $R_{\text{э}} = R_{\text{г}}$ относительно выделенных зажимов. Таким образом, приходим к схеме, изображённой на рис. 3. 3 (6) и теорема доказана.

与原始电路(图 3.3(а))中的电流 i 相比,此时含有 R 的支路中的电流(图 3.4(6))不会改变。依据叠加定理,可求得所选支路的合成电流: $i = i_{\text{A}} + i_1 + i_2$,其中 i_{A} 是有源二端网络产生的电流分量,i_1 是电压源 u_{r1} 产生的电流分量,i_2 是电压源 u_{r2} 产生的电流分量。有源二端网络的电压和设定电压相互叠加,因此 $i_{\text{A}} + i_2 = 0$,电路中的电流 $i = i_1$ 可看作是仅受电

压源 $u_{\text{r1}} = u_{\text{xx}}$ 作用产生的响应(图3.3(б))。若将有源二端网络中的电源和电压源都设为零,可以得到电流分量 i_1。最初的有源二端网络已变为无源二端网络,该无源二端网络可以通过等效电阻 $R_{\text{э}} = R_{\text{r}}$ 来表征。因此,可等效为图3.3(б)所示的电路,定理由此得到证明。

3.3.2 Теорема об эквивалентном источнике тока（Теорема Нортона）　等效电流源定理(诺顿定理)

Теорема об эквивалентном источнике тока（Теорема Нортона）: ток в любой ветви линейной электрической цепи не изменится, если активный двухполюсник, к которому подключена данная ветвь, заменить эквивалентным источником тока с задающим током, равным току короткого замыкания этой ветви, и внутренней проводимостью, равной эквивалентной входной проводимости со стороны разомкнутой ветви（рис. 3.3 (в)）.

等效电流源定理(诺顿定理):若支路接入的有源二端网络被等效电流源和内部电导替代,其中等效电流源的电流等于该支路短路电流,内部电导等于断开支路后无源二端网络的等效输入电导,那么线性电路中任何支路中的电流都不会改变(图3.3(в))。

Доказательство этой теоремы проще всего осуществить путём преобразования эквивалентного источника напряжения（рис. 3.3(б)）в эквивалентный источник тока（рис. 3.3(в)）с параметрами.

该定理最简单的证明方式是:将带有参数的等效电压源(图3.3(б))变换为等效电流源(图3.3(в))。

$$G_{\text{r}} = 1/R_{\text{r}};\ i_{\text{r}} = i_{\text{кз}} = u_{\text{xx}}G_{\text{r}} \tag{3.2}$$

где $i_{\text{кз}}$ —ток короткого замыкания рассматриваемой ветви.

其中 $i_{\text{кз}}$ 是所选支路的短路电流。

Из（3.2）следует формула, которую можно положить в основу экспериментального определения параметров пассивного двухполюсника

利用公式(3.2)可推导出无源二端网络参数

$$R_{\text{э}} = R_{\text{r}} = 1/G_{\text{r}} = u_{\text{xx}}/i_{\text{кз}} \tag{3.3}$$

Теорема об активном двухполюснике существенно упрощает расчёт сложной цепи, так как позволяет её представить в виде простейшей схемы эквивалентного источника напряжения или тока с конечным внутренним сопротивлением R_{r} или внутренней проводимостью G_{r}. В отличие от идеальных источников напряжения и тока, напряжение и ток этих источников зависят от сопротивления R ветви.

有源二端网络定理极大地简化了复杂电路的计算过程,因为它使原本复杂的电路变成最简单的含内部电阻 R_{r} 的等效电压源或含内部电导 G_{r} 的等效电流源。与理想的电压源和电流源不同,这些电源的电压和电流取决于支路电阻 R。

Теорема об активном двухполюснике справедлива и для случая, когда последний содержит зависимые источники с ограниченными задающими напряжениями и токами. При этом при нахождении параметров эквивалентного генератора следует положить равными нулю задающие напряжения и токи лишь независимых источников.

有源二端网络定理同样适用于含具体电压和电流系数的受控电源电路。此时为求得等效电路的参数,应将独立电源的电压和电流设定为零。

Новые слова и словосочетания 单词和词组

1. активный двухполюсник 有源二端网络
2. пассивный двухполюсник 无源二端网络
3. теорема Тевенина 戴维宁定理
4. теорема Нортона 诺顿定理
5. разомкнутый 开路的
6. разомкнуть[完] 断开

3.4 Принцип дуальности　互易定理

Анализ уравнений для напряжений и токов, полученных в предыдущих разделах, позволяет сформулировать важный принцип теории электрических цепей — принцип дуальности (двойственности). Этот принцип гласит: если для данной электрической цепи справедливы некоторые законы, уравнения или соотношения, то они будут справедливы и для дуальных величин в дуальной цепи. Этот принцип проявляется, например, в сходстве законов изменения напряжения в одной цепи и законов изменения токов в другой цепи (дуальной). Таблица 3.1 иллюстрирует двойственный характер основных законов и соотношений в электрических цепях.

通过分析前面各节中的电压和电流方程,可以得出电路理论中的一个重要定理:互易定理(对偶定理)。该定理可表述为:如果某些定理、方程式或关系式对于给定电路是成立的,那么它们对于对偶电路中对偶量也将成立。例如,这一定理可体现为:在一个电路中电压变化规律和另一电路(对偶电路)中电流变化规律相似。表 3.1 说明了电路基本定律和关系式的对偶性。

Таблица 3.1　Двойственный характер основных законов и соотношений в электрических цепях

表 3.1　电路基本定律和关系式的对偶性

Понятия 概念	
Исходные 初始的	Дуальные 对偶的
Напряжение 电压 u	Ток 电流 i
Сопротивление 电阻 R	Проводимость 电导 G
Индуктивность 电感 L	Ёмкость 电容 C
Задающее напряжение 控制电压 u_r	Задающий ток 控制电流 i_r

Продолжение таблицы 3.1

续表 3.1　**电路基本定律和关系式的对偶性**

Понятия 概念	
Исходные 初始的	Дуальные 对偶的
Первый закон Кирхгофа 基尔霍夫第一定律 $$\sum_k i_k = 0$$ $$u_R = Ri; u_L = L\frac{\mathrm{d}i}{\mathrm{d}t}$$ $$u_C = \frac{1}{C}\int i\mathrm{d}t$$	Второй закон Кирхгофа 基尔霍夫第二定律 $$\sum_k u_k = 0$$ $$i_R = Gu; i_C = C\frac{\mathrm{d}u}{\mathrm{d}t}$$ $$i_L = \frac{1}{L}\int u\mathrm{d}t$$
Теорема об эквивалентном источнике напряжения 等效电压源定理	Теорема об эквивалентном источнике тока 等效电流源定理
Последовательное соединение 串联 $$R = \sum_k R_k$$ $$L = \sum_k L_k$$ $$\frac{1}{C} = \sum_k \frac{1}{C_k}$$	Параллельное соединение 并联 $$G = \sum_k G_k$$ $$C = \sum_k C_k$$ $$\frac{1}{L} = \sum_k \frac{1}{L_k}$$

　　Использование принципа дуальности в ряде случаев позволяет существенно упростить расчёт. Так, если найдены уравнения для одной цепи, то используя дуальные соотношения можно сразу записать законы изменения дуальных величин в дуальной цепи.

　　在很多情况下,互易定理可以极大地简化计算过程。如果列写出一个电路的方程式,依据互易定理,可以立即写出对偶电路中对偶量的方程式。

Новые слова и словосочетания　　单词和词组

1. принцип дуальности 互易定理
2. дуальность [阴] 对偶性
3. двойственность [阴] 对偶性,二元性
4. дуальная величина 对偶量
5. дуальная цепь 对偶电路
6. первый закон Кирхгофа 基尔霍夫第一定律
7. второй закон Кирхгофа 基尔霍夫第二定律

3.5 Теорема Телледжена　特勒根定理

Теорема Телледжена является одной из наиболее общих теорем теории электрических цепей. Рассмотрим граф произвольной электрической цепи, содержащей $n_{\text{в}}$ ветвей и n_{y} узлов. Для согласованных направлений напряжений и токов ветвей теорема Телледжена гласит: сумма произведений напряжений u_k и токов i_k всех ветвей графа, удовлетворяющих законам Кирхгофа, равна нулю.

特勒根定理是电路理论中应用最广泛的定理之一。我们来研究包含 $n_{\text{в}}$ 条支路和 n_{y} 个结点的电路图。特勒根定理可表述为:对于支路中方向一致的电压和电流,满足基尔霍夫定律的所有支路电压 u_k 和电流 i_k 的乘积之和等于零。

$$\sum_{k=1}^{n_{\text{в}}} u_k i_k = 0 \tag{3.4}$$

Докажем эту теорему на примере цепи, изображенной на рис. 3.5. Составим сумму произведений $u_k i_k$ для каждой из ветвей

我们以图 3.5 所示电路为例来证明该定理,计算每条支路的 $u_k i_k$ 乘积的总和

$$\sum_k u_k i_k = (-u_{\text{r}1} + u_1) i_1 + u_2 i_2 + u_3 i_3 + u_4 i_4 + u_5 i_5 \tag{3.5}$$

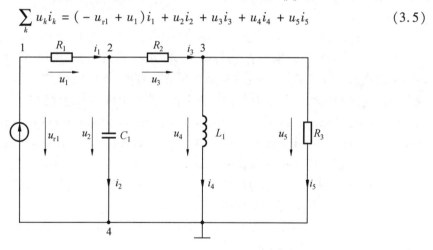

Рис. 3.5 Доказательство теоремы Телледжена

图 3.5 特勒根定理的证明

Согласно второму закону Кирхгофа должны выполняться условия: $-u_{\text{r}} + u_1 = -u_2$, $u_3 = u_2 - u_4$, $u_4 = u_5$, поэтому равенство (3.5) можно переписать в форме

根据基尔霍夫第二定律,应满足以下条件: $-u_{\text{r}} + u_1 = -u_2$, $u_3 = u_2 - u_4$, $u_4 = u_5$。因此,等式(3.5)可以改写为

$$\sum_k u_k i_k = -u_2 i_1 + u_2 i_2 + u_2 i_3 - u_4 i_3 + u_4 i_4 + u_4 i_5$$

$$= u_2 (i_2 + i_3 - i_1) + u_4 (i_4 + i_5 - i_3) = 0 \tag{3.6}$$

Так как выражения, стоящие в скобках, равны нулю согласно первому закону Кирхгофа, что и доказывает теорему. Необходимо подчеркнуть, что поскольку теорема Телледжена следует непосредственно из законов Кирхгофа, то она справедлива для любых электрических цепей: линейных и нелинейных; активных и пассивных; цепей, параметры которых изменяются во времени (параметрических цепей). В общем случае эта теорема справедлива и для случая попарных произведений u_k и i_l разных ветвей, если для них выполняются первый и второй законы Кирхгофа.

根据基尔霍夫第一定律,括号中的表达式等于零,这就证明了该定理。应强调的是,特勒根定理直接可由基尔霍夫定律推导出,因此它适用于任何电路:线性电路和非线性电路,有源电路和无源电路以及参数随时间变化的电路(参数电路)。在一般情况下,该定理对于不同支路的 u_k 和 i_l 的乘积也有效,前提是它们满足基尔霍夫第一定律和基尔霍夫第二定律。

Из теоремы Телледжена вытекает ряд следствий, важнейшим из которых является баланс мощности. Действительно, произведение $u_k i_k$ согласно формуле (3.5) представляет собой мгновенную мощность p_k k – ветви, поэтому в соответствии с (3.5) алгебраическая сумма мощностей всех ветвей цепи равняется нулю. Если в (3.5) выделить ветви с независимыми источниками, то баланс мощности можно сформулировать следующим образом: алгебраическая сумма мощностей, отдаваемых независимыми источниками, равняется алгебраической сумме мощностей, потребляемых остальными ветвями электрической цепи.

由特勒根定理可推导出很多结论,其中最重要的是功率平衡。实际上,根据公式(3.5), u_k 和 i_k 的乘积是第 k 条支路的瞬时功率 p_k,因此,根据式(3.5),电路中所有支路瞬时功率的代数和等于零。如果在(3.5)中包含具有独立电源的支路,则功率平衡可表述为:独立电源发出的功率的代数和等于电路其余支路所消耗功率的代数和。

Пример: Составить баланс мощности для цепи, изображённой на рис. 3.6. Алгебраическая сумма мгновенных мощностей, развиваемых источниками напряжения и тока $p_{\text{ист}} = u_{r1} i_1 + u_{34} i_r$. Потребляемая мощность с учётом закона Ома

示例:分析如图 3.6 所示电路的功率平衡。电压源和电流源发出的瞬时功率的代数和为 $p_{\text{ист}} = u_{r1} i_1 + u_{34} i_r$,依据欧姆定律,所需功率为

$$p_{\text{пот}} = u_1 i_1 + u_2 i_2 + u_3 i_3 + u_4 i_4 = R_1 i_1^2 + R_2 i_2^2 + R_3 i_3^2 + R_4 i_4^2 \qquad (3.6)$$

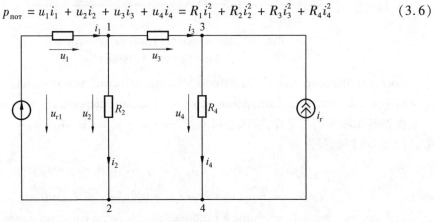

Рис. 3.6 Баланс мощности для цепи

图 3.6 电路功率平衡

В соответствии с балансом мощностей

依据功率平衡

$$p_{\text{ист}} = p_{\text{пот}} \tag{3.7}$$

Следует отметить, что при определении $p_{\text{пот}}$ произведение берётся со знаком "+", если направления задающего напряжения u_{r} и тока i направлены навстречу друг другу, и со знаком "−" в противном случае. Аналогичное правило знаков для источников тока: если напряжение на зажимах источника направлено навстречу задающему току i_{r}, берётся знак "+", а если напряжение совпадает с током — знак "−". Баланс мощности выражает не что иное, как закон сохранения энергии в электрической цепи.

应当注意的是,当确定所需功率 $p_{\text{пот}}$ 时,如果电压 u_{r} 和电流 i 的关联方向相反,则乘积用"+"号表示,否则用"−"号表示。电源的符号规则与之类似:如果电源端子上电压方向与其电流方向 i_{r} 相反,则采用"+"号,如果电压方向与电流方向一致,则采用"−"号。功率平衡仅表示电路中的能量守恒。

Новые слова и словосочетания　单词和词组

1. теорема Телледжена 特勒根定理
2. граф 图,图解法
3. произведение 乘积
4. мгновенная мощность 瞬时功率

Вопросы для самопроверки　自测习题

1. Докажите теорему замещения. 试证明替代定理。

2. Докажите теорему Тевенена. 试证明戴维宁定理。

3. В чём физический смысл теоремы Телледжена? Она справедлива ли для нелинейных электрических цепей? 特勒根定理的物理含义是什么? 是否适用于非线性电路?

Глава 4 Методы расчёта электрических цепей
第 4 章 电路分析方法

Расчёт электрической цепи производится с целью получения данных о режиме её работы или для определения параметров, обеспечивающих заданный режим. Первая задача, задача определения токов, напряжений и мощностей на участках или элементах электрической цепи при заданной схеме, параметрах элементов и источников электрической энергии называется анализом цепи. Вторая задача заключается в определении состава электрической цепи и параметров её элементов, обеспечивающих требуемый режим работы одного или нескольких из них, называется синтезом цепи и в пределах данного курса не рассматривается. Не входит в задачу данного курса и анализ цепей с источниками тока, которые обычно рассматриваются в курсах теоретических основ электротехники.

电路计算是为了获得电路工作条件数值或确定某工作条件对应的元件参数。第一项任务是在给定电路图的条件下,确定电路分段或元件的电流、电压、功率、元件和电源参数,这被称为电路分析。第二项任务是确定电路的构成及元件参数,这些元件参数需要保障元件的一个或多个工作条件,这被称为电路综合,这部分内容本课程并未涉及。对带电流源电路的分析也不属于本课程的研究范围,因为这通常是在电气工程理论基础中讲述的内容。

Основой для анализа электрической цепи являются законы Ома и Кирхгофа, а также методы, разработанные на их основе для оптимального решения определённого класса задач.

在分析电路时,主要运用欧姆定律和基尔霍夫定律,以及建立在这两大定律基础之上的某一类问题的最佳解决方法。

4.1 Метод непосредственного применения закона Ома 直接运用欧姆定律的方法

Закон Ома применяется для расчёта режимов отдельных участков электрической цепи, состоящих из одного или нескольких резисторов и источников ЭДС. Однако в сочетании с эквивалентными преобразованиями он может использоваться для более сложных задач. В частности, его можно использовать для задач определения тока в какой-либо ветви двухконтурной электрической цепи или напряжения на отдельном элементе.

欧姆定律用于计算由一个或多个电阻器和电动势源组成的电路。借助电路等效变换,该定律也可以解决更为复杂的任务,尤其是可用于确定双回路电路任一支路中的电流或单个元件上的电压。

Рассмотрим ход решения подобных задач на примере цепи рис. 4.1(а). Пусть известны параметры всех элементов цепи и требуется определить напряжение на R_{21}.

我们以图 4.1(a)所示电路为例来分析此类问题的求解。已知电路中所有元件参数,求 R_{21} 两端的电压。

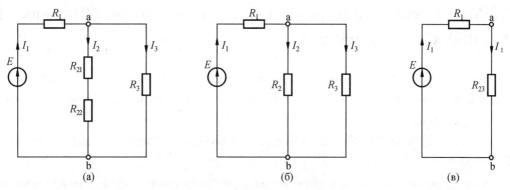

Рис. 4.1 Метод непосредственного применения закона Ома

图 4.1 直接运用欧姆定律的方法

Для определения напряжения по закону Ома нужно знать ток I_2, протекающий через R_{21}. Его можно найти, поэтапно преобразовав схему к цепи, состоящей из одного контура (рис. 4.1(в)), и вначале вычислить ток I_1 в первой ветви.

若要使用欧姆定律确定电压,需求得流经 R_{21} 的电流 I_2。为此可将电路逐步变换为由一个回路构成的电路(图 4.1(в)),先计算第一条支路中的电流 I_1。

Эквивалентное сопротивление последовательно включённых резисторов R_{21} и R_{22} равно $R_2 = R_{21} + R_{22}$ (рис. 4.1(б)), а параллельно включённых R_2 и R_3 равно $R_{23} = R_2 R_3/(R_2 + R_3)$.

串联的电阻 R_{21} 和 R_{22} 可等效成电阻 $R_2 = R_{21} + R_{22}$ (图 4.1(б)),然后将并联的 R_2 和 R_3 等效成 $R_{23} = R_2 R_3/(R_2 + R_3)$。

Ток в цепи рис. 4.1(в) можно определить с помощью обобщённого закона Ома для участка ab

图 4.1(в) 中的电流可利用欧姆定律求得,对于 ab 段有

$$U_{ab} = R_{23}I_1 ; U_{ab} = E - R_1 I_1 \qquad (4.1)$$

Отсюда

由此得出

$$I_1 = \frac{E}{R_1 + R_{23}} \qquad (4.2)$$

Теперь можно найти напряжение U_{ab}

可得出电压 U_{ab}

$$U_{ab} = R_{23}I_1 = \frac{R_{23}E}{R_1 + R_{23}} \qquad (4.3)$$

а затем ток I_2 и искомое напряжение

然后得出电流 I_2 和所求电压

$$I_2 = U_{ab}/R_2 \, ; \, U_{21} = R_{21}I_2 \qquad\qquad (4.4)$$

4.2 Метод непосредственного применения законов Кирхгофа 直接运用基尔霍夫定律的方法

Законы Кирхгофа являются универсальным средством анализа электрических цепей. При расчёте режима цепи с их использованием рекомендуется определённая последовательность решения.

基尔霍夫定律是电路分析的最常用方法。利用该定律计算电路工作条件时,可采用以下步骤求解。

Вначале нужно определить число ветвей $N_{в}$ и число узлов $N_{у}$ цепи. Число ветвей определяет общее число уравнений Кирхгофа, т. к. неизвестными величинами являются токи в ветвях.

首先,需要确定电路的支路数 $N_{в}$ 和结点数 $N_{у}$ 。支路的数量决定了基尔霍夫方程总数,因为未知量是支路中的电流。

Для всех $N_{у}$ узлов цепи можно составить уравнения по первому закону Кирхгофа, однако только $N_{у} - 1$ уравнений будут независимыми, т. к. последнее уравнение является суммой остальных. Поэтому число уравнений составляемых по первому закону равно $N_1 = N_{у} - 1$, а число уравнений по второму закону: $N_2 = N_{в} - N_1 = N_{в} - N_{у} + 1$

对于电路中的所有结点 $N_{у}$,都可以根据基尔霍夫第一定律列写方程,但只有 $N_{у} - 1$ 个方程将是独立的,因为最后一个方程是其余方程的和。因此,根据第一定律列写的方程数量为 $N_1 = N_{у} - 1$,根据第二定律列写的方程数量为 $N_2 = N_{в} - N_1 = N_{в} - N_{у} + 1$。

На следующем этапе решения произвольно выбирают направления токов в ветвях цепи, а затем контуры и направления их обхода. Число контуров должно быть равно числу уравнений по второму закону Кирхгофа. Выбор контуров нужно производить таким образом, чтобы все ветви были включены, по крайней мере, в один из контуров и все контуры отличались друг от друга, по крайней мере, одной ветвью.

在下一步求解时,可以任意设定支路电流的方向,然后设定其回路的环绕方向。根据基尔霍夫第二定律,回路数量应等于方程数量。选择回路时,应使所有支路都至少被一个回路包含,并且所有回路之间至少有一条不同的支路。

После этого составляют уравнения для выбранных узлов цепи, считая токи, направленные к узлам положительными, а от узлов отрицательными. Затем составляют уравнения для контуров, включая в левую часть уравнений напряжения на пассивных элементах, а в правую ЭДС источников. При этом напряжения на элементах, у которых направление протекания тока совпадает с направлением движения при обходе контура, включаются в уравнение с положительным знаком, а остальные с отрицательным. ЭДС источников также включаются в уравнение с учётом направлений их действия и направлений обхода контура: с плюсом, если эти направления совпадают, и с минусом при встречных направлениях.

　　然后为选定的电路结点列写电流方程,将流向结点的电流视为正,将流出结点的电流视为负。随后列写电路的电压方程,其中方程左侧为无源元件电压,右侧为电源电动势。如果流过元件电流的方向与环绕回路的方向一致,那么这些元件上的电压设定为正,否则为负。如果电源电动势的方向与环绕回路的方向一致,则电源电动势在方程中的符号为正,如果方向相反,则符号为负。

　　Рассмотрим алгоритм составления уравнений Кирхгофа для конкретной цепи, приведённой на рис. 4.2(a).

　　我们以图 4.2(a)为例来分析基尔霍夫方程的列写方法。

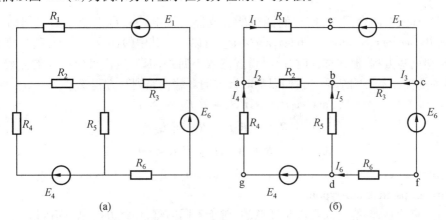

Рис. 4.2 Метод непосредственного применения законов Кирхгофа

图 4.2 直接运用基尔霍夫定律的方法

　　Общее количество неизвестных токов в цепи равно шести. Цепь имеет четыре узла, поэтому для неё можно составить три уравнения по первому закону Кирхгофа и три по второму.

　　该电路中共有 6 个未知电流和 4 个结点,因此可以根据基尔霍夫第一定律列写 3 个方程,根据基尔霍夫第二定律列写 3 个方程。

　　На рисунке 4.2(б) стрелками показаны произвольно выбранные направления токов во всех ветвях (индексы элементов цепи соответствуют номеру ветви). По отношению к узлу b токи I_2, I_3, I_5 получились ориентированными одинаково. Это означает, что в результате решения один или два тока из трёх будут отрицательными, т. е. будут протекать в направлениях противоположных выбранным. Выберем из четырёх узлов три, например, a, b и c, и составим для них уравнения Кирхгофа

　　在图 4.2(б)中,箭头标示了所有支路中任意选定的电流方向(电路元件的编号对应所在支路编号)。相对于结点 b,电流 I_2, I_3, I_5 的方向相同,可推得:三个电流中有一个或两个电流为负,即电流方向与选定方向相反。我们从四个结点中选三个,例如 a, b 和 c,然后列写基尔霍夫方程

$$a: I_4 - I_1 - I_2 = 0$$
$$b: I_2 + I_3 + I_5 = 0 \qquad\qquad (4.5)$$
$$c: I_1 - I_3 - I_6 = 0$$

Выберем теперь произвольно три замкнутых контура так, чтобы в них входили все ветви. Всего для рассматриваемой цепи можно составить семь контуров: aecba, abdga, bcfdb, aecfdga, aecfdba, aecbdga, abcfdga. Любые три из них можно использовать при составлении уравнений по второму закону Кирхгофа, но лучше ограничиться малыми контурами, т. к. при этом уравнения будут более компактными, а для результата выбор контуров не имеет значения. Примем направления обхода контуров по часовой стрелке и составим уравнения

任意选择三个闭合回路,使它们涵盖所有支路。该电路共可以创建 7 个回路:aecba, abdga,bcfdb,aecfdga,aecfdba,aecbdga,abcfdga。可以使用其中的任意 3 个回路,依据基尔霍夫第二定律列写方程,但在选择时,应尽量选定较小回路,因为这样可使列写的方程更加简洁,回路的选择并不影响结论。我们以顺时针方向环绕回路列写方程式

$$aecba: R_1 I_1 + R_3 I_3 - R_2 I_2 = -E_1;$$
$$abdga: R_2 I_2 - R_5 I_5 + R_4 I_4 = E_4; \qquad\qquad (4.6)$$
$$bcfdb: -R_3 I_3 + R_6 I_6 + R_5 I_5 = -E_6$$

Следует заметить, что направления обхода могут быть любыми, в том числе и различными для разных контуров.

应当注意的是,环绕方向可以是任意的,对于不同回路,环绕方向也可不同。

Решить систему уравнений (4.5) и (4.6) можно любым способом, но в современных математических пакетах есть средства, позволяющие легко получить результат, если представить задачу в матричной форме:

我们可以使用多种方法求解方程组(4.5)和(4.6),但若以矩阵的形式表示方程组,借助现代数学应用软件提供的工具,可以轻松求得结果:

$$\begin{Vmatrix} -1 & -1 & 0 & 1 & 0 & 0 \\ 0 & 1 & 1 & 0 & 1 & 0 \\ 1 & 0 & -1 & 0 & 0 & -1 \\ R_1 & -R_2 & R_3 & 0 & 0 & 0 \\ 0 & R_2 & 0 & R_4 & -R_5 & 0 \\ 0 & 0 & -R_3 & 0 & R_5 & R_6 \end{Vmatrix} \begin{Vmatrix} I_1 \\ I_2 \\ I_3 \\ I_4 \\ I_5 \\ I_6 \end{Vmatrix} = \begin{Vmatrix} 0 \\ 0 \\ 0 \\ -E_1 \\ E_4 \\ -E_6 \end{Vmatrix}$$

Столбцами матрицы являются множители соответствующих токов в уравнениях Кирхгофа, а в вектор-столбец правой части включены алгебраические суммы ЭДС источников, действующих в контурах.

矩阵的列是基尔霍夫方程中相应电流的系数,回路中起作用的电源电动势的代数和列写在方程右侧的列向量中。

Определив токи $I_1 - I_6$, можно по закону Ома найти напряжения на всех резисторах ($U_k = R_k I_k$), а также составить баланс мощностей цепи

在确定电流 I_1—I_6 之后,根据欧姆定律,可以找到所有电阻上的电压($U_k = R_k I_k$),并可以得出电路的功率平衡

$$P_R = \sum_{k=1}^{m} I_k^2 R_k ; P_S = \sum_{k=1}^{n} \pm E_k I_k \tag{4.7}$$

где P_R —мощность, рассеваемая на m сопротивлениях цепи, а P_S —мощность, доставляемая n источниками ЭДС. Причём, мощность источника считается положительной, если направление тока в нём совпадает с направлением ЭДС.

其中 P_R 是电路 m 个电阻上的功耗,而 P_S 是 n 个电动势源提供的功率。此外,如果电源中的电流方向与电动势方向一致,则认为该电源的功率为正。

Новые слова и словосочетания   单词和词组

---

1. алгоритм 算法
2. индекс 标记,编号
3. часовая стрелка 顺时针
4. столбец 列
5. матрица 矩阵
6. вектор-столбец 列向量

4.3 Метод контурных токов   回路电流法

Метод контурных токов используют для расчёта сложных цепей с большим количеством узлов. Он позволяет исключить уравнения, составленные по первому закону Кирхгофа. Метод основан на предположении, что в каждом контуре цепи протекает собственный ток, независимый от токов в других контурах, а истинные токи в ветвях являются алгебраической суммой контурных токов, протекающих через каждую ветвь.

回路电流法用于计算具有多个结点的复杂电路,使用这种方法可以不用根据基尔霍夫第一定律列写方程。该方法基于以下假设:每个回路中都有自己的电流,与其他回路中的电流无关,支路中的实际电流是流经该支路的各个回路电流的代数和。

Рассмотрим решение задачи для цепи (рис. 4.2(а)) методом контурных токов. Пусть в произвольно выбранных контурах протекают независимые контурные токи I_I, I_{II}, I_{III} (рис. 4.3). Направление этих токов также выберем произвольно и независимо одно от другого.

我们使用回路电流法来分析图 4.2(a)所示电路。相互独立的回路电流 I_I,I_{II} 和 I_{III} 在任选回路中流动(图 4.3),这些电流方向也可任意设定并且彼此独立。

Составим для каждого контура уравнение по второму закону Кирхгофа, включив в левую часть падения напряжения на элементах контура, создаваемые протекающими по ним токами, а в правую часть—ЭДС источников, действующих в контуре. ЭДС источников будем считать положительными, если направление их действия совпадает с напра-

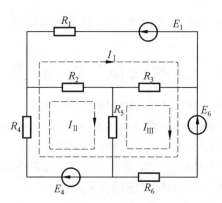

Рис. 4.3 Метод контурных токов

图 4.3 回路电流法

влением протекания контурного тока. Падения напряжения, создаваемые собственными токами контура, будем всегда считать положительными, а падения напряжения, создаваемые в элементах контура токами смежных контуров, будем считать положительными, если ток смежного контура протекает через смежную ветвь в том же направлении, что и собственный ток контура. Для схемы рис. 4.3 уравнения контурных токов имеют вид

根据基尔霍夫第二定律,可以为每个回路列写方程,方程左侧为回路中各元件的电压降之和,右侧为回路中各电源电动势之和。如果电源方向与回路电流方向一致,则将电动势视为正。与回路电流同向的电压降将始终被视为正电压,若相邻回路中的电流流动的方向与该回路电流同向,该回路元件上由相邻回路产生的电压降也将视为正。图 4.3 所示电路的回路电流方程组如下

$$\text{I}:(R_1 + R_4 + R_6)I_\text{I} + R_4 I_\text{I} + R_6 I_\text{III} = E_4 - E_1 - E_6$$

$$\text{II}:R_4 I_\text{I} + (R_2 + R_4 + R_5)I_\text{II} - R_5 I_\text{III} = E4 \qquad (4.8)$$

$$\text{III}:R_6 I_\text{I} - R_5 I_\text{II} + (R_3 + R_5 + R_6)I_\text{III} = -E_6$$

или в матричной форме:

或表示为矩阵形式:

$$\left\| \begin{matrix} R_1 + R_4 + R_6 & R_4 & R_6 \\ R_4 & R_2 + R_4 + R_5 & -R_5 \\ R_6 & -R_5 & R_3 + R_5 + R_6 \end{matrix} \right\| \left\| \begin{matrix} I_\text{I} \\ I_\text{II} \\ I_\text{III} \end{matrix} \right\| = \left\| \begin{matrix} E_4 - E_1 - E_6 \\ E_4 \\ E_6 \end{matrix} \right\|$$

При известном навыке уравнения (4.8) можно составлять сразу в матричной форме, если учесть, что матрица коэффициентов этой системы симметрична относительно главной диагонали, на которой расположены суммы всех сопротивлений, входящих в соответствующие контуры. Эти суммы называются собственными сопротивлениями контуров. Элементы матрицы вне главной диагонали представляют собой алгебраическую сумму сопротивлений смежных ветвей соответствующих контуров, называемых также общими или взаимными сопротивлениями. Эти сопротивления включаются в сумму с положительным знаком, если контурные токи в смежной ветви имеют одинаковое направление. Элементы вектора-столбца правой части уравнений представляют собой алгебраическую сумму ЭДС действующих в соответствующем контуре. Знаки ЭДС в сумме соответствуют правилу, принятому при составлении уравнений (4.8).

借助现有技术手段,方程组(4.8)可以转写为矩阵形式,因为该方程组的系数矩阵关于主对角线对称,对角线元素为相应回路中包含的电阻之和,这些总和被称为回路的固有阻抗。主对角线之外的矩阵元素表示相应回路的相邻回路共有支路电阻的代数和,也称为总电阻或互阻抗。如果相邻回路电流在支路中的方向相同,则这些电阻为正。等式右侧的列向量元素表示在相应回路中电动势的代数和,代数和中电动势的符号规则与方程组(4.8)的列写规则一致。

После решения системы уравнений (4.8) можно определить токи в ветвях цепи как алгебраическую сумму протекающих в них контурных токов

求解方程组(4.8)之后,可以确定支路电流为流经该支路的各回路电流的代数和

$$I_1 = I_{\text{I}}; I_2 = I_{\text{II}}; I_3 = I_{\text{III}}$$

$$I_4 = I_{\text{I}} + I_{\text{II}}; I_5 = I_{\text{II}} - I_{\text{III}}; I_6 = I_{\text{I}} + I_{\text{III}}$$

Новые слова и словосочетания 单词和词组

1. смежный 相邻的
2. симметричный 对称的
3. диагональ[阴] 对角线
4. собственное сопротивление 内电阻,固有阻抗
5. взаимное сопротивление 互阻抗

4.4 Метод узловых потенциалов 结点电势法

Метод узловых потенциалов позволяет исключить уравнения, составленные по второму закону Кирхгофа. Метод основан на применении закона Ома и уравнений Кирхгофа для узлов электрической цепи. С помощью закона Ома можно определить ток в ветви, если известна разность потенциалов узлов, к которым подключена ветвь, а также её проводимость и действующая в ветви ЭДС. Если затем все токи ветвей связать условиями, соответствующими закону Кирхгофа для узлов цепи, то получится система уравнений, в которой неизвестными величинами будут потенциалы узлов. Решив систему относительно этих потенциалов, мы можем затем определить токи по составленным ранее уравнениям.

结点电势法可以不依据基尔霍夫第二定律构造的方程。该方法是欧姆定律和基尔霍夫定律在电路结点上的应用。依据欧姆定律,如果已知支路两端结点间的电位差及其导电参数与支路中的电源电动势,可以确定支路中的电流。如果之后根据基尔霍夫定律对进出某结点的支路电流列写方程组,在求解完这些结点电势之后,可以根据之前列写的方程组确定电流。

Рассмотрим решение задачи для цепи рис. 4.4 методом узловых потенциалов. Выберем произвольно направления токов во всех ветвях с пассивными элементами, а в ветвях с источниками ЭДС примем за положительное направление тока, совпадающее с направлением действия ЭДС[1] так, как это показано на рис. 4.4. Тогда на основании закона Ома

我们用结点电势法来分析图4.4所示电路。在所有含有无源元件的支路中任意设定电流方向,在含有电动势源的支路中,设定与电动势方向一致的电流方向为正方向,如图4.4所示。此时依据欧姆定律

$$I_1 = (U_{ac} + E_1)G_1 = (\varphi_a - \varphi_c + E_1)G_1;$$
$$I_2 = U_{ab}G_2 = (\varphi_a - \varphi_b)G_2;$$
$$I_3 = U_{cb}G_3 = (\varphi_c - \varphi_b)G_3;$$
$$I_4 = (U_{da} + E_4)G_4 = (\varphi_d - \varphi_a + E_4)G_4; \qquad (4.9)$$
$$I_5 = U_{bd}G_5 = (\varphi_b - \varphi_d)G_5;$$
$$I_6 = (U_{cd} + E_6)G_6 = (\varphi_c - \varphi_d + E_6)G_6$$

где $G_k = 1/R_k$.
其中 $G_k = 1/R_k$ 。

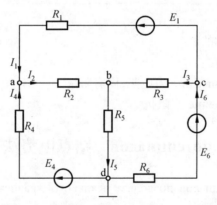

Рис. 4.4 Метод узловых потенциалов
图4.4 结点电势法

В любой электрической цепи имеет смысл только понятие разности потенциалов. Поэтому потенциал одного из узлов можно принять за нулевую точку отсчёта для остальных потенциалов. Произвольно примем потенциал узла d равным нулю и составим для остальных узлов уравнения Кирхгофа

在任何电路中,只有电位差的概念才有实际物理意义,因此,可以将一个结点的电位作为其他结点电位的零基准点。我们将结点 d 的电位设为零,并对其余结点列写基尔霍夫方程

---

1   Это условие не является обязательным, но существенно упрощает выбор знаков ЭДС в уравнениях. 这个条件不是必须的,但是它明显简化了方程中电动势符号的选择过程。

$$a: I_4 + I_1 - I_2 = 0$$
$$b: I_2 + I_3 - I_5 = 0$$
$$c: I_6 - I_1 - I_3 = 0$$

Подставляя в эту систему уравнений выражения (4.9), получим

将表达式(4.9)代入以上方程组,可得

$$(G_1 + G_2 + G_4)\varphi_a - G_2\varphi_b - G_1\varphi_c = E_1G_1 + E_4G_4$$
$$- G_2\varphi_a + (G_2 + G_3 + G_5)\varphi_b - G_3\varphi_c = 0 \qquad (4.10)$$
$$- G_1\varphi_a - G_3\varphi_b + (G_1 + G_3 + G_6)\varphi_c = - E_1G_1 + E_6G_6$$

или в матричной форме:

或以矩阵形式表示:

$$
\begin{Vmatrix}
G_1 + G_2 + G_4 & - G_2 & - G_1 \\
- G_2 & G_2 + G_3 + G_5 & - G_3 \\
- G_1 & - G_3 & G_1 + G_3 + G_6
\end{Vmatrix}
\begin{Vmatrix}
\varphi_a \\
\varphi_b \\
\varphi_c
\end{Vmatrix}
=
\begin{Vmatrix}
E_1G_1 + E_4G_4 \\
0 \\
- E_1G_1 + E_6G_6
\end{Vmatrix}
$$

Матрица проводимостей симметрична относительно главной диагонали, на которой расположены суммарные проводимости ветвей, сходящихся в соответствующих узлах. Вне главной диагонали расположены элементы матрицы, представляющие собой суммарные проводимости всех ветвей, соединяющих соответствующие узлы, взятые с отрицательным знаком. Элементами вектора-столбца правой части уравнений являются алгебраические суммы ЭДС источников ветвей, сходящихся в узле, умноженные на проводимости этих ветвей. ЭДС источников входят в сумму с плюсом, если они направлены к узлу и с минусом, если от узла. Пользуясь этими правилами можно составлять уравнения или проверять правильность уже составленных.

电导矩阵关于主对角线对称,其元素为支路汇聚在相应结点上的总电导;在主对角线之外,这些矩阵元素为连接相应结点的所有支路的总电导,以负号表示。等式右侧列向量的元素是与该结点相连支路的电源电动势乘以电导产生的电流的代数和。如果电源电动势的方向指向该结点,则电源电动势为正,反之,如果背向该结点,则为负。利用这些规则,可以列写方程组或检查已列写的方程组的正确性。

После определения потенциалов из уравнений (4.10) не составляет труда найти токи в ветвях по выражениям (4.9).

在借助方程组(4.10)确定电位后,利用表达式(4.9)可得到各支路电流。

Частным случаем метода узловых потенциалов является метод двух узлов. Как следует из его названия, он используется для расчёта электрических цепей, имеющих два только узла. Тогда потенциал одного из них принимается равным нулю, а потенциал другого определяется как

两结法是结点电势法中的特殊情况。顾名思义,它用于计算只有两个结点的电路。将其中一个结点的电位设为零,另一个结点的电位为

$$\varphi = \frac{\sum\limits_{k=1}^{n} \pm E_k G_k}{\sum\limits_{k=1}^{n} G_k} \qquad (4.11)$$

Знак ЭДС в числителе выбирается положительным, если она направлена к узлу, и отрицательным в противном случае.

若电动势源方向指向该结点,则电动势源为正,否则为负。

Пример электрической цепи, для расчёта которой можно использовать метод двух узлов, приведён на рис. 4.5.

例如,可使用两结法计算图 4.5 所示电路。

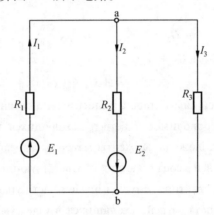

Рис. 4.5 Пример применения метода двух узлов

图 4.5 两结法示例

Примем $\varphi_b = 0$. Тогда в соответствии с (4.11)

设 $\varphi_b = 0$,依据公式(4.11)

$$U_{ab} = \varphi_a - \varphi_b = \varphi_a = \frac{\dfrac{E_1}{R_1} - \dfrac{E_2}{R_2}}{\dfrac{1}{R_1} + \dfrac{1}{R_2} + \dfrac{1}{R_3}}$$

Отсюда токи в ветвях

由此得出各支路电流

$$I_1 = \frac{E_1 - U_{ab}}{R_1}; I_2 = \frac{U_{ab} + E_2}{R_2}; I_3 = \frac{U_{ab}}{R_3}$$

4.5 Принцип и метод наложения(суперпозиции)　叠加定理与方法

Для линейных электрических цепей справедлив принцип суперпозиции, заключающийся в том, что реакция электрической цепи на суммарное воздействие равно сумме реакций на элементарные воздействия. Под реакцией электрической цепи понимается режим работы, который устанавливается в результате действия ЭДС источников электрической энергии. Метод наложения непосредственно следует из принципа суперпозиции и заключается в том, что ток в любой ветви линейной электрической цепи можно определить в виде суммы токов, создаваемых каждым источником в отдельности. Очевидно, что этот метод целесообразно применять в цепях с небольшим количеством источников.

叠加定理是指电路中所有激励产生的总体响应等于单个激励产生的响应之和,这一定理适用于线性电路。电路响应被理解为一种工作条件,它是由电源电动势的作用而产生的。叠加方法源自叠加定理,可表述为:线性电路任何支路中的电流是每个电源单独产生的电流分量之和。显然,此方法主要应用于电源数量较少的电路。

Рассмотрим применение метода наложения на примере цепи рис. 4.6(a). В ней действуют два источника ЭДС. Отключим второй источник, заменив его внутренним сопротивлением. Тогда схема цепи будет соответствовать рис. 4.6(б), и для неё токи можно легко рассчитать, пользуясь, например, эквивалентными преобразованиями и законом Ома

以图4.6(a)所示电路为例,我们来分析如何运用叠加方法。该电路中有两个电动势源,先将第二个电动势源置零,电路图变为图4.6(б),然后利用电路等效变换和欧姆定律计算出支路电流

$$I_{11} = \frac{E_1}{R_1 + \frac{R_2 R_3}{R_2 + R_3}}; I_{21} = I_{11} \frac{R_3}{R_2 + R_3}; I_{31} = I_{11} - I_{21}$$

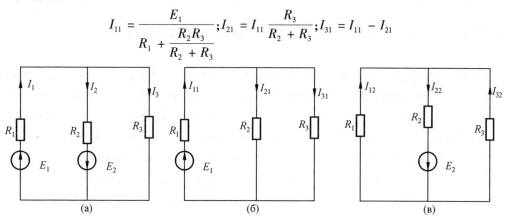

Рис. 4.6 Метод наложения

图 4.6 叠加法

Ток I_{21} получен в результате следующих выкладок

其中电流 I_{21} 的计算过程如下

$$U_{23} = I_{11} R_{23} = I_{11} \frac{R_2 R_3}{R_2 + R_3} \Rightarrow I_{21} = \frac{U_{23}}{R_2} = I_{11} \frac{R_3}{R_2 + R_3}$$

которые можно успешно использовать при анализе других цепей и сформулировать на их основе правило распределения тока по двум параллельным ветвям: ток в каждой из ветвей пропорционален отношению сопротивления другой ветви к суммарному сопротивлению обеих ветвей.

这同样适用于其他电路的分析过程,在此基础上可得到两条并联支路电流的分布规则:支路中的电流与另一条并联支路的电阻成正比,与两条支路的电阻之和成反比。

Отключим теперь первый источник и аналогичным методом определим токи в цепи рис. 4.6(в)

我们将第一个电源置零,并利用同样的方法来确定图4.6(в)中的电流

$$I_{22} = \frac{E_2}{R_2 + \dfrac{R_1 R_3}{R_1 + R_3}}; I_{12} = I_{22}\frac{R_3}{R_1 + R_3}; I_{32} = I_{22} - I_{12}$$

Складывая токи, создаваемые отдельными источниками с учётом их направлений, получим искомые токи

将各个电源产生的电流分量相加,并考虑它们的方向,可得到所需电流

$$I_1 = I_{11} + I_{12}; I_2 = I_{21} + I_{22}; I_3 = I_{31} - I_{32}$$

Новые слова и словосочетания　单词和词组

1. метод наложения(суперпозиции) 叠加法
2. выкладка 计算
3. распределение 分布

4.6 Метод эквивалентного источника　等效电源法

Метод эквивалентного источника является прямым следствием теоремы Тевенина гласящей, что ток в любой ветви сколь угодно сложной цепи можно найти, разделив напряжение, которое будет в точках подключения ветви в разомкнутом состоянии, на сумму сопротивления ветви и эквивалентного сопротивления всей цепи относительно точек подключения. Из этой теоремы следует, что по отношению к выделенной ветви всю остальную цепь можно рассматривать как источник электрической энергии с ЭДС, равной напряжению в точках подключения ветви, и внутренним сопротивлением, равным эквивалентному сопротивлению цепи относительно точек подключения.

等效电源法是戴维宁定理的直接运用,该定理指出,复杂电路中任何支路电流都可以通过以下方式得出:支路断开状态下结点间的电压除以支路电阻与支路相连电路的等效电阻之和。由该定理可以推导出以下结论:相对于选定支路,其余部分电路都可被视为电源,其电动势等于支路连接点间的开路电压,内阻等于与支路相连电路的等效电阻。

Рассмотрим в качестве примера задачу определения тока в резисторе R, включённом в диагональ неуравновешенного моста (рис. 4.7(a)).

例如,我们来求解图4.7(a)中电阻R的电流,该电阻在不平衡电桥的对角线上。

Отключим резистор и определим напряжение U_{cd} в точках его подключения (рис. 4.7(6)). Для этого составим уравнение Кирхгофа для контура cdbc

我们来断开电阻所在支路,确定其结点间的电压U_{cd}(图4.7(6))。此时需要为回路cdbc列写基尔霍夫方程

$$U_{cd} + R_4 I_{34} - R_2 I_{12} = 0 \Rightarrow U_{cd} = R_2 I_{12} - R_4 I_{34}$$

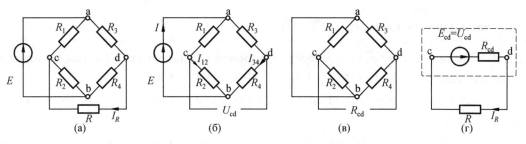

Рис. 4.7 Преобразования цепей неуравновешенного моста

图 4.7 不平衡电桥电路的变换

Ветви acb и adb соединены параллельно, поэтому токи в них независимы и равны

支路 acb 和 adb 并联,因此它们中的电流是相互独立的,等于

$$I_{12} = \frac{E}{R_1 + R_2}; I_{34} = \frac{E}{R_3 + R_4}$$

Отсюда

由此得出

$$U_{cd} = E\left(\frac{R_2}{R_1 + R_2} - \frac{R_4}{R_3 + R_4}\right)$$

Далее нужно исключить источник, заменив его внутренним сопротивлением ($r = 0$), и найти общее сопротивление цепи относительно точек cd (R_{cd} на рис. 4.7(в)). После замены источника нулевым сопротивлением резисторы R_1, R_2 и R_3, R_4 образуют два параллельных соединения, включённых последовательно между точками cd. Поэтому

接下来需要去除电源,将其等效为内阻($r = 0$),并求得相对于结点 cd 的等效电阻(图 4.7 (в) 中的 R_{cd})。利用零电阻替换电源后,电阻 R_1 与 R_2 并联,同时 R_3 与 R_4 并联,再将它们串联接入结点 cd 之间,因此

$$R_{cd} = \frac{R_1 R_2}{R_1 + R_2} + \frac{R_3 R_4}{R_3 + R_4}$$

Теперь внешнюю по отношению к резистору R цепь можно заменить эквивалентным источником (рис. 4.7(г)) и найти искомый ток по закону Ома

此时电阻 R 的外电路可以替换为等效电源(图 4.7(г)),根据欧姆定律求得所需电流

$$I_R = \frac{U_{cd}}{R_{cd} + R}$$

Новые слова и словосочетания　单词和词组

---

1. метод эквивалентного источника 等效电源法

2. неуравновешенный 不平衡的

3. мост 电桥

Вопросы для самопроверки 自测习题

1. Сформулируйте правило выбора знака мощности источника в балансе мощностей электрической цепи. 说明电路功率平衡中电源符号的确定规则。

2. Сформулируйте основной принцип, на котором основан метод контурных токов. 表述回路电流法的基本原理。

3. Сформулируйте основной принцип, на котором основан метод узловых потенциалов. 表述结点电势法的基本原理。

4. Сформулируйте основной принцип, на котором основан метод эквивалентного источника. 表述等效电源法的基本原理。

Глава 5　Электрические цепи синусоидального тока
第5章　正弦电流电路

5.1 Основные понятия теории и законы электрических цепей синусоидального тока　正弦电流电路的基本概念和规律

5.1.1 Синусоидальные ЭДС, токи и напряжения　正弦电动势、电流和电压

Понятие синусоидальный ток относится ко всем периодическим токам, изменяющимся во времени по синусоидальному закону. Этот вид тока имеет по сравнению с постоянным целый ряд преимуществ, обусловивших его широкое распространение в технике. Производство, передача и преобразование электрической энергии наиболее удобно и экономично на переменном токе. Синусоидальные токи широко используются в радиоэлектронике. Всё бытовое электроснабжение также производится на переменном токе. В связи с этим, изучение явлений, закономерностей и свойств электрических цепей синусоидального переменного тока имеет особое значение, как для последующих разделов курса, так и для применения полученных знаний на практике.

正弦电流是指按正弦规律随时间变化的交变电流。与直流电相比,这种电流具有诸多优势,因而被广泛应用在工程学中。交流电电能的产生、传输和变换更为便捷,成本更低。正弦电路被广泛应用在无线电电子学中。所有日常生活用电也由交流电提供。因此,学习正弦交流电路的状态、规律和特征对于研究下列章节以及将所学知识应用于实践具有重要意义。

Синусоидальные или гармонические величины математически описываются функциями вида

正弦值或谐波值在数学上用下列函数表示

$$E(t) = E_m \sin(\omega t + \psi_e) \ ; i(t) = I_m \sin(\omega t + \psi_i) \ ; u(t) = U_m \sin(\omega t + \psi_u) \qquad (5.1)$$

где $\omega = 2\pi/T$ —угловая частота функции с периодом T. В правой части выражений (5.1) только одна величина является переменной время t. Все остальные величины—константы. Значение функции в данный момент времени называется мгновенным значением и по соглашению обозначается строчной буквой. Кроме времени t, оно однозначно определяется тремя параметрами: амплитудой, угловой частотой или периодом и начальной фазой. Максимальное значение функции называется амплитудой или амплитудным значением и обозначается прописной буквой с индексом m (E_m, I_m, U_m). Аргумент синуса называется фазой, т. е. состоянием функции, а его значение в момент начала отсчёта

времени (при $t=0$)—начальной фазой (ψ_e, ψ_i, ψ_u). Величину $f=1/T$, обратную перио-
ду, называют частотой. Она связана с угловой частотой отношением: $\omega=2\pi f$. Промы-
шленная сеть в России имеет частоту 50 Гц. График мгновенных значений синусоидальных ЭДС E показан на рис. 5.1.

其中 $\omega=2\pi/T$,是以 T 为周期的角频率。在公式(5.1)的右边部分,只有一个时间物理量 t
是变量,其余所有物理量均为常量。在某一特定时刻的函数值被称为瞬时值,通常用小写字
母表示。除了时间 t ,它由三个参数映射决定:振幅、角频率或周期、初相。函数的最大值是
指振幅或振幅值,用下标为 m 的大写字母表示(E_m , I_m , U_m)。正弦自变量是相位,即函数
的状态,在计时开始时(当 $t=0$),各相位的数值是初相(ψ_e, ψ_i, ψ_u)。物理量 $f=1/T$,即周
期的倒数被称为频率,它与角频率的关系为 $\omega=2\pi f$ 。俄罗斯电网的频率为 50 Hz。正弦电
动势的波形如图 5.1 所示。

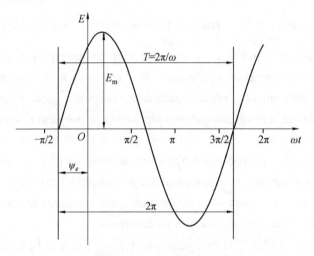

图 5.1 正弦电动势的波形图

Амплитуды функций (5.1) измеряются в единицах, соответствующих величин,
т. е. в вольтах и амперах. Период измеряется единицами измерения времени, а частота в
герцах (1 Гц $=1/c$).

公式 5.1 中函数的幅度以相应单位进行测量,即电压以伏特为单位,电流以安培为单
位。周期与时间单位相同,频率以赫兹为单位(1 Hz $=$ 1/s)。

Мгновенные значения величин и их параметры по отдельности не дают представления об энергетических параметрах цепи, т. е. не позволяют судить о работе, совершаемой источниками электрической энергии или о мощности, рассеиваемой или преобразуемой в её элементах. Для этого требуются величины, включающие в оценку фактор времени. В цепях постоянного тока введение таких величин не требовалось, т. к. ЭДС, напряжения и токи были временными константами. На переменном токе вводится понятие
действующего значения, как эквивалента теплового действия тока. По закону Джоуля–
Ленца на участке электрической цепи с сопротивлением r , по которому протекает ток i ,
в течение элементарного промежутка времени $\mathrm{d}t$ выделится $i^2 r\mathrm{d}t$ джоулей тепла, а за пери-

од T — $\int_0^T i^2 r \mathrm{d}t$ джоулей. Обозначим через I постоянный ток, при котором за тот же промежуток времени T в сопротивлении r выделится столько же тепла. Тогда

物理量的瞬时值及其参数无法单独表达电路中的能量，即仅根据它们无法衡量电源所做的功或者被耗散或转换成其他形式的功，为此需要一些与时间关联的标准物理量。直流电路不需要引入这样的物理量，因为电动势、电压和电流不随时间变化。在交流电中引入的有效值等效于电流热效应。根据焦耳–楞次定律，在电阻为 r 的电路中，电流 i 沿其流动，在时间间隔 $\mathrm{d}t$ 内，将释放 $i^2 r \mathrm{d}t$ 焦耳，在时间间隔 T 内释放 $\int_0^T i^2 r \mathrm{d}t$ 焦耳，我们用直流电 I 表示在相同时间间隔 T 内电阻 r 释放出相同的热量，那么

$$I^2 rT = \int_0^T i^2 r\mathrm{d}t \Rightarrow I = \sqrt{\frac{1}{T}\int_0^T i^2 \mathrm{d}t}$$

Величина I называется действующим, эффективным или среднеквадратичным значением переменного тока i. Подставляя выражение для синусоидального тока (5.1) и интегрируя, получим

物理量 I 被称为交流电 i 的有效值、作用值或均方根值。代入(5.1)中的电流表达式求积分，将得到

$$I = \sqrt{\frac{1}{T}\int_0^T i^2 \mathrm{d}t} = \frac{I_\mathrm{m}}{\sqrt{2}} \approx 0.707 I_\mathrm{m}$$

По аналогии определяются действующие значения напряжения и ЭДС: $U = U_\mathrm{m}/\sqrt{2} \approx 0{,}707 U_\mathrm{m}; E = E_\mathrm{m}/\sqrt{2} \approx 0{,}707 E_\mathrm{m}$. Понятие действующего значения очень широко используется в цепях переменного тока. Большинство измерительных приборов градуируются в действующих значениях. Технические данные электротехнических устройств указываются в действующих значениях. В записи для действующих значений по соглашению используют прописные буквы без индекса, подчёркивая тем самым сходство этих понятий с аналогами на постоянном токе.

通过类推，可求出电压和电动势的有效值： $U = U_\mathrm{m}/\sqrt{2} \approx 0.707 U_\mathrm{m}; E = E_\mathrm{m}/\sqrt{2} \approx 0.707 E_\mathrm{m}$。在交流电路中，有效值这一概念应用广泛。大多数测量仪表以有效值为刻度，电气设备的铭牌数据也用有效值表示。按照约定，通常使用不带下标的大写字母来表示有效值，以强调有效值的概念与直流电中对应概念的相似性。

Другой интегральной величиной, используемой в цепях переменного тока, является среднее значение $\frac{1}{T}\int_0^T i\mathrm{d}t$, т. е. площадь, ограниченная линией функции и осью времени на протяжении периода. Но для синусоидальных функций эта величина тождественно равна нулю, т. к. площади положительной и отрицательной полуволн равны по величине и противоположны по знаку. Поэтому условились под средним значением понимать среднее значение функции за положительный полупериод, т. е., $I_\mathrm{cp} = \frac{2}{T}\int_0^{T/2} i\mathrm{d}t = \frac{2}{\pi}I_\mathrm{m} \approx 0{,}637 I_\mathrm{m}$ и аналогично для напряжения и ЭДС

交流电路中使用的另一个积分物理量是平均值 $\frac{1}{T}\int_0^T i\,dt$,即在整个周期内,由函数曲线和时间轴所界定区域的面积的平均值。但对于正弦函数,该积分值等于零,因为正半波和负半波的面积相等,符号相反。因此,平均值又被视作正半周期内函数的平均值,即 $I_{cp} = \frac{2}{T}$

$\int_0^{T/2} i\,dt = \frac{2}{\pi}I_m \approx 0.637I_m$,相应地,电压和电动势为

$$U_{cp} = 2U_m/\pi \approx 0.637U_m; E_{cp} = 2E_m/\pi \approx 0.637E_m$$

Новые слова и словосочетания　单词和词组

1. синусоидальный 正弦的

2. периодический 周期的

3. гармонический 谐波的

4. угловая частота 角频率

5. переменная 变量

6. константа 常量

7. мгновенное значение 瞬时值

8. амплитуда 振幅

9. период 周期

10. фаза 相位

11. начальная фаза 初相

12. аргумент 自变量

13. синус 正弦

14. действующее (эффективное) значение 有效值

15. тепловое действие 热效应

16. выделиться [完] 释放

17. среднеквадратичный 均方根的

18. интегрировать [完,未] 积分

19. измерительный прибор 测量设备

20. градуироваться [完,未] 刻度

21. среднее значение 平均值

22. ось времени 时间轴

23. полуволна 半波

24. положительная полуволна 正半波

25. отрицательная полуволна 负半波

26. полупериод 半周期

1. Какими параметрами определяются синусоидальные функции времени? 以时间为变量的正弦函数是由哪些参数确定的?

2. Какое явление положено в основу понятия действующего значения переменного тока? 交流电有效值概念是以什么现象为基础的?

3. Поясните название—действующее значение. 解释有效值的概念。

4. Как связаны между собой амплитудное и действующее значение синусоидальной величины? 正弦函数的振幅和有效值有何关系?

5. Как определяется среднее значение синусоидальной величины? 如何确定正弦函数的平均值?

5.1.2 Получение синусоидальной ЭДС 正弦电动势的产生

Основными источниками энергии на переменном токе являются электромеханические генераторы, преобразующие энергию вращательного движения в электрическую. Простейшей реализацией такого источника является проводник в форме прямоугольной рамки, равномерно вращающийся с угловой скоростью ω в постоянном однородном магнитном поле (рис. 5.2).

交流电的主要电源是机电发电机,这种发电机能够将旋转运动的机械能转换为电能。这种电源最简单的载体是长方形导体,该导体在均匀磁场中以角速度 ω 匀速旋转(图5.2)。

При вращении рамки изменяется величина магнитного потока, проходящего через её плоскость. В положении, когда плоскость рамки перпендикулярна к магнитным линиям поля поток Φ максимален— $\Phi = \Phi_m$. По мере поворота рамки из этого положения он уменьшается и становится нулевым, когда плоскость рамки располагается вдоль линий поля. Затем направление потока меняет свой знак, и он начинает увеличиваться. Таким образом, магнитный поток, пронизывающий рамку, изменяется в зависимости от угла её поворота по закону

当长方形导体旋转时,穿过其平面的磁通量会发生变化。当长方形导体平面垂直于磁场方向时,磁通量 Φ 最大: $\Phi = \Phi_m$。长方形导体从该位置开始旋转,到平面与磁场方向平行时,磁通量逐渐减小并变为零。然后磁通的方向发生改变且磁通量开始增加。因此,穿过长方形导体平面的磁通量依据以下规律,随着旋转角度的变化而变化

$$\Phi = \Phi_m \cos \alpha$$

где α —угол между направлением линий магнитного поля и нормалью к плоскости рамки. Если рамка вращается равномерно с угловой скоростью ω и в момент времени, принятый за начало отсчёта, она находилась в угловом положении ψ_e, то $\alpha = \omega t + \psi_e$ и магнитный поток изменяется во времени в соответствии с выражением

其中, α 是磁场方向与平面法线方向之间的夹角。如果长方形导体以角速度 ω 匀速旋转,且初始时刻的角度为 ψ_e,则 $\alpha = \omega t + \psi_e$,根据下列公式,磁通量随时间变化

$$\Phi = \Phi_m \cos(\omega t + \psi_e)$$

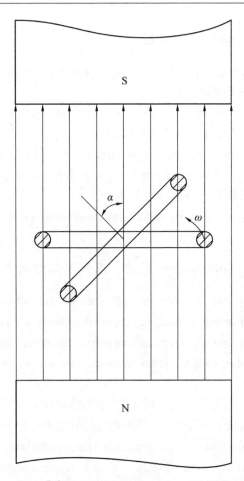

Рис. 5.2 Получение синусоидальной ЭДС

图 5.2 正弦电动势的产生

По закону электромагнитной индукции, в рамке наводится ЭДС, равная скорости изменения магнитного потока, т. е.

根据电磁感应定律,在长方形导体中感应出的电动势等于磁通量的变化速度,即

$$e = -\frac{\mathrm{d}\Phi}{\mathrm{d}t} = -\frac{\mathrm{d}\Phi_\mathrm{m}\cos(\omega t + \psi_e)}{\mathrm{d}t} = \omega\Phi_\mathrm{m}\sin(\omega t + \psi_e) = E_\mathrm{m}\sin(\omega t + \psi_e)$$

Отсюда следует, что угловая частота ЭДС равна угловой скорости вращения рамки, а начальная фаза—начальному угловому положению. Амплитуда ЭДС пропорциональна максимальному значению магнитного потока и скорости вращения рамки. Амплитудное значение ЭДС по времени соответствует положению рамки, когда пронизывающий её поток нулевой, а скорость пересечения магнитных линий максимальна.

由此得出,电动势的角频率等于长方形导体旋转的角速度,并且初相是长方形导体的初始角位置。电动势振幅与磁通量的最大值以及长方形导体的旋转速度成正比。随时间变化,当穿过长方形导体平面的磁通量为零时,与此位置相对应,电动势的幅度最大,导体切割磁力线方向的速度最大。

По принципу действия промышленные генераторы переменного тока ничем не отличаются от рассмотренного элементарного устройства, кроме того, что рамка, в которой индуцируется ЭДС, в них неподвижна, а магнитное поле вращается вокруг неё.

原则上,工业交流发电机与我们所研究的基础设备的结构基本相同,只是其中产生感应电动势的长方形导体静止不动,而磁场围绕长方形导体旋转。

Новые слова и словосочетания　　单词和词组

1. рамка 框架
2. угловая скорость 角速度
3. однородное магнитное поле 均匀磁场
4. вращение 旋转
5. плоскость[阴] 平面
6. перпендикулярный 垂直的
7. поворот 转动
8. магнитная линия 磁力线
9. нормаль[阴] 法线,垂直线
10. начало отсчёта 参考点
11. угловое положение 角位置
12. индукция 感应
13. электромагнитная индукция 电磁感应
14. скорость пересечения 切割速度

5.1.3 Изображение синусоидальных функций векторами　　正弦函数相量图

Аналитическое представление синусоидальных функций неудобно при расчётах, т. к. приводит к громоздким тригонометрическим выражениям, из которых часто бывает невозможно определить интересующий нас параметр в общем виде. Поэтому при анализе цепей переменного тока эти функции представляют в виде векторов, что позволяет перейти от тригонометрических к алгебраическим выражениям и, кроме того, получить наглядное представление о количественных и фазовых соотношениях величин.

正弦函数的解析公式不便于计算,因为需要用到繁琐的三角公式,不宜借助这些公式来确定我们需要的参数。因此,在分析交流电路时,这些函数用相量表示,三角公式被转换为代数公式,这样还可直观地得到函数的大小和相位的关系。

Произвольная синусоидальная функция времени $a(t) = A_m \sin(\omega t + \psi_a)$ (рис. 5.3 (б)) соответствует проекции на ось OY вектора с модулем равным A_m, вращающегося на плоскости XOY с постоянной угловой скоростью ω из начального положения, составляющего угол ψ_a с осью OX (рис. 5.3(a)). Если таким же образом на плоскости изобразить несколько векторов, соответствующих разным синусоидальным функциям, имеющим одинаковую частоту, то они будут вращаться совместно, не меняя взаимного положения, которое определяется только начальной фазой этих функций. Поэтому при анализе цепей, в которых все функции имеют одинаковую частоту, её можно исключить из параметров, ограничившись только амплитудой и начальной фазой. В этом случае векторы, изображающие синусоидальные функции будут неподвижными (рис. 5.3(в)).

对于任意以时间为变量的正弦函数，$a(t) = A_\mathrm{m}\sin(\omega t + \psi_a)$（图 5.3（б）），该函数的瞬时值等于其对应的旋转相量在 Y 轴上的投影，该旋转相量的模为 A_m，角速度为 ω，初相为 ψ_a（图 5.3（a））。对于具有相同频率的不同正弦函数，它们的相对位置由初相决定，如果以相同的方式在平面上绘制它们的相量图，那么它们将一起旋转，不改变相对位置。因此在分析具有相同频率的电路所涉及的函数时，可不考虑频率，仅考虑幅度和初相，在这种情况下，用于表达正弦函数的这些相量是相对静止的(图 5.3(в))。

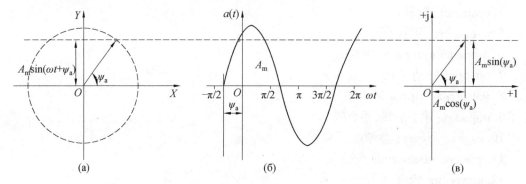

Рис. 5.3 Изображение синусоидальных функций векторами

图 5.3 正弦函数相量图

В то же время, любой вектор на плоскости можно представить совокупностью двух координат: либо двумя проекциями на оси декартовой системы координат, либо в полярной системе координат в виде модуля (длины) и угла с осью принятой за начало отсчёта (аргумента). Обе координаты в обоих случаях можно объединить в форме комплексного числа или, иначе говоря, построить вектор, изображающий синусоидальную функцию на плоскости комплексных чисел. Любая точка на комплексной плоскости или вектор, проведённый из начала координат в эту точку, соответствуют комплексному числу $\underline{A}_\mathrm{m} = p + jq$ [1], где p —координата вектора по оси вещественных чисел, а q —по оси мнимых чисел. Такая форма записи комплексного числа называется алгебраической формой. Представив вещественную и мнимую часть вектора через его длину и угол с осью вещественных чисел, мы получим новую запись: $\underline{A}_\mathrm{m} = A_\mathrm{m}\cos \psi_a + jA_\mathrm{m}\sin \psi_a$, которая называется тригонометрической формой комплексного числа. Пользуясь формулой Эйлера, $e^{j\psi_a} = \cos\psi_a + j\sin\psi_a$ можно перейти от тригонометрической к показательной форме: $\underline{A}_\mathrm{m} = A_\mathrm{m}(\cos \psi_a + j\sin \psi_a) = A_\mathrm{m}e^{j\psi_a}$. Здесь амплитуда синусоидальной функции является модулем комплексного числа, а начальная фаза аргументом.

---

1   本书采用俄语文献中相量的常用标示法，即在相量字母的下面加横线。

与此同时,平面上的任何相量都可通过两个坐标来表示:笛卡尔坐标系中两个轴上的投影或极坐标系中模(长度)与相量(自变量)和坐标轴的夹角。在这两种情况下,两个坐标都可用复数形式表示,即可在复数平面上构造一个描述正弦函数的相量。复数平面上的任何点或从原点到该点的相量都对应于复数 $\underline{A}_m = p + jq$,其中 p 是相量在实轴的投影,q 是在虚轴的投影。这种复数表达形式被称为代数形式。通过其长度和与实轴间的夹角来表示相量的实部和虚部,我们得到了一种新形式:$\underline{A}_m = A_m\cos\psi_a + jA_m\sin\psi_a$,这被称为复数三角形式。借助欧拉公式 $e^{j\psi_a} = \cos\psi_a + j\sin\psi_a$,可把三角形式转换为指数形式:$\underline{A}_m = A_m(\cos\psi_a + j\sin\psi_a) = A_m e^{j\psi_a}$。该正弦函数的振幅是复数的模,初相是自变量。

Алгебраическая и показательная формы записи комплексных чисел используются в расчётах. Первая для выполнения операций суммирования, а вторая—для умножения, деления и возведения в степень. Тригонометрическая форма является просто развёрнутой записью перехода от показательной формы к алгебраической. Переход от алгебраической формы к показательной осуществляется с помощью очевидных геометрических соотношений

在计算中可使用复数的代数形式和指数形式。第一个用于执行求和运算,第二个用于乘法、除法和求幂计算。三角形式只是从指数形式到代数形式的过渡形式。从代数形式到指数形式的转换可借助明晰的几何关系实现

$$A_m = \sqrt{p^2 + q^2}\ ; \psi_a = \arctan(q/p)$$

Множитель вида $e^{j\varphi} = \cos\varphi + j\sin\varphi$ играет исключительно важную роль в анализе цепей переменного тока. Он называется оператором поворота и представляет собой единичный вектор, развёрнутый относительно вещественной оси на угол φ. Название оператора связано с тем, что умножение на него любого вектора приводит к развороту последнего на угол φ. Вещественные и мнимые числа 1, j, −1, −j можно рассматривать как операторы поворота $1 = e^{j0}$; $j = e^{j\pi/2}$; $-1 = e^{j\pi}$; $-j = e^{-j\pi/2}$, что облегчает восприятие преобразований векторов, связанных с операциями умножения на эти числа.

在分析交流电路时,形式为 $e^{j\varphi} = \cos\varphi + j\sin\varphi$ 的因数起着极其重要的作用,它被称为旋转算子,是相对于实轴夹角为 φ 的单位相量。该运算符的名称基于:该算子乘以任何相量,将使该相量旋转 φ;实数 1 和−1 与虚数 j 和−j 可分别看作旋转算子的变换 $1 = e^{j0}$;$j = e^{j\pi/2}$;$-1 = e^{j\pi}$;$-j = e^{-j\pi/2}$,这有助于理解与这些数字相乘运算相关的相量变换。

Комплексное число $\underline{A}_m$, модуль которого равен амплитуде синусоидальной функции, называется комплексной амплитудой. Но амплитуда и действующее значение синусоидальной функции связаны между собой константой $1/\sqrt{2} \approx 0{,}707$, поэтому расчёт можно вести сразу для действующих значений, если использовать комплексные числа с соответствующим модулем $\underline{A} = A_m/\sqrt{2}$. Число $\underline{A}$ называется комплексным действующим значением. Применительно к ЭДС, напряжению и току такие комплексные величины $(\underline{E}, \underline{U}, \underline{I})$ называют просто комплексной ЭДС, комплексным напряжением и комплексным током.

模等于正弦函数振幅的复数 A_m 被称为复振幅。但是正弦函数振幅与有效值之间存在关系式: $1/\sqrt{2} \approx 0.707$, 因此, 如果使用带有特定模 $A = A_m/\sqrt{2}$ 的复数, 则可立即计算有效值, A 被称为复有效值。对于电动势、电压和电流, 这种复数($\underline{E}, \underline{U}, \underline{I}$)简称为复电动势、复电压和复电流。

Применение законов Ома и Кирхгофа предполагает использование понятия направление: направление протекания тока, направление действия ЭДС, направление по отношению к узлу и др. Но в цепях переменного тока все величины (ЭДС, напряжения и токи) дважды за период меняют свои направления. Поэтому для них используют понятие положительное направление, т. е. направление соответствующее положительным мгновенным значениям определяемой величины. При изменении выбора направления начальная фаза синусоидальной величины изменяется на π. Следовательно, комплексные значения величин могут быть определены только с учётом выбора положительного направления. Для пассивного элемента положительное направление можно выбрать произвольно только для одной из величин—тока или напряжения. Направление второй величины должно совпадать с направлением первой, иначе будут нарушены фазовые соотношения между ними, вытекающие из физических процессов преобразования энергии. Положительное направление действия ЭДС считается заданным. Оно указывается стрелкой в условном обозначении и относительно этого направления определяется её начальная фаза.

在应用欧姆定律和基尔霍夫定律时, 需要用到方向概念: 相对于结点的电流方向、电动势方向等。但是在交流电路中, 所有电参量(电动势、电压和电流)在一个周期内都会两次改变方向。因此, 为它们设定了正方向, 即设定电参量正瞬时值的方向为它们的正方向。方向改变时, 正弦电参量的初相会改变 π。因此, 仅依据正方向就可确定电参量的复数值。对于无源元件, 只需为电流或电压设定正方向。第二个量的方向必须与第一个量的方向一致, 否则将破坏它们在能量转换过程中产生的相位关系。电动势的正向是人为指定的, 可用箭头符号表示, 其初相依据此方向来确定。

Для анализа количественных и фазовых соотношений величин на переменном токе на комплексной плоскости строят векторы, соответствующие режиму работы электрической цепи. Такая совокупность векторов называется векторной диаграммой.

为分析交流电中电参量的大小和相位关系, 可在复平面上构造与电路工作条件相对应的相量, 这些相量集合构成相量图。

Новые слова и словосочетания　　单词和词组

---

1. аналитическое представление 解析表达式

2. тригонометрический 三角的

3. тригонометрическое выражение 三角表达式

4. алгебраическое выражение 代数表达式

5. проекция 投影

6. модуль [阳]模量, 模

7. ось координат 坐标轴

8. декартовая система 直角坐标系

9. полярная система 极坐标系

10. комплексное число 复数

11. комплексная плоскость 复平面

12. мнимое число 虚数

13. вещественная часть 实部

14. мнимая часть 虚部

15. тригонометрическая форма 三角形式

16. формула Эйлера 欧拉公式

17. показательная форма 指数形式

18. деление 除法

19. возведение в степень 幂

20. оператор 算子

21. единичный вектор 单位相量

22. вещественная ось 实轴

23. комплексная амплитуда 复振幅

24. комплексная ЭДС 复电动势

25. комплексное напряжение 复电压

26. комплексный ток 复电流

27. фазовое соотношение 相位关系

28. векторная диаграмма 相量图

Вопросы для самопроверки　自测习题

1. Почему ЭДС рамки, вращающейся в однородном магнитном поле, изменяется по синусоидальному закону? 为什么在均匀磁场中旋转长方形导体的电动势会发生正弦定律变化?

2. Чем определяется амплитуда ЭДС, наводимой в рамке, вращающейся в однородном магнитном поле? 均匀磁场中旋转长方形导体生成的感应电动势的幅度由什么决定?

3. Какие параметры синусоидальной функции времени отражаются изображающим её вектором? 正弦函数的哪些参数可在相量中体现?

4. Какие формы представления комплексных чисел используют для изображения синусоидальных функций? 哪种复数形式用于表达正弦函数?

5. Для каких математических операций используют алгебраическую и показательную формы комплексных чисел? 复数的代数形式和指数形式用于哪些数学运算?

6. Что такое оператор поворота? 什么是旋转算子?

7. Что такое комплексная амплитуда? 什么是复振幅?

5.1.4 Основные элементы и параметры электрической цепи 电路主要元件和参数

В первой главе были рассмотрены основные элементы электрических цепей и их параметры. Приведённые там соотношения справедливы и на переменном токе, если в них в качестве ЭДС, напряжений и токов подставить соответствующие синусоидальные функции времени.

在第 1 章中,我们研究了电路的主要元件及其参数。如果它们的电动势、电压和电流是与时间相关的正弦函数,则之前分析的电参数关系也适用于交流电。

1. Резистивный элемент 电阻元件

При протекании синусоидального тока $i_R = I_m \sin(\omega t + \psi_i)$ по резистивному элементу на нём по закону Ома возникает падение напряжения

当正弦电流 $i_R = I_m \sin(\omega t + \psi_i)$ 流经电阻元件时,根据欧姆定律,在元件上产生的电压降为

$$u_R = Ri = RI_m \sin(\omega t + \psi_i) = U_m \sin(\omega t + \psi_u) \tag{5.2}$$

Отсюда следует, что напряжение на резистивном элементе изменяется по синусоидальному закону с амплитудой $U_m = RI_m$ и начальной фазой равной начальной фазе тока $\psi_u = \psi_i$. Разделив обе части выражения для амплитуды на $\sqrt{2}$, получим соотношение для действующих значений тока и напряжения

由此得出,电阻元件上的电压以正弦规律变化,幅度为 $U_m = RI_m$,初相等于电流的初相 $\psi_u = \psi_i$。将幅度公式的两边除以 $\sqrt{2}$,我们得到电流和电压有效值之间的关系

$$U = RI$$

Представим ток и напряжение комплексными значениями

具有复数值的电流和电压为

$$\underline{I}_R = Ie^{j\psi_i}; \underline{U}_R = Ue^{j\psi_u}$$

Умножив комплексный ток $\underline{I}_R$ на R, получим закон Ома для резистивного элемента в комплексной форме

将复数电流 $\underline{I}_R$ 乘以 R,我们得到复数形式电阻元件的欧姆定律

$$R\underline{I}_R = RIe^{j\psi_i} = Ue^{j\psi_i} = \underline{U}_R \tag{5.3 a}$$

Отсюда ток в резистивном элементе в комплексной форме равен

因此,复数形式电阻元件中的电流为

$$\underline{I}_R = \underline{U}_R/R \tag{5.3 6}$$

График мгновенных значений тока и напряжения, а также векторная диаграмма для резистивного элемента показаны на рис. 5.4(a) и рис. 5.4(6).

电阻元件的电流和电压的波形及相量图如图 5.4(a)和图 5.4(6)所示。

Мгновенная мощность, рассеиваемая на резистивном элементе равна

电阻元件消耗的瞬时功率为

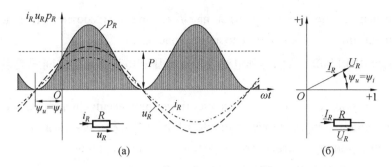

Рис. 5.4 График мгновенных значений тока и напряжения, а также векторная

диаграмма для резистивного элемента

图 5.4 电阻元件的电流和电压波形及相量图

$$P_R = u_R i_R = U_m \sin(\omega t + \psi_u) \cdot I_m \sin(\omega t + \psi_i) = UI(1 - \cos 2\omega t)$$

т. е. она изменяется во времени с двойной частотой и колеблется в пределах от нуля до $2UI$. В любой момент времени значения тока и напряжения имеют одинаковый знак, поэтому $p \geqslant 0$. Кривая изменения мощности показана на рис. 5.4(а). Среднее за период значение мощности называется активной мощностью.

即瞬时功率以两倍频率变化,范围从零到 $2UI$ 变动。电流和电压值在无论何时都具有相同的极性,因此 $p \geqslant 0$。功率变化曲线如图 5.4(a)所示,周期内的平均功率被称为有功功率。

$$P = \frac{1}{T} \int_0^T P_R \mathrm{d}t = UI = RI^2 \tag{5.4}$$

Заштрихованная площадь на рис. 5.4(а) соответствует электрической энергии, необратимо преобразуемой резистивным элементом в неэлектрические виды энергии.

图 5.4(a)中的阴影区域为电阻消耗的电能,该部分能量被转化为非电形式的能量。

2. Индуктивный элемент　电感元件

Пусть через индуктивный элемент протекает ток $i_L = I_m \sin(\omega t + \psi_i)$. Тогда его потокосцепление равно

电流 $i_L = I_m \sin(\omega t + \psi_i)$ 流过电感元件。那么它的磁链为

$$\Psi = Li_L = LI_m \sin(\omega t + \psi_i) = \Psi_m \sin(\omega t + \psi_i) \tag{5.5}$$

а ЭДС самоиндукции—

而自感应电动势为

$$e_L = -\frac{\mathrm{d}\Psi}{\mathrm{d}t} = -LI_m \frac{\mathrm{d}\sin(\omega t + \psi_i)}{\mathrm{d}t} = -\omega LI_m \cos(\omega t + \psi_i) \tag{5.6}$$

Отсюда напряжение на индуктивном элементе

由此得出电感元件上的电压为

$$u_L = -e_L = \omega LI_m \cos(\omega t + \psi_i)$$

$$= U_m \sin(\omega t + \psi_i + \pi/2) = U_m \sin(\omega t + \psi_u) \tag{5.7}$$

Следовательно, амплитуда и начальная фаза напряжения равны

因而电感元件上电压的幅度和初相为

$$U_m = \omega LI_m; \psi_u = \psi_i + \pi/2$$

Разделив выражение для амплитуды на $\sqrt{2}$, получим соотношение действующих значений напряжения и тока для индуктивного элемента

将幅度的公式除以 $\sqrt{2}$，我们得到电感元件的电压和电流有效值之间的关系

$$U = \omega L I = X_L I \qquad (5.8)$$

где $X_L = \omega L$ —величина, имеющая размерность сопротивления и называемая индуктивным сопротивлением. Обратная величина $B_L = 1/X_L = 1/\omega L$ называется индуктивной проводимостью. Величина индуктивного сопротивления пропорциональна частоте тока протекающего через индуктивный элемент и физически обусловлена ЭДС самоиндукции, возникающей при его изменении. При увеличении частоты её значение стремится к бесконечности, а на постоянном токе ($\omega = 0$) индуктивное сопротивление равно нулю. Индуктивное сопротивление и индуктивная проводимость являются параметрами индуктивного элемента.

其中 $X_L = \omega L$ 是和电阻具有相同量纲的量，被称为感抗。$B_L = 1/X_L = 1/\omega L$，该倒数被称为感纳。感抗的大小与流过电感电流的频率成正比，可依据自感应电动势的值得出感抗值。随着频率的增加，感抗值趋向于无穷大，在直流电（$\omega = 0$）中，感抗为零。感抗和感纳是电感元件参数。

Начальная фаза напряжения отличается от фазы тока на $+\pi/2$, т. е. ток в индуктивном элементе отстаёт по фазе от напряжения на $90°$.

初始电压相位与电流相位相差 $+\pi/2$，即电感中的电流相位滞后于电压 $90°$。

Представим ток и напряжение комплексными значениями

假定电流和电压的复数形式为

$$\underline{I}_L = I e^{j\psi_i}; \underline{U}_L = U e^{j\psi_u}$$

Отсюда, пользуясь выражениями (5.7) и (5.8), получим закон Ома в комплексной форме для индуктивного элемента

为此，利用公式（5.7）和公式（5.8），可得出复数形式的欧姆定律

$$\underline{U}_L = \omega L I e^{j(\psi_i + \pi/2)} = \omega L I e^{j\psi_i} e^{j\pi/2} = j\omega L \underline{I}_L = jX_L \underline{I}_L \qquad (5.9\,a)$$

Ток в индуктивном элементе в комплексной форме равен

复数形式的电感电流为

$$\underline{I}_L = \underline{U}_L / (jX_L) = -jB_L \underline{U}_L \qquad (5.9\,б)$$

Величины jX_L и jB_L, входящие в выражение (5.9), называются комплексным индуктивным сопротивлением и комплексной индуктивной проводимостью.

公式（5.9）中 jX_L 和 jB_L 被称为复感抗和复感纳。

Пользуясь выражениями (5.5) и (5.6) комплексное напряжение на индуктивном элементе можно выразить также через комплексное потокосцепление.

借助公式（5.5）和公式（5.6），电感的复电压也可通过复数磁链来表示。

$$\underline{U}_L = -\underline{E}_L = \omega \Psi e^{j(\psi_i + \pi/2)} = \omega \Psi e^{j\psi_i} e^{j\pi/2} = j\omega \underline{\Psi}$$

График мгновенных значений тока и напряжения, а также векторная диаграмма для индуктивного элемента показаны на рис. $5.5(a)$ и рис. $5.5(б)$. Определим мгновенную мощность, поступающую в индуктивный элемент из внешней цепи

电感元件的电流和电压的波形及相量图如图 5.5(a)和图 5.5(б)所示,我们来确定输入电感元件的瞬时功率

$$p_L = u_L i_L = U_m \sin(\omega t + \psi_i + \pi/2) \cdot I_m \sin(\omega t + \psi_i)$$

$$= \frac{U_m I_m}{2}\Big[\cos\frac{\pi}{2} - \cos(2\omega t + \pi/2)\Big] = UI\sin 2\omega t$$

т. е. мгновенная мощность изменяется синусоидально с двойной частотой, поэтому её среднее значение за период равно нулю. Энергия магнитного поля, соответствующая индуктивному элементу, равна

即瞬时功率以双倍频率正弦变化,因此周期平均值为零。与电感元件对应的磁场能量为

$$w_L = \frac{L i_L^2}{2} = \frac{L I_m^2}{2}\sin^2(\omega t + \psi_i) = \frac{L I^2}{2}(1 - \cos 2\omega t)$$

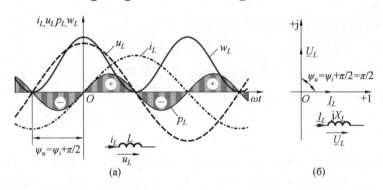

Рис. 5.5 График мгновенных значений тока и напряжения,

а также векторная диаграмма для индуктивного элемента

图 5.5　电感元件的电流和电压的波形及相量图

Она изменяется по синусоидальному закону с двойной частотой от нуля до LI^2 (рис. 5.5(a)). В течение четверти периода, когда значения тока и напряжения имеют одинаковые знаки, мощность, соответствующая индуктивному элементу, положительна и энергия накапливается в магнитном поле (положительная заштрихованная площадь на рис. 5.5(a)). В следующую четверть периода значения тока и напряжения имеют разные знаки и мощность отрицательна. Это означает, что энергия, накопленная в магнитном поле, возвращается во внешнюю цепь. Причём во внешнюю цепь возвращается в точности то количество энергии, которое было накоплено, и баланс энергии за половину периода нулевой. Таким образом, в индуктивном элементе происходят непрерывные периодические колебания энергии, соответствующие её обмену между магнитным полем и внешней цепью без каких-либо потерь.

磁场能量从 0 到 LI^2 以双倍频率正弦规律变化(图 5.5(a))。在电流和电压值具有相同极性的四分之一周期内,电感元件的输入功率为正,并且能量累积在磁场中(图 5.5(a)中标注正号的阴影区域)。在周期的下一个四分之一区间内,电流值和电压值具有不同的极性,输入功率为负,这表明存储在磁场中的能量返回到外电路,且返回能量的大小等于所累

积的磁能,半个周期内输入能量和输出能量相抵。磁场和外电路之间存在能量交换,但没有任何损失,因此在电感元件中发生了连续周期性能量振荡。

3. Ёмкостный элемент　电容元件

Если напряжение на выводах ёмкостного элемента изменяется синусоидально $u_C = U_m \sin(\omega t + \psi_u)$, то в соответствии с (1.9) ток в нём

当电容元件两端的电压呈正弦变化时,$u_C = U_m \sin(\omega t + \psi_u)$,根据第 1 章中的公式(1.9),可知其中的电流为

$$i_C = C\frac{\mathrm{d}u_C}{\mathrm{d}t} = CU_m\frac{\mathrm{d}\sin(\omega t + \psi_u)}{\mathrm{d}t} = \omega CU_m \cos(\omega t + \psi_u)$$
$$= \omega CU_m \sin(\omega t + \psi_u + \pi/2) = I_m \sin(\omega t + \psi_i) \tag{5.10}$$

т. е. ток в ёмкостном элементе изменяется по синусоидальному закону с амплитудой и начальной фазой

即电容元件中的电流根据振幅和初相呈正弦规律变化

$$I_m = \omega CU_m; \psi_i = \psi_u + \pi/2 \tag{5.11}$$

Разделив выражение для амплитуды на $\sqrt{2}$, получим соотношение действующих значений напряжения и тока для ёмкостного элемента

将幅度的公式除以 $\sqrt{2}$,可得出电容元件的电压和电流有效值的关系

$$I = \omega CU = B_C U \tag{5.12}$$

Величина $B_C = \omega C$, имеющая размерность проводимости, называется ёмкостной проводимостью. Обратная величина $X_C = 1/B_C = 1/\omega C$ называется ёмкостным сопротивлением. Физически наличие ёмкостного сопротивления означает ограничение величины тока заряда–разряда ёмкостного элемента. Ёмкостное сопротивление, также как индуктивное, зависит от частоты приложенного напряжения, но, в отличие от индуктивного, его значение равно бесконечности на постоянном токе и нулю при бесконечном значении частоты. Ёмкостное сопротивление и ёмкостная проводимость являются параметрами ёмкостного элемента.

具有电导量纲的 $B_C = \omega C$ 被称为容纳。电容的倒数 $X_C = 1/B_C = 1/\omega C$ 被称为容抗。从物理上讲,容抗的存在意味着限制电容元件的充放电电流的大小。容抗以及感抗都取决于所施加电压的频率,与感抗不同,容抗的数值在直流电下无穷大,而在频率无穷大时等于零。容抗和容纳是电容元件参数。

Начальная фаза тока отличается от фазы напряжения на $+ \pi/2$, т. е. ток в ёмкостном элементе опережает по фазе напряжение на $90°$.

电流的初相与电压相位相差 $+ \pi/2$,即电容元件中的电流相位超前电压 $90°$。

Представим ток и напряжение комплексными значениями

假定电流和电压的复数形式为

$$\underline{I}_C = Ie^{j\psi_i}; \underline{U}_C = Ue^{j\psi_u}$$

Отсюда, пользуясь выражениями (5.10)—(5.12), получим закон Ома в комплексной форме для ёмкостного элемента

依据公式(5.10)—(5.12),可获得电容元件复数形式的欧姆定律

$$\underline{I}_C = \omega C U e^{j(\psi_u + \pi/2)} = \omega C U e^{j\psi_u} e^{j\pi/2} = j\omega C \underline{U}_C = jB_C \underline{U}_C \qquad (5.13\text{ а})$$

Падение напряжения на ёмкостном элементе

电容元件上的电压降

$$\underline{U}_C = - jX_C \underline{I}_C = \underline{I}_C / (jB_C) \qquad (5.13\text{ б})$$

Величины— jX_C и jB_C, входящие в выражение (5.13), называются комплексным ёмкостным сопротивлением и комплексной ёмкостной проводимостью.

公式(5.13)中的 jX_C 和 jB_C 被称为复容抗和复容纳。

График мгновенных значений тока и напряжения, а также векторная диаграмма для ёмкостного элемента показаны на рис.5.6(а) и рис.5.6(б).

电容元件的电流和电压的波形及相量图如图5.6(а)和图5.6(б)所示。

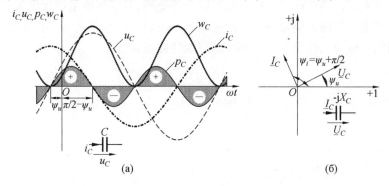

Рис. 5.6 График мгновенных значений тока и напряжения, а также векторная

диаграмма для ёмкостного элемента

图5.6 电容元件的电流和电压的波形及相量图

Определим мгновенную мощность, поступающую в ёмкостный элемент из внешней цепи

我们来确定由外电路输入电容元件的瞬时功率

$$p_C = u_C i_C = U_m \sin(\omega t + \psi_u) \cdot I_m \sin(\omega t + \psi_u + \pi/2)$$

$$= \frac{U_m I_m}{2}\Big[\cos\frac{\pi}{2} - \cos(2\omega t + \pi/2)\Big] = UI\sin 2\omega t$$

т. е. мгновенная мощность изменяется синусоидально с двойной частотой, поэтому её среднее значение за период равно нулю.

即瞬时功率以双倍频率正弦变化,因此周期内的平均输入功率为0。

Энергия электрического поля, соответствующая ёмкостному элементу, равна

与电容元件相对应的电场能量为

$$w_C = \frac{Cu_C^2}{2} = \frac{CU_m^2}{2}\sin^2(\omega t + \psi_u) = \frac{CU^2}{2}(1 - \cos 2\omega t)$$

Она изменяется по синусоидальному закону с двойной частотой от нуля до CU^2 (рис. 5.6(а)). В течение четверти периода, когда значения тока и напряжения имеют одинаковые знаки, мощность, поступающая в ёмкостный элемент, положительна и энергия накапливается в электрическом поле（положительная заштрихованная площадь на рис. 5.6（а）). В следующую четверть периода значения тока и напряжения имеют разные знаки и мощность отрицательна. Это означает, что энергия, накопленная в электрическом поле, возвращается во внешнюю цепь. Причём во внешнюю цепь возвращается в точности такое количество энергии, какое было накоплено, и баланс энергии за половину периода нулевой. Таким образом, в ёмкостном элементе происходят непрерывные периодические колебания энергии, соответствующие её обмену электрическим полем и внешней цепью без каких-либо потерь.

电场能量从 0 到 CU^2 以双倍频率正弦变化(图5.6 (a))。在电流和电压值具有相同极性的四分之一周期内,输入电容元件的功率为正,并且能量在电场中积聚(图5.6 (a)中标注正号的阴影区域)。在周期的下一个四分之一区间内,电流和电压值具有不同的极性,输入功率为负,这表明存储在电场中的能量返回到外电路,且返回能量的大小等于所累积的电场能量,半个周期内的输入能量和输出能量相抵。电场和外电路之间存在能量交换,但没有任何损失,因此在电容元件中发生了连续的周期性能量振荡。

Новые слова и словосочетания　单词和词组

1. комплексная форма 复数形式
2. колебнуться［完］振荡
3. кривая изменения 变化曲线
4. активная мощность 有功功率
5. размерность［阴］量纲,单位
6. индуктивное сопротивление 感抗
7. индуктивная проводимость 感纳
8. периодическое колебание 周期振荡
9. ёмкостная проводимость 容纳
10. ёмкостное сопротивление 容抗
11. заряд-разряд 充放电
12. опережать［未］超前

Вопросы для самопроверки　自测习题

1. Какие особенности имеют идеальные элементы электрической цепи? 理想的电路元件具有什么特征?

2. Как соотносятся по фазе ток и напряжение резистивного（индуктивного, ёмкостного）элемента? 电阻(电感、电容)元件的电流相位和电压相位存在什么关系?

3. Как изменяется во времени энергия, соответствующая резистивному（индуктивному, ёмкостному）элементу? 与电阻(电感、电容)元件相对应的能量如何随时间变化?

4. Какие энергетические процессы связаны с протеканием переменного тока через

резистивный（индуктивный，ёмкостный）элемент? 交流电通过电阻(电感、电容)元件时能量如何变化？

5. Чему равно среднее значение мощности индуктивного（ёмкостного）элемента и почему? 电感(电容)元件的平均功率等于多少？为什么？

6. В чём принципиальное отличие резистивного элемента от индуктивного и ёмкостного? 电阻元件与电感和电容元件之间的根本区别是什么？

7. Во что преобразуется электрическая энергия，соответствующая резистивному элементу электрической цепи? 电路中与电阻元件相对应的电能转换成了什么？

5.1.5 Закон Ома и пассивный двухполюсник　　欧姆定律和无源二端网络

Закон Ома устанавливает соотношение между током，протекающим по участку электрической цепи и падением напряжения на нём. Рассмотрим некоторый произвольный участок，подключённый к остальной цепи в двух точках и не содержащий источников электрической энергии. Такой участок цепи называется пассивным двухполюсником. Напряжение и ток в точках подключения двухполюсника называются входным напряжением и входным током. Если эти величины представить в комплексной форме $\underline{U} = Ue^{j\psi_u}$，$\underline{I} = Ie^{j\psi_i}$，то их отношение

欧姆定律规定了沿一段电路流动的电流与电路两端的电压降之间的关系。我们研究的是在两个结点之间且不包含电源的任意一段电路，该分段电路又与其余电路相连。该分段电路被称为无源二端网络。二端网络连接点处的电压和电流被称为输入电压和输入电流。如果用复数形式 $\underline{U} = Ue^{j\psi_u}$，$\underline{I} = Ie^{j\psi_i}$ 表示这些量，则它们的比值

$$\frac{\underline{U}}{\underline{I}} = \frac{Ue^{j\psi_u}}{Ie^{j\psi_i}} = \frac{U}{I}e^{j(\psi_u - \psi_i)} = Ze^{j\varphi} = \underline{Z} \tag{5.14}$$

будет комплексным числом，имеющим размерность сопротивления и называемым комплексным сопротивлением. Модуль комплексного сопротивления $Z = U/I$ определяет соотношение между действующими（амплитудными）значениями напряжения и тока и называется полным сопротивлением.

将是具有电阻量纲的复数，被称为复阻抗。确定电压和电流的有效值(振幅值)之间关系的复阻抗的模 $Z = U/I$ 被称为阻抗模。

Аргумент комплексного сопротивления $\varphi = \psi_u - \psi_i$ определяет фазовое соотношением между напряжением и током，т. е. сдвиг фаз между ними. Причём，для обеспечения правильного соотношения между начальными фазами угол φ должен отсчитываться от вектора тока（рис. 5.7(а)）. Тогда при опережающем напряжении сдвиг фаз будет $\varphi > 0$，а при опережающем токе— $\varphi < 0$.

复阻抗的阻抗角 $\varphi = \psi_u - \psi_i$ 决定电压和电流之间的相位关系，即它们之间的相移。为确保初相之间的关系正确，必须通过相量计算阻抗角 φ（图 5.7(a)）。在电压超前时，相移 $\varphi > 0$；在电流超前时，$\varphi < 0$。

Комплексное сопротивление можно представить также в алгебраической форме

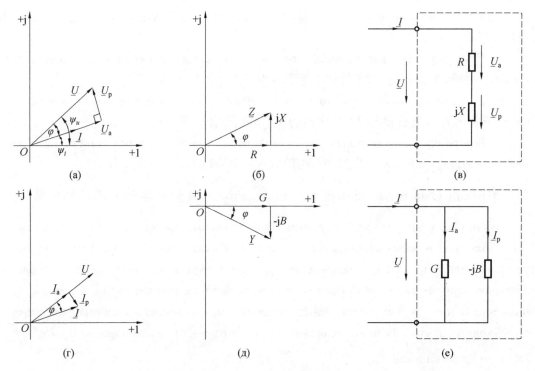

Рис. 5.7 Комплексное сопротивление, комплексная проводимость и их треугольники

图 5.7 复阻抗、复导纳及其对应的各类三角形

复阻抗也可以代数形式表示

$$\underline{Z} = R + jX$$

Вещественная часть комплексного сопротивления называется активным сопротивлением, а мнимая—реактивным сопротивлением. Активное сопротивление всегда положительно, а реактивное может иметь любой знак. Если составляющие комплексного сопротивления изобразить векторами на плоскости, то активное, реактивное и полное сопротивления образуют прямоугольный треугольник, называемый треугольником сопротивлений (рис. 5.7(б)). Для компонентов этого треугольника справедливы соотношения

复阻抗的实部称为电阻,虚部称为电抗。电阻始终为正,电抗可有不同极性。如果复阻抗的分量由平面上的相量表示,电阻、电抗和复阻抗会形成一个直角三角形,这被称为阻抗三角形(图5.7(6))。对于此三角形的构成,以下关系成立

$$Z = \sqrt{R^2 + X^2} \; ; \varphi = \arctan \frac{X}{R}$$

Таким образом, сдвиг фаз между током и напряжением на участке цепи определяется соотношением реактивного и активного сопротивлений. При отсутствии активной составляющей фазовый сдвиг, как следует из закона Ома для рассмотренных выше идеальных элементов цепи, составляет $+90°$ при индуктивном характере реактивного сопротивления и $-90°$ при ёмкостном характере. Наличие активной составляющей определяет для фазового смещения секторы: $0 < \varphi < 90°$ при активно-индуктивном характере комплексного сопротивления и $90° < \varphi < 180°$ при активно-ёмкостном характере. При отсутствии реактивной составляющей комплексного сопротивления сдвиг фаз между током и напряжением отсутствует, т. е. $\varphi = 0$.

因此,电路中部分电流和电压之间的相移由电抗和电阻的比值确定。在复阻抗的电阻为零的情况下,根据欧姆定律,对于上述理想电路元件,感抗的相移为+90°,容抗的相移为-90°。复阻抗的电阻决定了象限相移的区域:感性阻抗的相移为 $0 < \varphi < 90°$,容性阻抗的相移为 $90° < \varphi < 180°$。复阻抗的电抗为零时,电流和电压之间没有相移,即 $\varphi = 0$。

Если в выражении (5.14) представить комплексное сопротивление в алгебраической форме

如果在公式(5.14)中,复阻抗以代数形式表示

$$U = IZ = I(R + jX) = IR + jIX = U_a + U_p \tag{5.15}$$

то комплексное напряжение на входе двухполюсника можно разделить на две составляющие. Одна из них $U_a = IR$ совпадает по направлению с вектором тока и называется комплексным активным напряжением. Вторая $U_p = jIX$ —перпендикулярна току и называется комплексным реактивным напряжением (рис. 5.7(a)). Соотношение тока и напряжения в выражении (5.15) соответствует схеме, приведённой на рис. 5.7(в). На ней составляющие комплексного сопротивления представлены в виде последовательного соединения, называемого последовательной схемой замещения. Активное напряжение в этой схеме соответствует напряжению на активном сопротивлении, а реактивное—на реактивном сопротивлении.

那么二端网络输入端的复电压可分解为两个分量,其中一个分量 $U_a = IR$ 与电流相量的方向重合,被称为复有功电压,第二个分量 $U_p = jIX$ 垂直于电流相量方向,称为复无功电压(图5.7 (a))。公式(5.15)中电压和电流的关系对应于图5.7(в) 所示电路,图中复阻抗的分量以串联的形式连接,被称为串联等效电路。该电路中的复有功电压对应于电阻的电压,复无功电压对应于电抗的电压。

Для составляющих комплексного напряжения очевидны соотношения

对于复电压的分量,以下关系式成立

$$U_a = U\cos \varphi; U_p = U\sin \varphi;$$

$$U = \sqrt{U_a^2 + U_p^2}; \varphi = \arctan \frac{U_p}{U_a} \tag{5.16}$$

причём активное напряжение может быть только положительным, а знак реактивного напряжения определяется знаком фазового сдвига φ.

而且有功电压只能为正,电抗电压的极性由相移 φ 确定。

Вектор напряжения вместе с активной и реактивной составляющими образуют прямоугольный треугольник, называемый треугольником напряжений.

电压相量与有功电压分量和电抗电压分量一起构成一个直角三角形,该三角形被称为电压三角形。

Так же как в цепи постоянного тока, соотношение между током и напряжением на входе двухполюсника можно определить с помощью понятия проводимости

与在直流电路中类似,可借助电导概念来确定二端网络输入端的电流和电压之间的关系

$$\frac{I}{U} = \frac{1}{Z} = \frac{Ie^{j\psi_i}}{Ue^{j\psi_u}} = \frac{I}{U}e^{j(\psi_i - \psi_u)} = Ye^{-j\varphi} = Y \qquad (5.17)$$

где $Y = 1/Z$ —комплексная проводимость; $Y = 1/Z = I/U$ —модуль комплексной проводимости, называемый полной проводимостью; $\varphi = \psi_u - \psi_i$ —аргумент комплексной проводимости.

其中 $Y = 1/Z$ 为复导纳; $Y = 1/Z = I/U$ 是复导纳的模,称为导纳模; $\varphi = \psi_u - \psi_i$ 是导纳角。

Если в выражении (5.17) представить комплексное сопротивление в алгебраической форме

如果在公式(5.17)中以代数形式表达导纳

$$Y = \frac{1}{Z} = \frac{1}{R + jX} = \frac{R}{R^2 + X^2} - j\frac{X}{R^2 + X^2} = G - jB \qquad (5.18)$$

то мы получим выражения для вещественной и мнимой части комплексной проводимости. Вещественная часть комплексной проводимости $G = \dfrac{R}{R^2 + X^2} = \dfrac{R}{Z^2}$ называется активной проводимостью, а мнимая $B = \dfrac{X}{R^2 + X^2} = \dfrac{X}{Z^2}$ —реактивной. Следует заметить, что активная и реактивная проводимости, в отличие от комплексной и полной проводимости, не являются обратными величинами активного и реактивного сопротивлений. Каждая из составляющих комплексной проводимости зависит от обеих составляющих комплексного сопротивления.

就可以得到复导纳的实部和虚部。复导纳的实部 $G = \dfrac{R}{R^2 + X^2} = \dfrac{R}{Z^2}$ 被称为电导,而虚部 $B = \dfrac{X}{R^2 + X^2} = \dfrac{X}{Z^2}$ 被称为电纳。应当注意的是,与复导纳和导纳模不同,电导和电纳不是电阻和电抗的倒数。复导纳的每个分量都取决于复阻抗的两个分量。

Комплексная проводимость и её составляющие образуют на комплексной плоскости прямоугольный треугольник, называемый треугольником проводимостей (рис. 5.7 (д)). Для компонентов этого треугольника справедливы соотношения

复导纳及其分量在复数平面上形成一个直角三角形,称为导纳三角形(图 5.7 (д))。对于此三角形的构成,以下关系式成立

$$Y = \sqrt{G^2 + B^2} ; \varphi = \arctan\frac{B}{G}$$

Из выражения (5.18) можно определить составляющие комплексного сопротивления через составляющие комплексной проводимости

根据公式(5.18),可通过复导纳的分量来确定复阻抗的分量

$$R = \frac{G}{G^2 + B^2} = \frac{G}{Y^2} ; X = \frac{B}{G^2 + B^2} = \frac{B}{Y^2}$$

Пользуясь понятием комплексной проводимости, можно разделить комплексный ток на входе двухполюсника на две составляющие, аналогично выполненному ранее разделению комплексного напряжения

借助复导纳，我们可将二端网络输入端的复电流分解为两个分量，这与之前复电压的分解方法类似

$$\underline{I} = \underline{U}Y = \underline{U}(G - jB) = \underline{I}_a + \underline{I}_p \tag{5.19}$$

где $\underline{I}_a = \underline{U}G$ —вектор комплексного активного тока, совпадающий по направлению с вектором напряжения; $\underline{I}_p = -j\underline{U}B$ —вектор комплексного реактивного тока, перпендикулярный вектору напряжения (рис. 5.7(г)). Соотношение тока и напряжения в выражении (5.19) соответствует схеме, приведённой на рис. 5.7(е). На ней составляющие комплексной проводимости представлены в виде параллельного соединения, называемого параллельной схемой замещения. Активный ток в этой схеме соответствует току, протекающему через элемент с активной проводимостью, а реактивный—с реактивной проводимостью.

其中 $\underline{I}_a = \underline{U}G$ 是复有功电流分量，其方向与电压相量重合；$\underline{I}_p = -j\underline{U}B$ 是垂直于电压相量的复无功电流分量（图 5.7（г））。公式（5.19）中的电流和电压的关系对应于图 5.7（е）所示电路，图中复导纳以并联的形式连接，被称为并联等效电路。该电路中的有功电流对应于流经电导元件的电流，而无功电流对应于具有电纳元件的电流。

Для составляющих комплексного тока очевидны соотношения

对于复电流的分量，关系式如下

$$I_a = I\cos \varphi; I_p = I\sin \varphi;$$
$$I = \sqrt{I_a^2 + I_p^2}; \varphi = \arctan \frac{I_p}{I_a} \tag{5.20}$$

причём активный ток может быть только положительным, а знак реактивного тока определяется знаком фазового сдвига φ.

其中有功电流只能为正，而无功电流的极性由相移 φ 确定。

Вектор тока вместе с активной и реактивной составляющими образуют прямоугольный треугольник, называемый треугольником токов. Треугольники сопротивлений, напряжений, проводимостей и токов подобны друг другу, т. к. являются различными формами представления соотношения между током и напряжением на участке цепи, выражаемого законом Ома. Отличие треугольников сопротивлений и проводимостей от других треугольников заключается в том, что они строятся всегда в правой полуплоскости, т. к. активное сопротивление и проводимость всегда вещественны и положительны.

电流相量与其有功分量和无功分量一起构成一个直角三角形，被称为电流三角形。阻抗三角形、电压三角形、导纳三角形和电流三角形类似，因为它们是欧姆定律表达的电路中电流和电压关系的不同体现形式。阻抗三角形和导纳三角形与其他三角形之间的不同之处在于，它们始终构建在右半平面中，因为电阻和电导作为复阻抗和复导纳的实部始终是正的。

Активное и реактивное сопротивление, а также активная и реактивная проводимость являются параметрами двухполюсника. Последовательная и параллельная схемы замещения (рис. 5.7(в) и рис. 5.7(е)) полностью эквивалентны друг другу и используются при анализе электрических цепей в соответствии с конкретными условиями задачи.

电阻和电抗、电导和电纳是两对二端网络参数。串联和并联电路彼此完全等效(图 5.7 (в)和图 5.7(е)),在用它们来分析电路时,需考虑具体情况。

В общем случае ток и напряжение на входе двухполюсника смещены по фазе друг относительно друга на некоторый угол φ. Пусть $u = U_\mathrm{m}\sin(\omega t + \psi_u)$ и $i = I_\mathrm{m}\sin(\omega t + \psi_u - \varphi)$ (рис. 5.8). Скорость поступления энергии в двухполюсник в каждый момент времени или, что то же самое, мгновенное значение мощности равно

在一般情况下,二端网络输入端的电流相对于电压相移 φ,假设 $u = U_\mathrm{m}\sin(\omega t + \psi_u)$ 和 $i = I_\mathrm{m}\sin(\omega t + \psi_u - \varphi)$ (图 5.8),那么输入到二端网络的能量变化率或瞬时功率为

$$p = ui = U_\mathrm{m}I_\mathrm{m}\sin(\omega t + \psi_u)\sin(\omega t + \psi_u - \varphi)$$

$$= \frac{U_\mathrm{m}I_\mathrm{m}}{2}[\cos\varphi - \cos(2\omega t - \varphi)] = UI\cos\varphi - UI\cos(2\omega t - \varphi)$$

$$(5.21)$$

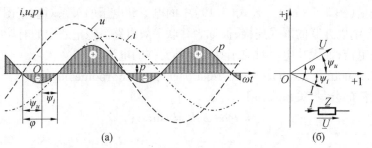

Рис. 5.8 Временные и векторные диаграммы двухполюсника

图 5.8 二端网络的波形图和相量图

Из выражения (5.21) следует, что мощность имеет постоянную составляющую $UI\cos\varphi$ и переменную, изменяющуюся с двойной частотой. Положительная мощность соответствует поступлению энергии из внешней цепи в двухполюсник, а отрицательная—возврату энергии во внешнюю цепь. Так как мощность определяется произведением тока и напряжения, то потребление энергии двухполюсником происходит в интервалы времени, когда обе величины имеют одинаковый знак (рис. 5.8(а)). Баланс поступающей и возвращаемой энергии соответствует среднему за период значению мощности или активной мощности

从公式(5.21)可得出,功率具有一个恒定分量 $UI\cos\varphi$ 和一个以两倍频率变化的变量。功率为正是指外电路向二端网络输入能量,功率为负是指能量返回外电路。由于功率由电流和电压的乘积决定的,因此当两个量的极性相同时,二端网络在一段时间内会产生能量消耗(图 5.8 (а)),周期内输入和返回能量的差额等于功率的平均值或有功功率

$$P = \frac{1}{T}\int_0^T p\mathrm{d}t = UI\cos\varphi = UI_\mathrm{a} = U_\mathrm{a}I = RI^2 = GU^2 \qquad (5.22)$$

Активная мощность—это мощность, которая преобразуется в двухполюснике в тепловую или другие виды неэлектрической энергии, т. е. в большинстве случаев это полезная мощность. Выражение (5.22) поясняет физический смысл понятий активный ток и активное напряжение. Они соответствуют той части тока или напряжения, которая расходуется на преобразование энергии в двухполюснике. Выражения для активной мощности позволяют также определить активное сопротивление и проводимость, как параметры интенсивности преобразования энергии двухполюсником. Активная мощность измеряется в ваттах (Вт).

二端网络中的有功功率是指转换为热能或其他类型非电能的功率,即在大多数情况下,这是有效功率。公式(5.22)解释了有功电流和有功电压概念的物理含义,它们对应于二端网络中用于有功能量转换的部分电流或电压。依据有功功率的公式,还可确定电阻和电导值,它们被看作二端网络能量转换强度的参数,有功功率以瓦(W)为单位。

Все технические устройства рассчитываются на работу в определённом (номинальном) режиме. Проводники рассчитываются на определённый ток, изоляция на определённое напряжение. Поэтому мощность, приводимая в технических данных и определяющая массогабаритные показатели и стоимость изделия, соответствует произведению действующих значений тока и напряжения и называется полной или кажущейся мощностью

所有技术产品均被设计在特定(额定)工作条件下运行。电流限值决定导体规格,电压限值决定绝缘体规格。因此,铭牌数据中的功率对应于电流和电压有效值乘积,它决定了产品的重量尺寸和生产成本,这种功率被称为满功率或视在功率

$$S = UI \tag{5.23}$$

Полная мощность не имеет физического смысла, но её можно определить как максимально возможную активную мощность, т. е. активную мощность при $\cos \varphi = 1$. Размерность полной мощности такая же, как и активной мощности, но для отличия единицей измерения полной мощности выбран вольт−ампер (ВА).

满功率没有物理意义,但是它可被视作有功功率的最大值,即 $\cos \varphi = 1$ 时的有功功率。视在功率与有功功率的量纲相同,但是为便于区分,通常选择伏安(VA)作为视在功率的单位。

Отношение активной мощности к полной называют коэффициентом мощности

有功功率与视在功率之间的比值被称为功率因数

$$\frac{P}{S} = \frac{UI\cos \varphi}{UI} = \cos \varphi$$

Он равен косинусу угла сдвига фаз между током и напряжением на входе двухполюсника. Для лучшего использования оборудование должно работать с возможно более высоким коэффициентом мощности. Разработчики электроустановок стремятся обеспечить его максимальное значение. Но коэффициент мощности многих устройств, таких как трансформаторы, электродвигатели и др., сильно зависит от величины нагрузки. При снижении нагрузки он снижается, поэтому при эксплуатации оборудования нужно обеспечивать нагрузку близкую к номинальной. Кроме того, коэффициент мощности потребителей электрической энергии можно улучшить установкой конденсаторов и компенсаторов реактивной мощности.

它等于二端网络输入端电压和电流之间的相位差的余弦值。为使设备获得最高使用效率,应以尽可能高的功率因数运行,所以电气工程师力求实现最大功率因数。但是许多设备(例如变压器,电动机等)的功率因数在很大程度上取决于负载值,当负载减小时,功率系数减小,因此在设备运行时,需保证负载接近额定值。此外,还可通过安装电容器和无功功率补偿器来改善设备的功率因数。

Высокий коэффициент мощности нагрузки нужен также для снижения потерь при передаче энергии. Ток в линии передачи определяется нагрузкой и равен

高功率因数负载能够减少传输损耗。传输线中的电流取决于负载

$$I = \frac{P}{U\cos\varphi}$$

Отсюда потери энергии в линии с сопротивлением проводников $R_л$

当传输线的导体电阻为 $R_л$ 时,可得出传输线的能量损耗为

$$\Delta P = R_л I^2 = \frac{R_л P^2}{U^2 \cos^2\varphi}$$

т. е. потери в линии передачи очень сильно зависят от $\cos\varphi$, т. к. они обратно пропорциональны квадрату его значения.

即传输线中的损耗主要取决于 $\cos\varphi$,它们与 $\cos\varphi$ 的平方成反比。

Помимо преобразования электрической энергии двухполюсник постоянно обменивается ей с внешней цепью. Интенсивность этого обмена характеризуют понятием реактивной мощности

除了转换电能外,二端网络还可持续与外电路交换电能,交换电能的强度用无功功率这一概念来表示

$$Q = UI\sin\varphi = UI_p = U_p I = XI^2 = BU^2 \tag{5.24}$$

Выражения (5.24) поясняют смысл понятий реактивный ток и напряжение, а также реактивное сопротивление и проводимость. Первая пара величин определяет долю тока или напряжения, расходуемых в двухполюснике на формирование магнитных или электрических полей, а вторая пара является параметрами, определяющими интенсивность обмена энергией.

公式(5.24)既说明了无功电流和无功电压的含义,也揭示了电抗和电纳的含义。第一对参数能够确定二端网络形成磁场或电场所消耗的电流或电压的分量,第二对参数能够确定能量交换的强度。

Размерность реактивной мощности такая же, как у активной и полной мощности, но для отличия её измеряют в вольт-амперах реактивных (BAp).

无功功率、有功功率和视在功率都具有功率量纲,为便于区分,无功功率的单位用无功伏安(Var)表示。

Из выражений (5.22)—(5.24) следует взаимосвязь активной, полной и реактивной мощности.

根据公式(5.22)—(5.24),可得出有功功率、视在功率和无功功率之间的关系。

$$S = \sqrt{P^2 + Q^2} \, ; \tan \varphi = Q/P$$

Они соответствуют сторонам прямоугольного треугольника, называемого треугольником мощностей и подобного треугольникам сопротивлений, проводимостей, токов и напряжений.

它们分别对应于功率直角三角形的三条边,与阻抗三角形、导纳三角形、电流三角形和电压三角形类似。

Этот треугольник можно представить также комплексным числом

这个三角形也可用复数形式表示

$$\underline{S} = P + jQ = UI\cos \varphi + jUI\sin \varphi = UIe^{j\varphi} = \underline{U} \, \overset{*}{\underline{I}}$$

где $\underline{S}$ —комплексная мощность или комплекс мощности двухполюсника; $\overset{*}{I}$ —комплексное сопряжённое значение тока. Модуль комплекса мощности равен полной мощности $|\,S\,| = UI$. Активная мощность является вещественной составляющей комплекса мощности, а реактивная—мнимой.

其中 S 是复功率或二端网络功率的复数形式; $\overset{*}{I}$ 是复共轭电流值,复功率的模等于视在功率 $|\,S\,| = UI$ 。有功功率是复功率的实部分量,无功功率是虚部分量。

В соответствии с законом сохранения энергии активная мощность, создаваемая источниками в электрической цепи, должна полностью преобразовываться в приёмниках

根据能量守恒定律,电路中电源产生的有功功率应在终端负载实现完全转换

$$\sum_{p=1}^{m} E_p I_p \cos \varphi_p = \sum_{q=1}^{n} R_q I_q^2 \tag{5.25}$$

где I_p , I_q —действующие значения токов, протекающих в p-м источнике и q-м резистивном элементе. Можно показать, что для реактивной мощности справедливо аналогичное равенство

其中 I_p 和 I_q 是流经第 p 个电源和第 q 个电阻的电流有效值。可证明,对于无功功率,也存在类似等式

$$\sum_{s=1}^{m} E_s I_s \sin \varphi_s = \sum_{p=1}^{k} X_{L_p} I_p^2 - \sum_{q=1}^{n-k} X_{C_q} I_q^2 \tag{5.26}$$

где X_{L_p} и X_{C_q} —индуктивное и ёмкостное сопротивления p-го и q-го элементов. Но тогда справедливо и равенство полных мощностей источников и приёмников электрической цепи

其中, X_{L_p} 和 X_{C_q} 分别是第 p 个电感的感抗和第 q 个电容的容抗。此时电路中电源和终端负载的复功率等式也成立

$$\sum_{p=1}^{m} S_p = \sum_{q=1}^{n} S_q \tag{5.27}$$

Выражения (5.25)—(5.27) называются балансом мощностей.

公式(5.25)—(5.27)被称为功率平衡方程。

Новые слова и словосочетания　单词和词组

1. входное напряжение 输入电压
2. входный ток 输入电流
3. комплексное сопротивление 复阻抗
4. полное сопротивление 阻抗模
5. сдвиг фаз 相移
6. активное сопротивление 电阻
7. реактивное сопротивление 电抗
8. составляющая 分量
9. прямоугольный треугольник 直角三角形
10. треугольник сопротивлений 阻抗三角形
11. индуктивный характер 感性
12. ёмкостный характер 容性
13. смещение 偏移
14. фазовое смещение 相位移
15. сектор 象限
16. активное напряжение 有功电压
17. реактивное напряжение 无功电压
18. треугольник напряжений 电压三角形
19. полная проводимость 导纳模
20. активная проводимость 电导
21. реактивная проводимость 电纳
22. треугольник проводимостей 导纳三角形
23. активный ток 有功电流
24. реактивный ток 无功电流
25. треугольник токов 电流三角形
26. полуплоскость [阴] 半平面
27. сместить [完] 偏移
28. постоянная составляющая 恒定分量
29. изоляция 绝缘
30. полная мощность 满功率
31. кажущаяся мощность 视在功率
32. вольт-ампер（ВА）伏安(VA)
33. косинус 余弦
34. коэффициент мощности 功率因数
35. трансформатор 变压器
36. компенсатор 补偿器
37. квадрат 平方

38. реактивная мощность 无功功率

39. комплексная мощность 复功率

40. сопряжённый 共轭的

Вопросы для самопроверки　　自测习题

---

1. Что такое пассивный двухполюсник? 什么是无源二端网络？

2. Какой параметр электрической цепи определяет сдвиг фаз между током и напряжением? 哪个电路参数能确定电流和电压之间的相移？

3. В каких пределах может находиться сдвиг фаз между током и напряжением в пассивной электрической цепи? 无源电路中电流和电压之间相移的范围是多少？

4. Что такое активное（реактивное）напряжение? 什么是有功(无功)电压？

5. Какие параметры комплексной проводимости являются обратными величинами по отношению к параметрам комплексного сопротивления? 哪些复导纳参数与复阻抗参数成反比？

6. Влияет ли величина активного（реактивного）сопротивления на величину реактивной（активной）проводимости двухполюсника? 电阻(电抗)是否影响二端网络的电纳（电导）？

7. Что такое активная（реактивная, полная）мощность? В чём их связь? 什么是有功功率(无功功率、视在功率)？它们之间有何关系？

8. Что такое коэффициент мощности? 什么是功率因数？

9. Что такое треугольник напряжений（токов, сопротивлений, проводимостей, мощностей）? 什么是电压三角形(电流三角形、阻抗三角形、导纳三角形、功率三角形)？

10. Сформулируйте условие баланса мощностей электрической цепи. 请描述电路中的功率平衡。

5.1.6 Законы Кирхгофа в цепях переменного тока　交流电中的基尔霍夫定律

Как уже отмечалось при рассмотрении цепей постоянного тока, законы Кирхгофа являются формой представления фундаментальных физических законов и, следовательно, должны соблюдаться в цепях переменного тока. Получаемый как следствие принципа непрерывности электрического тока, первый закон Кирхгофа справедлив для мгновенных значений токов в узлах, и формулируется как: алгебраическая сумма мгновенных значений токов в узлах цепи равна нулю.

正如直流电路中所提到的,基尔霍夫定律是一种基本物理定律,因此在交流电路中同样适用。作为电流连续性原理的结论,基尔霍夫第一定律同样适用于结点处电流的瞬时值,该定律可表述为:电路结点处电流瞬时值的代数和为零。

$$\sum_{k=1}^{n} \pm i_k = 0 \tag{5.28 a}$$

Токи, положительные направления которых выбраны к узлу, включаются в сумму с положительным знаком, а от узла—с отрицательным.

流入结点的电流方向定为正向,这些电流被归入正向电流集合,而流出结点的电流被归入负向电流集合。

Представляя токи в комплексной форме, получим

推广到复数形式的电流,可得到

$$\sum_{k=1}^{n} \pm \underline{I}_k = 0 \qquad (5.28\,6)$$

На рис. 5.9 в качестве примера показаны токи одного из узлов. При выбранных положительных направлениях уравнение Кирхгофа для узла имеет вид: $i_2 + i_3 - i_1 = 0 \Leftrightarrow i_2 + i_3 = i_1$. Проверить справедливость этого выражения можно в любой точке временной диаграммы рис. 5.9(a), если сложить ординаты токов i_2 и i_3. Это же уравнение можно записать для комплексных токов и изобразить графически в виде векторных диаграмм (рис. 5.9(б)и рис. 5.9(в)). Векторы на диаграммах можно строить из начала координат (рис. 5.9(б)), но для взаимосвязанных величин, таких как токи в узлах или падения напряжения в контурах, их можно строить последовательно, принимая за начальную точку следующего вектора конец предыдущего (рис. 5.9(в)). В этом случае на векторной диаграмме лучше прослеживается взаимосвязь изображаемых величин.

以图5.9为例,图中显示了其中一个结点的电流。在设定正方向之后,该结点的基尔霍夫电流方程具有以下形式:$i_2 + i_3 - i_1 = 0 \Leftrightarrow i_2 + i_3 = i_1$。如果添加电流 i_2 和 i_3 的纵坐标,可在图5.9(a)的时间图中的任何一点验证此公式的有效性。相同的方程也可转化为复电流的形式,并以相量图表示(图5.9(б)和图5.9(в))。图中的相量可从坐标原点绘制(图5.9(б)),但是对于相互关联的量(例如结点中的电流或电路中的电压降),可以将前一个相量的终点作为下一个相量的起点,依次绘制(图5.9(в)),这样可在相量图上更明确地观察到相量之间的关系。

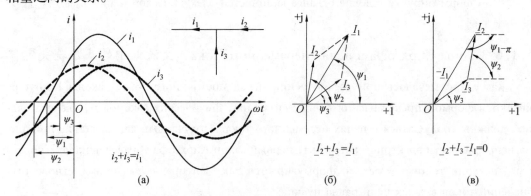

Рис. 5.9 Законы Кирхгофа в цепях переменного тока

图5.9 交流电中的基尔霍夫定律

Второй закон Кирхгофа, как одна из форм закона сохранения энергии, справедлив для любого момента времени, т. е. алгебраическая сумма напряжений на всех элементах замкнутого контура электрической цепи в любой момент времени равна алгебраической сумме ЭДС источников, действующих в контуре

基尔霍夫第二定律是能量守恒定律的一种形式,它在任何时刻都有效,即任何时刻电路回路中所有元件电压的代数和等于回路中电源电动势的代数和

$$\sum_{p=1}^{m} \pm u_p = \sum_{q=1}^{n} \pm e_q \qquad (5.29\ \text{а})$$

или в комплексной форме

或复数形式

$$\sum_{p=1}^{m} \pm \underline{U}_p = \sum_{q=1}^{n} \pm \underline{E}_q \qquad (5.29\ \text{б})$$

Знаки в выражениях (5.29) выбирают положительными, если положительное направление напряжения или ЭДС совпадает с направлением обхода контура, и отрицательными в случае несовпадения.

如果电压或电动势的正方向与回路的方向一致,则公式(5.29)中的符号为正,如果不一致,则为负。

Составим уравнения Кирхгофа для контура электрической цепи, показанного на рис. 5.10. Направление обхода контура выбираем произвольно. В данном случае по часовой стрелке. Тогда

我们为图 5.10 所示电路列写基尔霍夫方程,回路中每条支路的方向可任意选择,此处选择顺时针方向。那么

$$u_L + u_{R_2} - u_C - u_{R_1} = -e_1 + e_4$$
$$\Downarrow$$
$$L\frac{di_1}{dt} + R_2 i_2 - \frac{1}{C}\int i_3 dt - R_1 i_3 = -e_1 + e_4$$

или в комплексной форме

或复数形式

$$\underline{U}_L + \underline{U}_{R_2} - \underline{U}_C - \underline{U}_{R_1} = -\underline{E}_1 + \underline{E}_4$$
$$\Downarrow$$
$$jX_L\ \underline{I}_1 + R_2\ \underline{I}_2 + jX_C\ \underline{I}_3 - R_1\ \underline{I}_3 = -\underline{E}_1 + \underline{E}_4$$

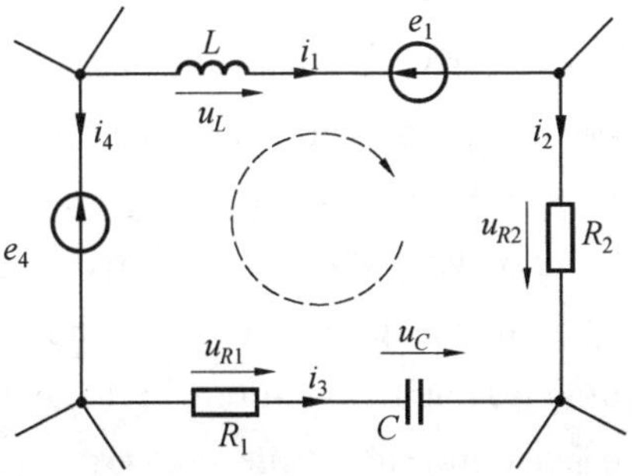

Рис. 5.10 Контур электрической цепи с источником ЭДС и R, L, C

图 5.10 含有电动势源及 R, L, C 的回路

Комплексное напряжение на ёмкостном элементе в развёрнутой записи уравнения поменяло знак, т. к. комплексное ёмкостное сопротивление отрицательно.

在推导复数形式的基尔霍夫方程时,电容元件上的复电压改变了正负号,这是因为复容抗为负。

Новые слова и словосочетания　单词和词组

1. принцип непрерывности электрического тока 电流连续性原理
2. справедливость［阴］有效性
3. начало координат 坐标原点
4. взаимосвязь［阴］相互关联
5. несовпадение 不重合

5.2 Анализ электрических цепей синусоидального тока
　　正弦电流电路分析

5.2.1 Неразветвлённая цепь синусоидального тока　无分支正弦电流电路

Пусть к участку электрической цепи с последовательным соединением резистивного, индуктивного и ёмкостного элементов（рис. 5.11）приложено напряжение $u = U_m \sin(\omega t + \psi_u)$ и по нему протекает ток $i = I_m \sin(\omega t + \psi_i)$. Сумма падений напряжения на элементах цепи u_R, u_L, u_C в каждый момент времени будет равна

假设将电压 $u = U_m \sin(\omega t + \psi_u)$ 施加到电阻、电感和电容元件的串联电路（图5.11）,会有电流 $i = I_m \sin(\omega t + \psi_i)$ 流过。任何时刻电路元件上电压降 u_R, u_L 和 u_C 的总和将等于

$$u = u_R + u_L + u_C$$

или для комплексных значений—
或复电压方程为

$$\underline{U} = \underline{U}_R + \underline{U}_L + \underline{U}_C = R\underline{I} + jX_L\underline{I} - jX_C\underline{I}$$
$$= \underline{I}[R + j(X_L - X_C)] = \underline{I}\,\underline{Z}$$

где $\underline{Z} = R + j(X_L - X_C)$ —комплексное сопротивление. Реактивное сопротивление включает обе составляющие: индуктивную и ёмкостную. Если $X_L > X_C \Rightarrow X > 0$, то фазовый сдвиг напряжения и тока составляет $0 < \varphi < 90°$ и участок электрической цепи имеет активно индуктивный характер. Если $X_L < X_C \Rightarrow X < 0$, то $0 > \varphi > -90°$ и характер участка цепи активно-ёмкостный. Изменение реактивного сопротивления в пределах $-\infty < X < +\infty$ приводит к изменению фазового сдвига от $-90°$ до $+90°$. При равенстве индуктивного и ёмкостного сопротивлений они компенсируют друг друга и сопротивление цепи— число активное. В случае отсутствия в цепи резистивного элемента（$R = 0$）, комплексное сопротивление цепи будет чисто реактивным, а угол сдвига фаз $\varphi = 90°|_{X_L > X_C}$; $\varphi = -90°|_{X_L < X_C}$.

其中 $\underline{Z} = R + j(X_L - X_C)$ 为复阻抗。电抗包括两个分量:感抗和容抗。如果 $X_L > X_C \Rightarrow X >$

0,则电压和电流的相移为 $0 < \varphi < 90°$,并且这部分电路具有阻感特性。如果 $X_L < X_C \Rightarrow$ $X < 0$,则 $0 > \varphi > -90°$,这部分电路具有阻容特性。当电抗在 $-\infty < X < +\infty$ 范围内变化时,相移会从 $-90°$ 逐渐变化至 $+90°$。当感抗和容抗相等时,它们能够互相补偿,阻抗值即为电阻值。如果电路中没有电阻元件($R = 0$),则电路的复阻抗仅剩下电抗部分,并且相角 $\varphi = 90°|_{X_L > X_C}$,$\varphi = -90°|_{X_L < X_C}$。

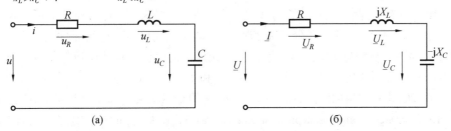

Рис. 5.11 Цепь с последовательным соединением резистивного,

индуктивного и ёмкостного элементов

图 5.11 电阻、电感和电容元件的串联电路

На рис. 5.12 приведены временные и векторные диаграммы напряжений и тока для случаев активно-индуктивного и активно-ёмкостного характера цепи, а также треугольники сопротивлений.

图 5.12 是电路中具有阻感特性和阻容特性的阻抗三角形以及对应的电压和电流波形图和相量图。

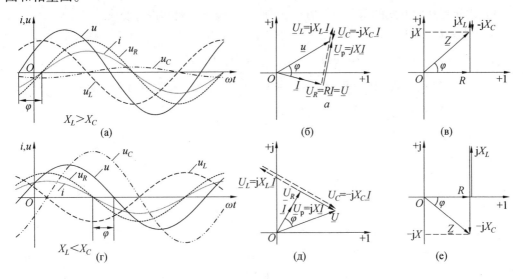

Рис. 5.12 Временные и векторные диаграммы напряжений и тока для случаев активно-индуктивного и активно-ёмкостного характера цепи и треугольники сопротивлений

图 5.12 阻感特性和阻容特性的阻抗三角形以及对应的电压和电流波形图和相量图

Начальная фаза входного напряжения выбрана произвольно. При условии $X_L > X_C$ (рис. 5.12(а)) ток отстаёт от напряжения на некоторый угол φ, определяемый соотношением реактивной X и активной R составляющих комплексного сопротивления Z. Напряжение на резистивном элементе совпадает по фазе с током, поэтому вектор U_R совпадает по направлению с вектором I. Напряжение на индуктивном элементе опережает ток на 90°, а на ёмкостном отстаёт от него на такой же угол. Поэтому векторы U_L и U_C перпендикулярны направлению вектора тока и направлены в разные стороны. В результате сложения векторов U_R, U_L и U_C мы, в соответствии с законом Кирхгофа для контура цепи, приходим в точку конца вектора U.

输入电压的初相是任意的。在 $X_L > X_C$ 的条件下（图 5.12(a)），电流滞后于电压一定角度 φ，该角由复阻抗 Z 的无功分量 X 和有功分量 R 之比确定。电阻元件上的电压与电流同相，因此相量 U_R 与相量 I 的方向一致。电感元件上的电压相位比电流超前90°，而电容元件上的电压相位滞后于电流90°。因此，相量 U_L 和 U_C 垂直于电流相量的方向，并且方向相反。相量 U_R,U_L 和 U_C 相加之后，可根据电路回路的基尔霍夫定律得出相量 U 的终点。

Построение векторной диаграммы для случая $X_L < X_C$ (рис. 5.12(б)) аналогично, но ток при этом опережает входное напряжение.

当 $X_L < X_C$ 时，相量图与前一个图（图 5.12 (б)）类似，但是此时电流相位超前于输入电压。

Для последовательного соединения m резистивных, n индуктивных и p ёмкостных элементов (рис. 5.13) можно составить уравнение Кирхгофа в комплексной форме аналогично тому, как это было сделано для соединения одиночных элементов, и преобразовать его с помощью закона Ома

当 m 个电阻元件，n 个电感元件和 p 个电容元件串联时（图5.13），可用类似于连接单个元件的方式列写复数形式的基尔霍夫方程，并使用欧姆定律对其进行变换

$$\begin{aligned}
\underline{U} &= \underline{U}_{R_1} + \underline{U}_{L_1} + \underline{U}_{C_1} + \underline{U}_{R_2} + \dots \underline{U}_{L_q} + \dots + \underline{U}_{C_s} \dots + \underline{U}_{R_m} + \underline{U}_{L_n} + \underline{U}_{C_p} \\
&= R_1\underline{I} + jX_{L_1}\underline{I} - jX_{C_1}\underline{I} + \dots + R_m\underline{I} + jX_{L_n}\underline{I} - jXC_p\underline{I} = \\
&= \underline{I}[R_1 + R_2 + \dots R_m + j(X_{L_1} + X_{L_2} + \dots + X_{L_n} - X_{C_1} - X_{C_2} - \dots - X_{C_p})] \\
&= \underline{I}[R + j(X_L - X_C)] = \underline{I}(R + jX)
\end{aligned} \tag{5.30}$$

Отсюда
由此得出

$$R = \sum_{k=1}^{m} R_k ; X_L = \sum_{k=1}^{n} X_{L_k} ; X_C = \sum_{k=1}^{p} X_{C_k} \tag{5.31}$$

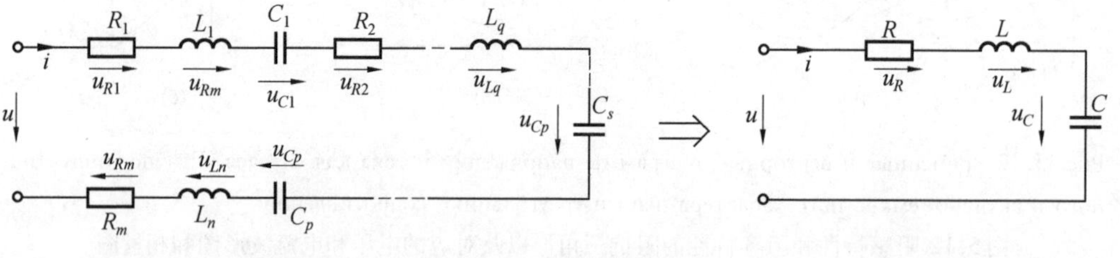

Рис. 5.13 Эквивалентная цепь последовательного соединения резистивных, индуктивных и ёмкостных элементов

图 5.13 R, L, C 串联等效电路

Следовательно, участок электрической цепи с произвольным количеством резистивных, индуктивных и ёмкостных элементов можно заменить соединением одиночных элементов с эквивалентными сопротивлениями соответствующего типа, равными сумме сопротивлений элементов входящих в соединение.

因此,对于具有任意数量电阻、电感和电容元件的一段电路,可用具有单个等效电阻、电感和电容元件电路来替代,该等效电阻等于电路中所有电阻之和。

Раскрывая суммы индуктивных и ёмкостных сопротивлений в (5.31), можно получить значения эквивалентных индуктивностей и ёмкостей

对公式(5.31)中的感抗和容抗求和,可得等效感抗值和等效容抗值

$$
\begin{aligned}
&X_L = \omega L = \sum_{k=1}^{n} X_{L_k} = \sum_{k=1}^{n} \omega L_k \Rightarrow L = \sum_{k=1}^{n} L_k; \\
&X_C = \frac{1}{\omega C} = \sum_{k=1}^{p} X_{C_k} = \sum_{k=1}^{p} \frac{1}{\omega C_k} \Rightarrow C = \frac{1}{\displaystyle\sum_{k=1}^{p} \frac{1}{C_k}}
\end{aligned}
\tag{5.32}
$$

В случае последовательного соединения n элементов с одинаковыми параметрами выражения (5.31) и (5.32) упрощаются

将 n 个具有相同参数的元件串联时,公式(5.31)和公式(5.32)可简化为

$$
R = nR_n; L = nL_n; C = C_n/n
$$

Последнее равенство в (5.30) соответствует двухполюснику с активной и реактивной составляющими комплексного сопротивления. В случае неравенства ёмкостного и индуктивного сопротивления ($X_L \neq X_C$), одна из реактивных составляющих полностью компенсирует другую и схему двухполюсника можно представить в виде последовательного соединения R и L или R и C. Тогда векторная диаграмма будет состоять из трёх векторов напряжения (рис. 5.14). При этом вектор входного напряжения и векторы напряжений на резистивном и реактивном элементах, т. е. комплексные активное и реактивное напряжения, образуют прямоугольный треугольник. При постоянном действующем значении напряжения на входе цепи, изменение параметра одного из элементов будет менять соотношение катетов треугольника, но его гипотенуза будет оставаться неизменной. Векторные диаграммы активно-индуктивного и активно-ёмкостного элементов показаны в рис. 5.14(а) и рис. 5.14(б).

公式(5.30)中最后一个等式对应于含有实部和虚部复阻抗的二端网络。在容抗和感抗不相等时($X_L \neq X_C$),其中一个电抗能够完全补偿另一电抗,所以二端网络可表示为 R 和 L 或 R 和 C 的串联。此时,相量图可由三个电压相量组成(图5.14),输入电压相量、电阻电压相量和电抗元件上的电压相量(复有功电压和复无功电压)形成一个直角三角形。当输入电压相量恒定时,其中一个元件参数的变化将使三角形直角边的比值发生改变,但其斜边保持不变。串联阻感元件和阻容元件的相量图如图5.14(a)和图5.14(б)所示。

Треугольник векторов, как вообще любой треугольник, можно вписать в окружность и углы треугольника будут равны половинам дуг окружности, на которые они опи-

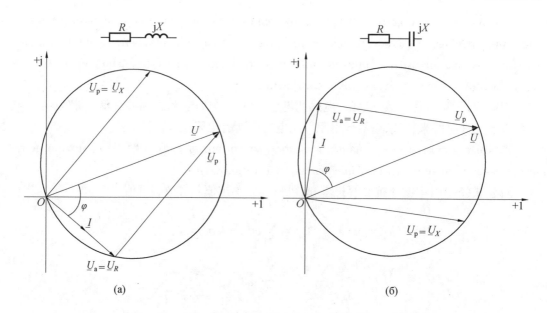

Рис.5.14 Векторные диаграммы пассивного двухполюсника

图 5.14 无源二端网络相量图

раются. Следовательно, в прямоугольном треугольнике векторов гипотенуза будет диаметром описанной окружности, а сама окружность—геометрическим местом точек концов двух других векторов при всех возможных вариациях параметров элементов. Такая окружность называется круговой диаграммой и её можно определить как геометрическое место точек концов векторов активного и реактивного напряжений двухполюсника при всех возможных вариациях его параметров и постоянном входном напряжении.

同任意三角形一样,这些相量构成的三角形也可成为一个圆的内接三角形,并且该三角形的角将等于它们所对应圆弧度数的一半。因此在相量直角三角形中,斜边将是外接圆的直径,在元件参数发生所有可能的变化时,其他两个电压相量的终点轨迹都在一个圆上,这个圆称为相量圆,可将其定义为在元件参数发生所有可能的变化和输入电压保持恒定的条件下,二端网络的电阻电压和电抗电压相量的终点构成的圆。

Новые слова и словосочетания 　 单词和词组

1. компенсировать［完,未］补偿

2. угол сдвига фаз 相角

3. катет 直角边

4. гипотенуза 斜边

5. дуг 弧

6. окружность［阴］圆

7. вписать［完］内接

8. диаметр 直径

9. геометрическое место 轨迹, 几何位置

10. вариация 变化

11. круговая диаграмма 相量圆

Вопросы для самопроверки　自测习题

1. В каком случае участок цепи с резистивным, индуктивным и ёмкостным элементом будет иметь активный (активно-индуктивный, индуктивный, активно-ёмкостный, ёмкостный) характер? 在什么情况下, 带有电阻元件、电感元件和电容元件的电路具有阻感(电感、阻容、电容)特性?

2. В каком случае ток в цепи с резистивным, индуктивным и ёмкостным элементом будет отставать (опережать) входное напряжение? 在含有电阻、电感和电容元件的电路中, 在什么情况下电流会滞后(超前)于输入电压?

3. Чему равно эквивалентное сопротивление (индуктивность, ёмкость) нескольких соединённых последовательно резистивных (индуктивных, ёмкостных) элементов? 多个串联电阻(电感、电容)元件的等效电阻(电感、电容)等于什么?

4. Как изменится эквивалентное сопротивление (индуктивность, ёмкость) последовательного соединения резистивных (индуктивных, ёмкостных) элементов, если в цепь включить ещё один элемент? 如果在电阻(电感、电容)元件的串联电路中接入其他元件, 则电路中的等效电阻(电感、电容)将如何变化?

5.2.2 Параллельное соединение ветвей　并联分支电路

Рассмотрим в качестве примера параллельное соединение двухветвей (рис. 5.15 (а)). Из первого закона Кирхгофа для узла цепи следует

我们以图 5.15(a) 中的两个并联支路为例来进行分析。依据基尔霍夫第一定律, 可得

$$i = i_1 + i_2 \Leftrightarrow \underline{I} = \underline{I}_1 + \underline{I}_2 \tag{5.33}$$

Каждая ветвь представляет собой последовательное соединение элементов и её параметры определяются комплексным сопротивлением. Поэтому, переходя к комплексным величинам, исходную схему можно преобразовать в параллельное соединение двух комплексных сопротивлений $\underline{Z}_1 = R_1 + jX_L$ и $\underline{Z}_2 = R_2 - jX_C$ (рис. 5.15(6)) и для каждого тока записать выражение по закону Ома

每条支路上的元件串联连接, 参数由复阻抗决定。因此在转换为复数形式时, 可将原始电路转换成两个复阻抗的并联 $\underline{Z}_1 = R_1 + jX_L$ 和 $\underline{Z}_2 = R_2 - jX_C$ (图 5.15(6)), 根据欧姆定律, 列写每条支路的电流公式:

$$\underline{I} = \underline{U}/\underline{Z} = \underline{U} \cdot \underline{Y}; \underline{I}_1 = \underline{U}/\underline{Z}_1 = \underline{U} \cdot \underline{Y}_1; \underline{I}_2 = \underline{U}/\underline{Z}_2 = \underline{U} \cdot \underline{Y}_2$$

Подставляя эти величины в уравнение Кирхгофа (5.33), получим

将这些数值代入基尔霍夫方程(5.33), 可得

$$\frac{1}{\underline{Z}} = \frac{1}{\underline{Z}_1} + \frac{1}{\underline{Z}_2} \Leftrightarrow \underline{Y} = \underline{Y}_1 + \underline{Y}_2 \tag{5.34}$$

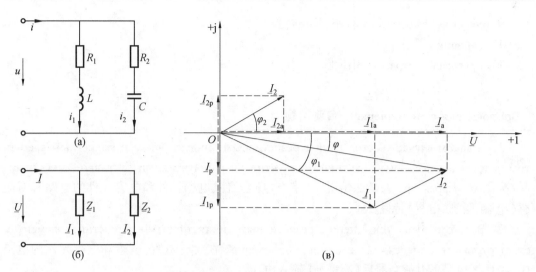

Рис. 5.15 Параллельное соединение двух ветвей

图 5.15 并联分支电路

Отсюда эквивалентное комплексное сопротивление соединения

由此得出并联等效复阻抗

$$\underline{Z} = \frac{\underline{Z}_1 \, \underline{Z}_2}{\underline{Z}_1 + \underline{Z}_2} \tag{5.35}$$

Выражения (5.34) и (5.35) полностью идентичны аналогичным выражениям для цепи постоянного тока, с той лишь разницей, что все входящие в них параметры являются комплексными числами. Комплексные проводимости ветвей в выражении (5.34) можно представить их комплексными параметрами, тогда параметры комплексной проводимости соединения

公式(5.34)和公式(5.35)与直流电路中的相应公式完全相同,唯一区别在于它们包含的所有参数均为复数。公式(5.34)中支路的复导纳可用复数表示,那么复导纳参数为

$$G - jB = G_1 - jB_L + G_2 + jB_C = (G_1 + G_2) - j(B_L - B_C)$$

$$\Downarrow$$

$$G = G_1 + G_2; B = B_L - B_C$$

где

其中

$$G_1 = \frac{R_1}{R_1^2 + X_L^2}; G_2 = \frac{R_2}{R_2^2 + X_C^2}; B_L = \frac{X_L}{R_1^2 + X_C^2}; B_C = \frac{X_C}{R_2^2 + X_C^2}$$

Построим векторную диаграмму для параллельного соединения ветвей на рис. 5.15 (а). Падение напряжения $\underline{U}$ на обеих ветвях одинаковое. Чтобы не усложнять диаграмму несущественными элементами положим начальную фазу напряжения равной нулю. Тогда вектор $\underline{U}$ расположится на вещественной оси плоскости. Комплексное сопротивление первой ветви активно индуктивное, поэтому ток в ней отстаёт по фазе от напряжения $\underline{U}$ на некоторый угол $\varphi_1 > 0$ и его вектор $\underline{I}_1$ располагается в четвёртом квадранте. Во второй ветви комплексное сопротивление активно-ёмкостное, поэтому ток I_2 опережает по фазе напряжение U на угол $\varphi_2 > 0$. Вектор тока на входе цепи равен сумме векторов токов в ветвях и может быть построен по правилу параллелограмма. Но координаты входного тока можно получить также, если представить токи в ветвях их активной и реактивной составляющими

我们为图 5.15（a）中的并联支路绘制相量图。两条支路的电压降 U 相同。为简化相量图，我们将电压初相设为零。此时，相量 U 位于平面的实轴。第一条支路的复阻抗具有阻感特性，电流相位滞后电压 $\varphi_1 > 0$，相量 I_1 位于第四象限。在第二条支路中，复阻抗具有阻容特性，电流相位超前电压 $\varphi_2 > 0$。电路输入端的电流相量等于支路电流相量的和，可根据平行四边形规则绘制。但输入电流的坐标也可通过变换支路电路，利用有功电流和无功电流求得

$$\underline{I}_1 = I_{1a} + jI_{1p}; \underline{I}_2 = I_{2a} + jI_{2p}$$

Отсюда входной ток

由此得出输入电流等于

$$\underline{I} = \underline{I}_1 + \underline{I}_2 = (I_{1a} + jI_{1p}) + (I_{2a} + jI_{2p})$$
$$= (I_{1a} + I_{2a}) + j(I_{1p} + I_{2p}) = I_a + jI_p$$

т. е. активный и реактивный входной ток равен сумме соответствующих составляющих токов в ветвях. При этом реактивный ток в первой ветви отстаёт по фазе от напряжения на 90° и является индуктивным током, а во второй ветви реактивный ток опережает напряжение на 90° и является ёмкостным (рис. 5.15(в)).

即有功输入电流和无功输入电流等于支路中相应电流分量之和。此时，第一条支路中的无功电流是一个感性电流，相位滞后电压 90°；第二条支路中的无功电流是容性电流，相位超前电压 90°，如图 5.15(в)所示。

В общем случае параллельного соединения n ветвей (рис. 5.16(а)) входной ток по первому закону Кирхгофа равен

当 n 条支路并联时（图 5.16（a）），根据基尔霍夫第一定律，输入电流等于

$$i = i_1 + i_2 + \ldots + i_n \Leftrightarrow \underline{I} = \underline{I}_1 + \underline{I}_2 + \ldots \underline{I}_n$$

где $\underline{I}_k = \underline{U}/\underline{Z}_k$ —комплексный ток в k-й ветви.

其中 $\underline{I}_k = \underline{U}/\underline{Z}_k$ 是第 k 条支路中的复电流。

Отсюда (рис. 5.16(6))

如图 5.16(6)所示，由此得出

$$\underline{Y} = \frac{1}{\underline{Z}} = \sum_{k=1}^{n} \frac{1}{\underline{Z}_k} = \sum_{k=1}^{n} \underline{Y}_k = \sum_{k=1}^{n} G_k - j\sum_{k=1}^{n} B_k = G - jB \tag{5.36}$$

$$G_k = \frac{R_k}{R_k^2 + (X_{L_k} - X_{C_k})^2}; B_k = B_{L_k} - B_{C_k}$$

где

其中

$$B_{L_k} = \frac{X_{L_k}}{R_k^2 + (X_{L_k} - X_{C_k})^2} ; B_{C_k} = \frac{X_{C_k}}{R_k^2 + (X_{L_k} - X_{C_k})^2} \tag{5.37}$$

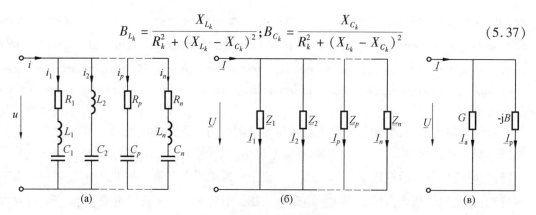

Рис. 5.16 Параллельное соединение n ветвей

图 5.16 n 条支路并联电路

Тогда эквивалентные параметры параллельного соединения (рис. 5.16(в))

图 5.16(в)中的并联等效参数为

$$G = \sum_{k=1}^{n} G_k ; B = \sum_{k=1}^{n} B_k = \sum_{k=1}^{n} B_{L_k} - \sum_{k=1}^{n} B_{C_k} \tag{5.38}$$

Отсутствие какого-либо элемента в ветви эквивалентно равенству нулю соответству-ющего сопротивления в выражениях (5.36)—(5.38).

支路中任何元件的缺失等同于该元件被公式(5.36)—(5.38)中的零值电阻替代。

В случае параллельного соединения n одиночных однотипных элементов выражения (5.37) упрощаются, т. к. сопротивления и проводимости становятся взаимообратными величинами. Это позволяет найти эквивалентные параметры параллельного соединения

当 n 个具有相同参数的元件并联时,公式(5.37)被简化,因为电阻和电导成反比。这样可得并联等效参数

$$G = \frac{1}{R} = \sum_{k=1}^{m} \frac{1}{R_k} \Rightarrow R = \frac{1}{\sum\limits_{k=1}^{m} \frac{1}{R_k}} = p ;$$

$$B_L = \frac{1}{X_L} = \frac{1}{\omega L} = \sum_{k=1}^{m} \frac{1}{\omega L_k} \Rightarrow L = \frac{1}{\sum\limits_{k=1}^{m} \frac{1}{L_k}} = \frac{\prod\limits_{k=1}^{m} L_k}{\sum\limits_{p=1}^{m} \left(\prod\limits_{q=1; q \neq p}^{m} L_q \right)_p} ; \tag{5.39}$$

$$B_C = \frac{1}{X_C} = \omega C = \sum_{k=1}^{m} \omega C_k \Rightarrow C = \sum_{k=1}^{m} C_k$$

Из выражений (5.39) следует, что эквивалентное сопротивление параллельно сое-динённых резистивных элементов рассчитывается также как на постоянном токе, как об-ратная величина от суммы обратных величин (проводимостей) отдельных сопротивле-ний. Аналогично сопротивлению рассчитывается эквивалентная индуктивность, а экви-валентная ёмкость параллельно соединённых идеальных конденсаторов равна простой су-мме ёмкостей. В случае соединения одинаковых элементов выражения (5.39) существенно упрощаются

依据公式(5.39)，同样可计算出直流电路中并联电阻的等效电阻，即各个电阻的倒数（电导）之和的倒数。等效电感的计算类似于电阻计算，并联理想电容器的等效电容等于各个电容之和。将具有相同参数的元件并联时，公式(5.39)被简化

$$R = R_n/n; L = L_n/n; C = nC_n$$

Выражение (5.36) соответствует параллельной схеме замещения двухполюсника. В случае $B_L \neq B_C$ одна из составляющих реактивной проводимости полностью компенсирует другую. Тогда схему замещения можно представить параллельным соединением резистивного и индуктивного элементов или резистивного и ёмкостного элементов с соответствующими проводимостями. Это позволяет проследить влияние эквивалентных параметров на амплитудные и фазовые соотношения в цепи.

公式(5.36)对应于二端网络的并联等效电路。在 $B_L \neq B_C$ 的情况下，电纳的一个分量完全补偿了另一个分量。此时等效电路可通过电阻和电感的并联或具有相应电导的电阻和电容的并联来表示，这样可深入研究电路中等效参数对幅度和相位的影响。

На рис. 5.17 приведены векторные диаграммы для таких соединений. Для исключения несущественных деталей начальная фаза входного напряжения принята равной нулю и вектор напряжения имеет только вещественную составляющую. Токи в параллельных ветвях при постоянном напряжении на входе независимы друг от друга. Поэтому изменение одного из параметров приводит к изменению соответствующей составляющей тока (активной или реактивной) и вектор входного тока перемещается при этом по прямой линии. Можно показать, что при питании цепи от источника тока геометрическим местом точек концов векторов активного и реактивного токов будет окружность, т. е. эти векторы образуют круговую диаграмму аналогичную круговой диаграмме напряжений последовательной схемы замещения двухполюсника. На рисунке 5.17(a) показана векторная диаграмма, когда сопротивление и индуктивность соединены параллельно, а на рисунке 5.17(б) векторная диаграмма, когда сопротивление и конденсатор соединены параллельно.

图 5.17 是这些连接对应的相量图。为便于计算，输入电压的初相设为零，电压相量仅具有实数分量。当输入电压恒定时，并联支路中的电流彼此独立。因此，其中一个参数的变化会导致相应电流分量(有功分量或无功分量)发生变化，输入电流相量沿直线移动。可以证明，当电路由电流源供电时，有功电流和无功电流的相量端点将是一个圆，即这些相量形成的相量圆类似于二端网络串联等效电路中的相量圆。图 5.17(a)所示为电阻和电感并联时的相量图，图 5.17(б)为电阻和电容并联时的相量图。

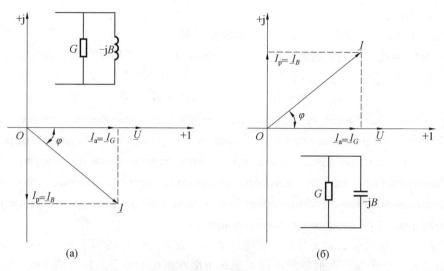

Рис. 5.17 Векторные диаграммы параллельного соединения ветвей

图 5.17 并联分支电路相量图

Новые слова и словосочетания　　单词和词组

1. квадрант 象限
2. параллелограмм 平行四边形
3. взаимообратный 互反的,倒数的

Вопросы для самопроверки　　自测习题

1. Как связана активная（реактивная）составляющая входного тока с активными（реактивными）токами ветвей? 输入电流的有功(无功)分量与支路的有功(无功)电流有什么关系?

2. Чему равно эквивалентное сопротивление（индуктивность, ёмкость）нескольких соединённых параллельно резистивных（индуктивных, ёмкостных）элементов? 多个电阻(电感、电容)元件并联的等效电阻(电感、电容)是多少?

3. Как изменится эквивалентное сопротивление（индуктивность, ёмкость）параллельного соединения резистивных（индуктивных, ёмкостных）элементов, если в цепь включить ещё один элемент? 如果在电阻(电感、电容)元件的并联电路中加入其他元件,电路中等效电阻(电感、电容)将如何变化?

4. Что представляет собой геометрическое место точек вектора активной（реактивной）составляющей входного тока при изменении активной（реактивной）проводимости цепи? 当电路的电导(电纳)发生变化时,输入电流的有功(无功)分量相量的端点轨迹是什么?

5.2.3 Схемы замещения катушки индуктивности и конденсатора 电感线圈和电容器的等效电路

Катушка индуктивности представляет собой проводник, которому в процессе изготовления придаётся определённая форма, обеспечивающая создание магнитного поля с заданными параметрами. Основным параметром катушки является индуктивность, но проводник обмотки обладает активным сопротивлением и при протекании по нему тока происходит преобразование электрической энергии в тепло. Выделение тепла увеличивается при высокой частоте за счёт поверхностного эффекта и увеличения потерь в изоляции. Кроме того, витки катушки обладают электрической ёмкостью, сопротивление которой играет заметную роль при высокой частоте. Все эти сложные физические явления приводят к тому, что в различных режимах катушка изменяет свои свойства (параметры) и не всегда допустимо считать её идеальным элементом без потерь.

电感线圈是一种导线,为确保产生具有指定参数的磁场,这种导线在制造过程中会被绕成特定形状。线圈的主要参数是电感,但环绕的导线具有电阻值,当电流流过时,电能会转化为热量。在高频工作环境下,导体产生集肤效应,这导致绝缘层内导体的损耗增加,释放热量增加。另外,线圈匝之间具有电容,其容抗在高频工作环境下发挥重要作用。所有这些复杂物理现象表明:在不同模式下线圈会改变自身特性(参数),因而它并不总是理想无损耗元件。

На низких и средних частотах схема замещения катушки представляет собой последовательное соединение резистивного и индуктивного элементов (рис. 5.18(а)). Угол δ, дополняющий угол φ до $90°$ называется углом потерь (рис. 5.18(б)). Величина этого угла определяется активным напряжением или, что то же самое, активным сопротивлением, т. е. мощностью потерь RI^2. Тангенс угла потерь равен

在低频和中频时,线圈等效电路是电阻和电感的串联(图 5.18(a))。将角 φ 补充到 $90°$ 的角 δ 称为损耗角(图 5.18(б)),该角度值由有功电压或电阻(功率损耗 RI^2)决定,损耗角的正切为

$$\tan \delta = U_a/U_p = R/(\omega L)$$

Величина обратная tg δ, называется добротностью катушки

tan δ 的倒数称为线圈的品质因数

$$Q_L = 1/\tan \delta = \omega L/R$$

Чем выше добротность катушки, тем ближе она к идеальному индуктивному элементу электрической цепи.

线圈品质因数越高,越接近于电路中的理想电感元件。

В конденсаторе, включённом на синусоидальное напряжение, происходит выделение тепла в изоляции за счёт конечного значения её сопротивления, а также за счёт периодического изменения поляризации диэлектрика. Учесть потери энергии в конденсаторе можно включением в схему замещения активного сопротивления последовательно с ёмкостью или параллельно ей (рис. 5.19(а) и рис. 5.19(б)). Обе схемы эквивалентны и

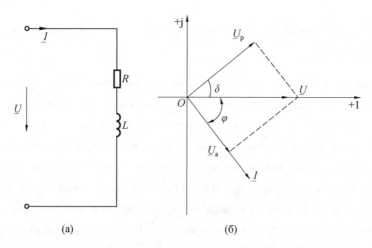

Рис. 5.18 Схема замещения катушки индуктивности и её векторная диаграмма

图 5.18 电感线圈的等效电路及相量图

различаются только значениями параметров. Если угол, дополняющий φ до $90°$ обозначить буквой δ, то из треугольника напряжений рис. 5.19(в) и эквивалентных преобразований двухполюсника можно получить соотношения параметров последовательной и параллельной схем замещения

在电容器中输入正弦电压时,绝缘层的电阻达到终值,且电介质极化发生周期性变化,这会使热量释放在绝缘层中。在计算电容器中的能量损耗时,可在等效电路中加入与电容串联或并联的等效电阻(图 5.19(a)和图 5.19(б)),这两种方案是等效的,仅参数值不同。如果用字母 δ 表示将 φ 补充到90°的角,则依据图 5.19(в)中的电压三角形和二端网络的等效变换,可得出串联和并联等效电路中的参数比值

$$R_1/R_2 = \sin^2\delta; C_2/C_1 = \cos^2\delta$$

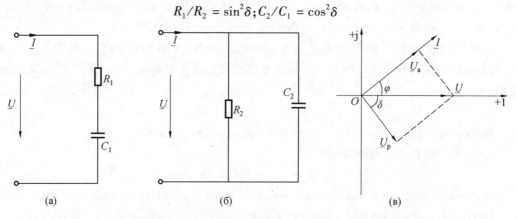

Рис. 5.19 Схемы замещения конденсатора и её векторная диаграмма

图 5.19 电容器等效电路及其相量图

Обычно угол δ у большинства конденсаторов очень мал, поэтому $R_1 \ll R_2; C_1 \approx C_2$.

大多数电容器的角 δ 都非常小,因此 $R_1 \ll R_2; C_1 \approx C_2$。

Угол δ, так же как у катушки индуктивности, называется углом потерь и для схемы замещения рис. 5.19(a) он определяется как

与电感线圈中的损耗角类似,图 5.19 的等效电路中的角 δ 也被称为损耗角,其定义为

$$\tan \delta = U_{\mathrm{a}}/U_{\mathrm{p}} = R_1 \omega C_1$$

Добротность конденсатора

电容器的品质因数

$$Q_C = 1/\tan \delta = 1/(R_1 \omega C_1)$$

Она определяет степень приближения конденсатора к идеальному ёмкостному элементу и в зависимости от типа конденсатора составляет величину 5—2000. Чем выше добротность конденсатора, тем ближе его свойства к идеальному ёмкостному элементу.

它决定电容器与理想电容元件的近似度,依据电容器的类型,品质因数范围为 5—2000。电容器的品质因数越高,其特性就越接近理想电容元件。

Новые слова и словосочетания　单词和词组

1. обмотка 绕组
2. поверхностный эффект 集肤效应
3. виток 匝,圈
4. высокая частота 高频
5. низкая частота 低频
6. средняя частота 中频
7. угол потерь 损耗角
8. добротность [阴] 品质因数
9. конечное значение 终值
10. поляризация 极化
11. диэлектрик 电介质

Вопросы для самопроверки　自测习题

1. Что представляет собой схема замещения катушки (конденсатора)? 电感线圈(电容器)的等效电路是什么?

2. Какой параметр схемы замещения катушки (конденсатора) определяет величину потерь? 电感线圈(电容器)等效电路的哪个参数决定损耗?

3. Что такое угол потерь? 什么是损耗角?

4. Как определяется добротность катушки (конденсатора)? 如何确定电感线圈(电容器)的品质因数?

5. Как связана добротность катушки (конденсатора) с частотой питания? 电感线圈(电容器)的品质因数与电源频率有何关系?

5.2.4 Смешанное соединение элементов　元件的混联

Анализ цепей со смешанным соединением элементов рассмотрим на примере параллельного соединения идеального конденсатора C и катушки индуктивности, с учётом её тепловых потерь. Схема замещения этой цепи приведена на рис. 5.20(а).

以理想电容器 C 和电感线圈的并联为例,依据线圈热损耗来分析元件的混联电路,该电路的等效电路如图5.20(a)所示。

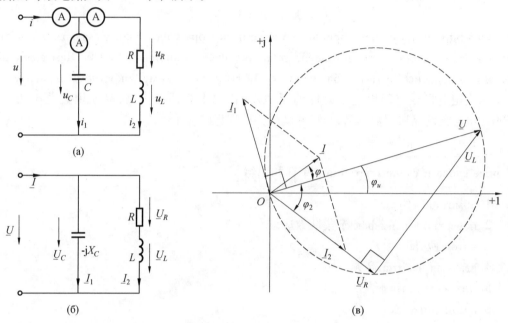

(а)

(б)

(в)

Рис. 5.20 Смешанное соединение элементов и их векторная диаграмма

图5.20 混联元件及相量图

Построим векторную диаграмму цепи (рис. 5.20(в)). Обе ветви схемы соединены параллельно, поэтому токи в них формируются независимо. Ток в первой ветви $\underline{I}_1 = \underline{I}_{1p} = \underline{U}/(-jX_C) = j\underline{U}/X_C$ чисто реактивный ёмкостный и опережает по фазе напряжение на 90°. Ток во второй ветви определяется её комплексным сопротивлением $\underline{Z}_2 = R + jX_L$. Модуль тока равен $I_2 = U/\sqrt{R^2 + X_L^2}$, а сдвиг фазы по отношению к напряжению $\varphi_2 = \arctan(X_L/R)$. Характер сопротивления ветви активно-индуктивный, поэтому ток в ней будет отставать от напряжения. Вектор напряжения на активном сопротивлении $\underline{U}_R = R\underline{I}_2$ совпадает по направлению с вектором тока $\underline{I}_2$, а вектор напряжения на индуктивном сопротивлении $\underline{U}_L = jX_L\underline{I}_2$ перпендикулярен по отношению к нему, т. к. оператором поворота j он смещён в сторону опережения. В сумме напряжения на последовательном соединении активного и индуктивного сопротивлений равны входному напряжению цепи. При этом они образуют треугольник напряжений с вершиной прямого угла, находящейся на полуокружности круговой диаграммы, по которой эта вершина перемещается при изменениях параметров катушки. Например, при уменьшении сопротивления провода $R \rightarrow 0; \underline{U}_R \rightarrow 0; \underline{U}_L \rightarrow \underline{U}; \varphi_2 \rightarrow \pi/2$, и свойства катушки приближаются к идеальному индуктивному элементу. Аналогично можно проследить влияние вариации других параметров на фазовые соотношения в цепи.

图 5.20(в)是与等效电路对应的相量图。等效电路的两条支路是并联，因此它们的电流相互独立。第一条支路中的电流 $\underline{I}_1 = \underline{I}_{1\mathrm{p}} = \underline{U}/(-\mathrm{j}X_C) = \mathrm{j}\underline{U}/X_C$ 是无功电容电流，相位比电压超前 $90°$。第二条支路中的电流由复阻抗 $\underline{Z}_2 = R + \mathrm{j}X_L$ 决定，电流模为 $I_2 = U/\sqrt{R^2 + X_L^2}$，相位相对于电压相位相移 $\varphi_2 = \arctan(X_L/R)$，该支路具有阻感特性，因此其电流将滞后于电压。电阻电压相量 $\underline{U}_R = R\underline{I}_2$ 与电流相量 $\underline{I}_2$ 方向重合，而电感电压相量 $\underline{U}_L = \mathrm{j}X_L\underline{I}_2$ 与之垂直，这是因为旋转算子 j 使其前移，电阻和电感串联时的电压和等于电路输入电压。在这种情况下，它们形成一个电压三角形，该三角形的直角顶点位于相量圆的半圆上，该顶点随线圈参数的变化沿该半圆移动。例如，当减小线圈的电阻，使 $R \to 0; \underline{U}_R \to 0; \underline{U}_L \to \underline{U}; \varphi_2 \to \pi/2$，线圈近似于理想电感元件。同样，可研究其他参数对电路中相位关系的影响。

Рассмотрим задачу определения токов в цепи рис. 5.20(а), а при заданных параметрах элементов и входном напряжении. Ход решения такой задачи на переменном токе ничем не отличается от аналогичной задачи для цепи постоянного тока, с той лишь разницей, что все расчёты нужно производить с комплексными числами. Пусть напряжение на входе цепи равно $u = 14,1\sin(\omega t + \pi/6)$ В. Частота питания $f = 50$ Гц; ёмкость конденсатора $C = 90$ мкФ; сопротивление катушки $R = 10$ Ом; индуктивность катушки $L = 100$ мГн.

我们来分析图 5.20(a)电路中的电流，其中元件参数和输入电压是给定的。在交流电路中这个问题的求解过程与在直流电路中基本相同，唯一区别在于所有计算必须以复数形式进行。假设电路输入端的电压为 $u = 14.1\sin(\omega t + \pi/6)$ V。电源频率 $f = 50$ Hz，电容 $C = 90$ μF，线圈电阻 $R = 10$ Ω，电感 $L = 100$ mH。

Вначале определим комплексные параметры цепи (рис. 5.20(6)). Комплексное напряжение на входе цепи— $\underline{U} = \dfrac{U_{\mathrm{m}}}{\sqrt{2}}\mathrm{e}^{\mathrm{j}\pi/6} = \dfrac{14,1}{\sqrt{2}}\mathrm{e}^{\mathrm{j}\pi/6} = 10 \cdot \mathrm{e}^{\mathrm{j}\pi/6}$, угловая частота питания— $\omega = 2\pi f = 314,16$ рад/с. Сопротивления элементов $X_L = \omega L = 314,16 \cdot 100 \cdot 10^{-3} = 31,416$ Ом, $X_C = 1/(\omega C) = 1/(314,16 \cdot 90 \cdot 10^{-6}) = 35,368$ Ом. Комплексные сопротивления ветвей— $\underline{Z}_1 = -\mathrm{j}X_C = -\mathrm{j}35,368 = 35,368\mathrm{e}^{-\mathrm{j}\pi/2}$ Ом, $\underline{Z}_2 = R + \mathrm{j}X_L = 10 + \mathrm{j}31,416 = 32,97\mathrm{e}^{\mathrm{j}1,263}$ Ом.

首先需要确定电路的复数参数（图 5.20（6））。电路输入端复电压为 $\underline{U} = \dfrac{U_{\mathrm{m}}}{\sqrt{2}}\mathrm{e}^{\mathrm{j}\pi/6} = \dfrac{14.1}{\sqrt{2}}\mathrm{e}^{\mathrm{j}\pi/6} = 10 \cdot \mathrm{e}^{\mathrm{j}\pi/6}$，电源角频率为 $\omega = 2\pi f = 314.16$ rad / s，元件电抗 $X_L = \omega L = 314.16 \cdot 100 \cdot 10^{-3} = 31.416$ Ω，$X_C = 1/(\omega C) = 1/(314.16 \cdot 90 \cdot 10^{-6}) = 35.368$ Ω。两条支路的复阻抗分别为：$\underline{Z}_1 = -\mathrm{j}X_C = -\mathrm{j}35.368 = 35.368\mathrm{e}^{-\mathrm{j}\pi/2}$ Ω，$\underline{Z}_2 = R + \mathrm{j}X_L = 10 + \mathrm{j}31.416 = 32.97\mathrm{e}^{\mathrm{j}1.263}$ Ω。

Теперь по закону Ома определим комплексные токи в ветвях

根据欧姆定律，可确定支路中的复电流

$$\underline{I}_1 = \frac{\underline{U}}{-\mathrm{j}X_C} = \frac{10\mathrm{e}^{\mathrm{j}\pi/6}}{35.368\mathrm{e}^{-\mathrm{j}\pi/2}} = 0.283\mathrm{e}^{\mathrm{j}(\pi/6+\pi/2)} = 0.283\mathrm{e}^{\mathrm{j}2\pi/3} = -0.141 + \mathrm{j}0.245\mathrm{A};$$

$$\underline{I}_2 = \frac{\underline{U}}{\underline{Z}_2} = \frac{10\mathrm{e}^{\mathrm{j}\pi/6}}{32.97\mathrm{e}^{\mathrm{j}1.263}} = 0.303\mathrm{e}^{\mathrm{j}(\pi/6-1.263)} = 0.303\mathrm{e}^{-\mathrm{j}0.74} = 0.224 - \mathrm{j}0.204\mathrm{A};$$

$$\underline{I} = \underline{I}_1 + \underline{I}_2 = 0.083 + 0.041 = 0.092\mathrm{e}^{\mathrm{j}0.455}\mathrm{A}$$

Из полученных результатов следует, что при данных параметрах элементов амперметры, включённые в ветвях цепи и на её входе, покажут значения тока в конденсаторе и катушке равные $A_1 = 0,283$ А и $A_2 = 0,302$ А, в то время как ток на входе цепи будет в несколько раз меньше и составит $A = 0,092$ А. Отмеченные соотношения токов видны и на векторной диаграмме рис. 5.20(в), где модули векторов $\underline{I}_1$ и $\underline{I}_2$ существенно больше модуля вектора $\underline{I}$. Это связано с тем, что законы Кирхгофа в цепи переменного тока справедливы только для мгновенных значений и комплексных величин. Для действующих значений законы Кирхгофа будут выполняться только в том случае, если все элементы цепи одного типа, т. е., если все они резистивные или индуктивные или ёмкостные элементы.

由所得结果可推导出:当电路支路及其输入端接入电流表时,流经电容器和电感线圈的电流值等于 $A_1 = 0.283$ A 和 $A_2 = 0.302$ A,此时电路输入端的电流为 $A = 0.092$ A,比支路电流小若干倍。上述电流关系如相量图5.20 (в) 所示,其中相量 $\underline{I}_1$ 和 $\underline{I}_2$ 的模量明显大于相量 $\underline{I}$ 的模。这是因为在交流电路中的基尔霍夫定律仅适用于瞬时值和复数形式。仅当电路所有元件均为同一类型时,即它们都是电阻元件、电感元件或电容元件时,基尔霍夫定律才适用于有效值。

Новые слова и словосочетания　单词和词组

1. тепловая потеря 热损耗
2. опережение 前移,超前
3. полуокружность ［阴］半圆

5.2.5 Комплексный метод расчёта цепей переменного тока　交流电路复数计算方法

В цепях переменного тока с несколькими ветвями и элементами практически невозможно выполнить анализ режима работы, если основные величины будут представлены синусоидальными функциями, т. к. при этом получаются сложные тригонометрические уравнения. В случае представления функций и параметров цепи комплексными числами математическое описание сводится к линейным алгебраическим уравнениям, решение которых не вызывает затруднений. Метод расчёта цепей переменного тока, основанный на таком способе алгебраизации, называется комплексным методом. Алгоритм применения метода состоит из трёх этапов:

在分析具有多条支路和元件的交流电路时,如果采用正弦函数表示相关数值,将无法分析电路的工作条件,因为在此过程中会出现复杂的三角方程。在用复数表示这种电路特性和参数时,可将数学描述转化为线性代数方程,从而简化求解过程。在计算交流电路时,这种基于代数化的方法被称为复数方法。该计算方法包含三个步骤:

(1) Представление всех величин и параметров цепи комплексными числами. Здесь для облегчения задачи целесообразно составление расчётной схемы электрической цепи, на которой все данные указаны в комплексной форме.

用复数表示电路中所有的数值和参数。为简化计算,需绘制电路图,在该电路图中所有数据以复数形式表示。

(2) Определение искомых величин любым методом, известным из теории цепей постоянного тока.

利用直流电路中已有理论方法求解数值。

(3) Преобразование, если требуется, полученных величин в форму представления их синусоидальными функциями времени.

必要时,将求得的复数值转换为以时间为变量的正弦函数。

Проиллюстрируем применение комплексного метода на примере электрической цепи рис. 5.21(a).

我们以图 5.21(a)所示电路为例来分析复数方法的应用过程。

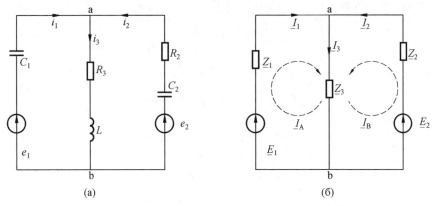

Рис. 5.21 Применение комплексного метода

图 5.21 复数方法的应用

Здесь: $e_1 = 14,1\sin(\omega t + \pi/6)$ В, $e_2 = 28,2\sin(\omega t - \pi/4)$ В, $R_2 = 2$ Ом, $R_3 = 5$ Ом, $L = 100$ мГн, $C_1 = 50$ мкФ, $C_2 = 80$ мкФ, $f = 50$ Гц. Требуется определить токи в ветвях цепи и составить баланс мощностей.

已知: $e_1 = 14.1\sin(\omega t + \pi/6)$ V, $e_2 = 28.2\sin(\omega t - \pi/4)$ V, $R_2 = 2$ Ω, $R_3 = 5$ Ω, $L = 100$ mH, $C_1 = 50$ μF, $C_2 = 80$ μF, $f = 50$ Hz。需要确定电路支路中的电流并验证功率平衡。

Зададим положительные направления токов в ветвях так, как это показано на рисунке 5.21 и, представив все величины и параметры цепи комплексными числами

如图 5.21 所示,我们来设定支路中电流的正方向,并用复数表示电路的所有数值和参

数

$$\underline{E}_1 = \frac{E_{1m}}{\sqrt{2}} \mathrm{e}^{\mathrm{j}\pi/6} = 10 \mathrm{e}^{\mathrm{j}\pi/6} \text{ V}; \; \underline{E}_2 = \frac{E_{2m}}{\sqrt{2}} \mathrm{e}^{-\mathrm{j}\pi/4} \text{ V}; \; \omega = 2\pi f = 314.16 \text{ rad/s};$$

$$\underline{Z}_1 = -\mathrm{j}X_{C_1} = -\mathrm{j}\frac{1}{\omega C_1} = -\mathrm{j}35.37 \ \Omega; \; \underline{Z}_2 = R_2 - \mathrm{j}X_{C_2} = R_2 - \mathrm{j}\frac{1}{\omega C_2} = 2 - \mathrm{j}39.79 \ \Omega;$$

$$\underline{Z}_3 = R_3 + \mathrm{j}X_L = R_2 + \omega L = 5 + \mathrm{j}31.42 \ \Omega$$

составим расчётную схему рис. 5.21.

绘制电路图 5.21.

1. Решение непосредственным применением законов Кирхгофа 直接应用基尔霍夫定律的求解

Выберем произвольно два контура в цепи рис. 5.21(6) (А и В) и составим для этих контуров и узла а уравнения Кирхгофа

在图 5.21(6)的电路中,任意选择两个回路(A 和 B),并为这些回路和结点 a 构建基尔霍夫方程

$$\mathrm{a}: \underline{I}_1 + \underline{I}_2 - \underline{I}_3 = 0$$

$$\mathrm{A}: \underline{Z}_1 \underline{I}_1 + \underline{Z}_3 \underline{I}_3 = \underline{E}_1$$

$$\mathrm{B}: \underline{Z}_2 \underline{I}_2 + \underline{Z}_3 \underline{I}_3 = \underline{E}_2$$

или в матричной форме

或以矩阵的形式表示

$$\begin{Vmatrix} 1 & 1 & -1 \\ \underline{Z}_1 & 0 & \underline{Z}_3 \\ 0 & \underline{Z}_2 & \underline{Z}_3 \end{Vmatrix} \begin{Vmatrix} \underline{I}_1 \\ \underline{I}_2 \\ \underline{I}_3 \end{Vmatrix} = \begin{Vmatrix} 0 \\ \underline{E}_1 \\ \underline{E}_2 \end{Vmatrix}$$

В результате решения этой системы уравнений мы получим комплексные токи в ветвях и соответствующие им синусоидальные функции

通过解方程组,求得支路中的复电流和相应的正弦函数

$$\underline{I}_1 = -0.070 - \mathrm{j}0.622 = 0.625 \mathrm{e}^{-\mathrm{j}96.43°} \Leftrightarrow i_1 = 0.625\sqrt{2} \sin(314.16t - 96.43°) \text{A};$$

$$\underline{I}_2 = 0.325 - \mathrm{j}0.873 = 0.932 \mathrm{e}^{-\mathrm{j}69.57°} \Leftrightarrow i_2 = 0.932\sqrt{2} \sin(314.16t - 69.57°) \text{A}; \quad (5.40)$$

$$\underline{I}_3 = 0.255 - \mathrm{j}1.495 = 1.516 \mathrm{e}^{-\mathrm{j}80.31°} \Leftrightarrow i_3 = 1.516\sqrt{2} \sin(314.16t - 80.31°) \text{A}$$

2. Решение методом контурных токов　回路电流法

Для двух выбранных ранее контуров (рис. 5.21(6)) составим уравнения по второму закону Кирхгофа для контурных токов

对于两个之前选定的回路(图 5.21(6)),可根据基尔霍夫第二定律,为回路电流列写方程

$$
\text{A}: (\underline{Z}_1 + \underline{Z}_3)\underline{I}_\text{A} + \underline{Z}_3\underline{I}_\text{B} = \underline{E}_1 \quad \Leftrightarrow \quad
\begin{Vmatrix} \underline{Z}_1 + \underline{Z}_3 & \underline{Z}_3 \\ \underline{Z}_3 & \underline{Z}_2 + \underline{Z}_3 \end{Vmatrix}
\begin{Vmatrix} \underline{I}_\text{A} \\ \underline{I}_\text{B} \end{Vmatrix} =
\begin{Vmatrix} \underline{E}_1 \\ \underline{E}_2 \end{Vmatrix}
$$
$$
\text{B}: \underline{Z}_3\underline{I}_\text{A} + (\underline{Z}_2 + \underline{Z}_3)\underline{I}_\text{B} = \underline{E}_2
$$

В результате решения мы получим контурные токи

通过解方程组,求得回路电流

$$
\underline{I}_\text{A} = -0.070 - j0.622 \text{ A}; \underline{I}_\text{B} = 0.325 - j0.873 \text{ A}
$$

а затем истинные комплексные токи в ветвях

然后得到支路中实际复电流

$$
\underline{I}_1 = \underline{I}_\text{A}; \underline{I}_2 = \underline{I}_\text{B}; \underline{I}_3 = \underline{I}_\text{A} + \underline{I}_\text{B} = 0.255 - j1.495 \text{ A}
$$

3. Решение методом двух узлов　结点电压法

Пользуясь этим методом можно определить комплексное напряжение между узлами

该方法可确定结点之间的复数电压

$$
\underline{U}_\text{ab} = \frac{\dfrac{\underline{E}_1}{\underline{Z}_1} + \dfrac{\underline{E}_2}{\underline{Z}_2}}{\dfrac{1}{\underline{Z}_1} + \dfrac{1}{\underline{Z}_2} + \dfrac{1}{\underline{Z}_3}} = 48.23 + j0.54 = 48.23e^{j0.64°} \text{ V}
$$

а затем по закону Ома найти токи в ветвях

然后根据欧姆定律,在支路中求解电流

$$
\underline{I}_1 = (\underline{E}_1 - \underline{U}_\text{ab})/\underline{Z}_1 = -0.070 - j0.622 \text{ A};
$$
$$
\underline{I}_2 = (\underline{E}_2 - \underline{U}_\text{ab})/\underline{Z}_2 = 0.325 - j0.873 \text{ A};
$$
$$
\underline{I}_3 = \underline{U}_\text{ab}/\underline{Z}_3 = 0.255 - j1.495 \text{ A}
$$

Здесь следует обратить внимание на то, что модуль напряжения между узлами цепи существенно превосходит не только модули ЭДС источников, но и их сумму. Это является следствием сложных электромагнитных процессов в цепях переменного тока, существенное влияние в которых имеют процессы обмена энергией между электрическими и магнитными полями. Наличие таких перенапряжений и их конкретное значение зависит от схемы и параметров цепи, и оно может быть определено только в результате расчётов, подобных данной задаче.

此时应注意,电路结点之间电压的模不仅明显大于电源电动势的模,而且还大于它们的总和,这是由于交流电路中存在复杂的电磁过程,在能量交换过程中,电场和磁场发挥了重要作用。这种过电压的存在与否及其具体值都取决于电路结构和参数,这只能依据计算结果来确定。

4. Решение методом наложения　叠加求解法

Для решения задачи этим методом составим две расчётные схемы цепи, исключив из исходной схемы сначала второй источник ЭДС, а затем первый (рис. 5.22(а) и рис. 5.22(б)).

电 路 分 析

在使用该方法求解时,需要绘制两个拆分电路图,首先从原始电路中去除第二个电源电动势,然后再去除第一个(图5.22(а)和图5.22(б))。

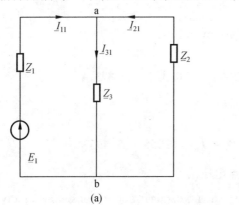 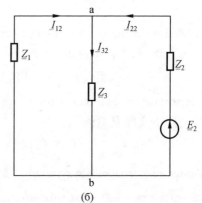

Рис. 5.22 Расчётные схемы цепи

图5.22 拆分电路

Токи в расчётной схеме рис. 5.22(а) можно найти, например, с помощью эквивалентных преобразований и закона Ома

在图5.22(а)的拆分电路图中,可利用等效变换和欧姆定律求得电流

$$\underline{I}_{11} = \frac{\underline{E}_1}{\underline{Z}_1 + \dfrac{\underline{Z}_2\,\underline{Z}_3}{\underline{Z}_2 + \underline{Z}_3}} = 0.111 + j0.037 \text{ A};$$

$$\underline{I}_{21} = \frac{\underline{I}_{11}\,\underline{Z}_3}{\underline{Z}_2 + \underline{Z}_3} = -0.295 + j0.173 \text{ A};$$

$$\underline{I}_{31} = \frac{\underline{I}_{11}\,\underline{Z}_2}{\underline{Z}_2 + \underline{Z}_3} = 0.406 - j0.135 \text{ A}$$

Аналогично для схемы рис. 5.22(6)

类似地,在拆分电路图5.22 (6) 中

$$\underline{I}_{22} = \frac{\underline{E}_2}{\underline{Z}_2 + \dfrac{\underline{Z}_1\,\underline{Z}_3}{\underline{Z}_1 + \underline{Z}_3}} = 0.030 - j0.700 \text{ A};$$

$$\underline{I}_{12} = \frac{\underline{I}_{22}\,\underline{Z}_3}{\underline{Z}_1 + \underline{Z}_3} = 0.181 + j0.659 \text{ A};$$

$$\underline{I}_{32} = \frac{\underline{I}_{22}\,\underline{Z}_1}{\underline{Z}_1 + \underline{Z}_3} = -0.151 - j1.359 \text{ A}$$

Теперь комплексные токи в ветвях можно определить как суммы частичных токов с учётом их знака, т. е. с учётом направления протекания частичных токов по отношению к положительному направлению тока в ветви. Если направление частичного тока совпадает с положительным направлением, то он суммируется, в противном случае—вычитается.

现在可将支路中的复电流定义为基于方向的局部电流之和,即求和时需要考虑局部电流方向和支路电流的正向是否一致。若局部电流方向与支路电流正向一致,局部电流相加,否则相减。

$$\underline{I}_1 = \underline{I}_{11} - \underline{I}_{12} = -0.070 - j0.622 \text{ A};$$

$$\underline{I}_2 = \underline{I}_{22} - \underline{I}_{21} = 0.325 - j0.873 \text{ A};$$

$$\underline{I}_3 = \underline{I}_{31} + \underline{I}_{32} = 0.255 - j1.495 \text{ A}$$

Таким образом, в результате решения задачи четырьмя различными методами мы, как следовало ожидать, получили одинаковые значения комплексных токов в ветвях. Составим теперь для расчётной цепи баланс мощностей.

因此,这四种求解方法都能求得支路中的复电流,数值相同。现在我们来分析功率平衡。

Активная мощность приёмников $P_\text{п}$ соответствует энергии, преобразуемой в резистивных элементах цепи

负载的有功功率 $P_\text{п}$ 对应于电路中电阻元件转换的能量

$$P_{R_2} = I_2^2 R_2 = 0.932^2 \cdot 2 = 1.74 \text{ W};$$

$$P_{R_3} = I_3^2 R_3 = 1.516^2 \cdot 5 = 11.49 \text{ W};$$

$$P_\text{п} = P_{R_2} + P_{R_3} = 13.23 \text{ W}$$

Реактивная мощность приёмников $Q_\text{п}$, соответствующая интенсивности обмена энергией между источниками и пассивной частью цепи, определяется как алгебраическая сумма мощностей реактивных элементов

无功功率 $Q_\text{п}$ 表示电路电源与无源负载之间的能量交换强度,等于无功元件功率的代数和

$$Q_{C_1} = I_1^2 X_{C_1} = 0.625^2 \cdot 63.66 = 24.90 \text{ Var};$$

$$Q_{C_2} = I_2^2 X_{C_2} = 0.932^2 \cdot 39.78 = 34.53 \text{ Var};$$

$$Q_L = I_3^2 X_L = 1.516^2 \cdot 31.41 = 72.22 \text{ Var};$$

$$Q_\text{п} = -Q_{C_1} - Q_{C_2} + Q_L = 12.78 \text{ Var}$$

Здесь следует обратить внимание, что реактивные мощности отдельных элементов значительно превосходят суммарную мощность обмена энергией с источниками. Это означает, что в цепи происходит интенсивный обмен энергией между приёмниками, следствием которого являются отмеченные ранее перенапряжения в узлах. Активная мощность источников ЭДС, поставляющих энергию в цепь, $P_\text{и}$ равна сумме мощностей каждого из источников

应该注意的是,单个元件的无功功率远大于它们与电源进行能量交换的功率之和。这

表明电路器件之间始终进行着能量交换,这导致结点间出现前文提及的过电压。电动势电源向电路提供的有功功率 $P_и$ 等于每个电源的有功功率之和

$$P_{e_1} = E_1 I_1 \cos \varphi_1 = E_1 I_1 \cos(\psi_{e_1} - \psi_{i_1}) = 10 \cdot 0.625 \cdot \cos(30° + 96.43°) = -3.71 \text{ W};$$

$$P_{e_2} = E_2 I_2 \cos \varphi_2 = E_2 I_2 \cos(\psi_{e_2} - \psi_{i_2}) = 20 \cdot 0.932 \cdot \cos(-45° + 69.57°) = 16.94 \text{ W};$$

$$P_и = P_{e_1} + P_{e_2} = 13.23 \text{ W}$$

Отрицательное значение активной мощности первого источника ЭДС означает, что он является приёмником, а не источником электрической энергии.

第一个电动势电源的有功功率为负值,这表明它是一个负载,而不是电能电源。

Реактивная мощность источников определяется как

电源的无功功率为

$$Q_{e_1} = E_1 I_1 \sin \varphi_1 = E_1 I_1 \sin(\psi_{e_1} - \psi_{i_1}) = 10 \cdot 0.625 \cdot \sin(30° + 96.43°) = 5.03 \text{ Var};$$

$$Q_{e_2} = E_2 I_2 \sin \varphi_2 = E_2 I_2 \sin(\psi_{e_2} - \psi_{i_2}) = 20 \cdot 0.932 \cdot \sin(-45° + 69.57°) = 7.75 \text{ Var};$$

$$Q_и = Q_{e_1} + Q_{e_2} = 12.78 \text{ Var}$$

Таким образом, в рассмотренной электрической цепи существует баланс преобразования энергии и её обмена между источниками и пассивными элементами.

因此,在所研究的电路中,电源和无源元件之间的能量转换也存在平衡。

Новые слова и словосочетания　　单词和词组

1. тригонометрическое уравнение 三角方程
2. алгебраизация 代数化
3. перенапряжение 过电压

5.2.6 Резонанс в электрических цепях　　电路谐振

Резонансом называется режим пассивного двухполюсника, содержащего индуктивные и ёмкостные элементы, при котором его входное реактивное сопротивление равно нулю. Следовательно, при резонансе ток и напряжение на входе двухполюсника имеют нулевой сдвиг фаз. Явление резонанса широко используется в технике, но может также вызывать нежелательные эффекты, приводящие к выходу из строя оборудования. Простейший двухполюсник, в котором возможен режим резонанса, должен содержать один индуктивный элемент и один ёмкостный. Эти элементы можно включить в одну ветвь, т. е. последовательно, или в параллельные ветви. Рассмотрим свойства такого двухполюсника, называемого резонансным контуром, при различных включениях.

谐振是无源二端网络的一种特殊形式,它包含电感元件和电容元件,但输入电抗为零。因此,在谐振时,二端网络输入端的电流和电压具有零相移。谐振现象已广泛应用于技术设备,但也会引起不良反应,使设备发生故障。存在谐振现象的最简单的二端网络必须包含一个电感元件和一个电容元件,这些元件可接入同一条支路中,即串联连接的支路或并联连接的支路。下面我们将研究这种被称为谐振电路且具有不同连接方式的二端网络的特性。

1. Резонанс напряжений　电压谐振

Последовательное соединение катушки индуктивности и конденсатора соответствует схеме замещения с последовательным соединением резистивного, индуктивного и ёмкостного элементов. Резистивный элемент цепи соответствует сопротивлению провода катушки, но может быть также специально включённым резистором.

电感线圈和电容器串联时的等效电路为电阻元件、电感元件和电容元件的串联，电路中的电阻元件对应于线圈导线的电阻，也可以是专门接入的电阻器。

Резонанс в этой цепи возникает, если

电路中产生谐振的条件为

$$X = X_L - X_C = 0 \Leftrightarrow X_L = X_C \Leftrightarrow \omega L = \frac{1}{\omega C} \tag{5.41}$$

В этом случае противоположные по фазе напряжения на индуктивном и ёмкостном сопротивлении равны $U_L = U_C$ и компенсируют друг друга (рис. 5.23). Поэтому резонанс в последовательной цепи называют резонансом напряжений.

在这种条件下，感抗和容抗的电压相位相反，大小相等 $U_L = U_C$ ，相互补偿（图5.23）。因此，串联电路中的谐振被称为电压谐振。

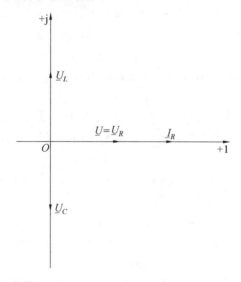

Рис. 5.23 Векторная диаграмма резонанса напряжения

图5.23 电压谐振相量图

Условие резонанса (5.41) можно выполнить тремя способами: изменением частоты питания ω , индуктивности L или ёмкости C . Из выражения (5.41) можно определить частоту, при которой наступает режим резонанса или резонансную частоту

可通过三种方式产生公式(5.41)中的谐振：调节电源频率 ω 、电感 L 或电容 C 。根据公式(5.41)，我们可确定谐振模式下的频率或谐振频率

$$\omega_0 = \frac{1}{\sqrt{LC}} \tag{5.42}$$

Индуктивное и ёмкостное сопротивления при резонансе равны

谐振时的感抗和容抗等于

$$\rho = \omega_0 L = \frac{1}{\omega_0 C} = \sqrt{\frac{L}{C}} \tag{5.43}$$

Эта величина называется характеристическим сопротивлением.

该值称为特性电抗。

Отношение характеристического сопротивления к активному сопротивлению называется добротностью резонансного контура

特性电抗与电阻之间的比值称为谐振电路的品质因数

$$Q = \rho / R$$

Рассмотрим характерные особенности резонанса напряжений.

我们来研究电压谐振的特征。

（1）Так как реактивное сопротивление последовательного контура в режиме резонанса равно нулю, то его полное сопротивление минимально и равно активному сопротивлению

在谐振模式下串联电路的电抗为零,它的阻抗模最小,等于电阻

$$Z_0 = \sqrt{R^2 + X^2} = R \mid_{X=0}$$

Вследствие этого входной ток при резонансе максимален и ограничен только активным сопротивлением контура $I_0 = U / Z_0 = U / R$. По максимуму тока можно обнаружить режим резонанса и это используется в технике при настройке резонансных контуров. В то же время возрастание тока может быть опасно для оборудования, в котором возникает резонанс напряжений.

由此得出,谐振时的输入电流最大,并且仅受回路中电阻的限制 $I_0 = U / Z_0 = U / R$。借助最大电流可寻找谐振模式,该技术应用于调试谐振回路。另外,电流的增加会给产生电压谐振的设备带来风险。

（2）В режиме резонанса напряжения на отдельных элементах контура составляют

在谐振模式下,电路各个元件电压为

$$U_R = RI_0 ; U_L = X_L I_0 ; U_C = X_C I_0 \tag{5.44}$$

Из равенства（5.41）следует, что $U_L = U_C$ и входное напряжение контура становится равным напряжению на резистивном элементе.

从等式(5.41)可得出, $U_L = U_C$,电路输入电压等于电阻元件电压。

$$\underline{U} = U_R + j(U_L - U_C) = U_R$$

При этом индуктивное и ёмкостное сопротивления могут быть больше активного $X_L = X_C > R$. Тогда напряжения на реактивных элементах будут больше входного напряжения. Коэффициент усиления напряжения равен добротности контура.

此时感抗和容抗可大于电阻,即 $X_L = X_C > R$,无源元件上的电压将大于输入电压,电压增益等于电路的品质因数。

$$Q = \frac{U_L}{U_R} = \frac{U_C}{U_R} = \frac{X_L I_0}{RI_0} = \frac{X_L}{R} = \frac{X_C}{R} = \frac{\omega_0 L}{R} = \frac{\rho}{R}$$

В радиотехнических устройствах добротность резонансного контура составляет 200—

500. Эффект усиления напряжения в резонансном контуре широко используется в радиотехнике и автоматике, но в энергетических установках он, как правило, нежелателен, т. к. может вызывать крайне опасные перенапряжения.

在无线电设备中,谐振电路的品质因数在 200 到 500 之间。谐振电路中的电压放大作用已广泛用于无线电设备和自动装置中,但一般不用于发电设备,因为这样会产生极其危险的过电压。

（3） Активная мощность $P = I_0^2 R$, потребляемая контуром при резонансе максимальна, т. к. максимален ток. Реактивные мощности индуктивного и ёмкостного элементов равны $I_0^2 X_L = I_0^2 X_C$ и превышают активную мощность в Q раз, если $Q > 1$.

谐振时的电流最大,这使电路消耗的有功功率最大, $P = I_0^2 R$ 。电感元件和电容元件的无功功率等于 $I_0^2 X_L = I_0^2 X_C$,当 $Q > 1$ 时,无功功率是有功功率的 Q 倍。

Для понимания энергетических процессов, происходящих в резонансном контуре, определим сумму энергий электрического и магнитного полей. Пусть ток в контуре в режиме резонанса равен $i = I_m \sin \omega_0 t$. Тогда напряжение на ёмкости отстаёт на $90°$ и равно $u_C = - U_m \cos \omega_0 t$ (рис. 5.24). Отсюда

为了理解谐振电路中的能量变化过程,需确定电场和磁场的能量之和。假设电路谐振时的电流为 $i = I_m \sin \omega_0 t$,此时电容器两端的电压滞后电流 $90°$, $u_C = - U_m \cos \omega_0 t$ （图 5.24）。由此得出

$$w = w_L + w_C = \frac{Li^2}{2} + \frac{Cu_C^2}{2} = \frac{LI_m^2}{2} \sin^2 \omega_0 t + \frac{CU_{Cm}^2}{2} \cos^2 \omega_0 t;$$

$$U_{Cm} = I_m \frac{1}{\omega_0 C} = I_m \sqrt{\frac{L}{C}} \Rightarrow \frac{CU_{Cm}^2}{2} = \frac{LI_m^2}{2};$$

$$w = w_L + w_C = \frac{LI_m^2}{2} = \frac{CU_{Cm}^2}{2} = \text{const};$$

$$w = w_L + w_C = \text{const}$$

где w_L —энергия магнитного поля, накопленная в индуктивности L. w_C — энергия электрического поля, накопленная в ёмкости C. w— сумма энергий электрического и магнитного полей,

其中 w_L 为电感 L 储存的磁能, w_C 为电容 C 储存的电能, w 为电场和磁场的能量之和。

т. е. при резонансе происходит периодический процесс обмена энергией между магнитным и электрическим полем, но суммарная энергия полей остаётся постоянной и определяется индуктивностью L и ёмкостью C контура (рис. 5.24). При этом источник питания поставляет в контур только энергию, идущую на покрытие тепловых потерь в резисторе, и совершенно не участвует в процессе её обмена между полями.

即在谐振时,磁场和电场之间会发生周期性的能量交换,但磁场和电场的总能量保持恒定,由电感 L 和电容 C 决定(图 5.24)。此时,电源提供的能量仅用于弥补电阻的热量损失,完全不参与磁场和电场之间的能量交换。

Помимо параметров, определяющих свойства контура на частоте резонанса, для технических приложений важно знать его свойства в некотором диапазоне частот. Зависи-

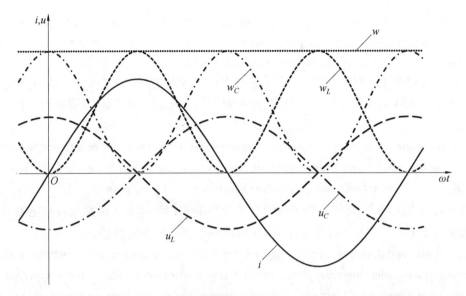

Рис. 5.24 Временная диаграмма токов, напряжений и энергий в режиме резонанса

图 5.24 电压谐振时电流、电压和能量的波形图

мость параметров электрической цепи от частоты входного напряжения или тока называется частотной характеристикой.

在技术应用过程中,需要确定谐振频率下的电路特性参数,此外,了解特定频率范围内的电路特性也具有重要意义。电路参数与输入电压或电流频率的相关性被称为频率特性曲线。

Из трёх параметров резонансного контура два являются частотно зависимыми: индуктивное и ёмкостное сопротивления. При частотах ниже резонансной $X_C > X_L$ и реактивное сопротивление цепи имеет ёмкостный характер, т. е. $\varphi < 0$ (рис. 5.25(а) и рис. 5.25(6)). Причём при нулевой частоте $X_L(0) = 0; X(0) = -X_C(0) = -\infty$, и контур является ёмкостным элементом с углом сдвига фаз $\varphi = -\pi/2$. Сдвиг фаз на $90°$ при постоянном токе соответствует нулевому значению тока при максимуме напряжения. После точки резонанса $X_L > X_C$, реактивное сопротивление становится индуктивным и в пределе стремится к бесконечности $X_C(\infty) = 0; X(\infty) = X_L(\infty) = +\infty$, а фазовый сдвиг $\varphi \xrightarrow{\omega \to \infty} \pi/2$.

在谐振回路的三个参数中,有两个参数与频率相关:感抗和容抗。在低于谐振频率时,$X_C > X_L$,电路的电抗具有电容特性,即 $\varphi < 0$(图 5.25(a)和图 5.25(6))。此外,在零频率时,$X_L(0) = 0; X(0) = -X_C(0) = -\infty$,回路是一个具有相角 $\varphi = -\pi/2$ 的电容元件。在直流电中相移为 $90°$ 时,电流为零,电压达到最大值。在谐振点 $X_L > X_C$ 时,电路电抗具有感抗特性,在频率趋于无穷大极限时 $X_C(\infty) = 0; X(\infty) = X_L(\infty) = +\infty$,相移为 $\varphi \xrightarrow{\omega \to \infty} \pi/2$。

К частотным характеристикам относятся и зависимости от частоты токов и напряжений в двухполюсниках, в которых возможен резонанс. Такие характеристики называют резонансными кривыми. Резонансные кривые для последовательного контура приведены на рис. 5.25(6) и рис. 5.25(в). Кроме отмеченного ранее максимума тока в точке ре-

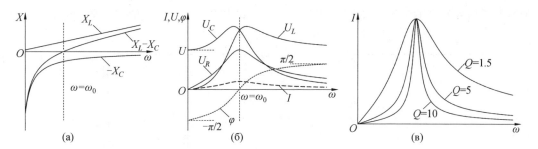

Рис. 5.25 Частотные характеристики последовательного включения цепи в режиме резонанса

图 5.25 串联谐振时的频率特性

зонанса, из этих кривых видно, что напряжения на индуктивном и ёмкостном элементах также имеют максимумы одинаковые по значению, но смещённые относительно частоты резонанса. Максимум ёмкостного элемента смещён в сторону меньших частот, а максимум индуктивного—в сторону больших. Значение максимумов и их смещение зависят от добротности контура. С увеличением добротности максимальные значения увеличиваются, а их частоты стремятся к частоте резонанса. Добротность влияет также на максимум и крутизну резонансной кривой тока (рис. 5.25(в)). С ростом добротности максимум и крутизна кривой увеличиваются. Чем круче и острее резонансная кривая тока, тем выше избирательность контура, т. е. его реакция на определённую резонансную частоту. В радиотехнике и автоматике это свойство резонансного контура используется для выделения сигнала заданной частоты.

频率特性还包括二端网络中电流和电压随频率变化的特性曲线,在频率变化时可能会发生谐振,这种特性曲线称为谐振曲线。串联电路的谐振曲线如图5.25(б)和图5.25(в)所示。除了之前在谐振点处标注的最大电流外,在这些曲线上可看出,电感元件和电容元件上的电压也具有相同的最大值,但相对于谐振频率产生了偏移。电容元件最大值偏向较低的频率,而电感元件最大值偏向较高的频率。最大值及其偏移频率取决于电路的品质因数,随着品质因数的增加,最大值增加,并且它们的频率趋向于谐振频率。品质因数还影响谐振电流曲线的最大值和尖锐程度(图5.25(в))。随着品质因数的增加,曲线的最大值和尖锐程度逐步增加,谐振电流曲线越尖,回路对特定谐振频率响应的选择性就越好。在无线电和自动化设备中,谐振回路的这一特性被应用于滤除给定频率的信号。

2. Резонанс токов　电流谐振

Параллельное включение катушки индуктивности и конденсатора соответствует схеме замещения рис. 5.26(а). В ней тепловые потери в катушке и конденсаторе соответствуют мощности рассеиваемой на резистивных элементах R_1 и R_2, поэтому такая цепь называется параллельным резонансным контуром с потерями. Условием резонанса для неё является равенство нулю эквивалентной реактивной проводимости $B = B_1 - B_2 = 0$, где B_1 и B_2 —эквивалентные реактивные проводимости ветвей (рис. 5.26(г)).

图5.26(a)为电感线圈和电容器并联时的等效电路。在该电路中,线圈和电容器中的热损耗与电阻元件 R_1 和 R_2 的功率相对应,因此该电路称为有损耗的并联谐振电路。它的

谐振条件是等效电纳等于零,即 $B = B_1 - B_2 = 0$,其中 B_1 和 B_2 是支路的等效电纳(图 5.26 (г))。

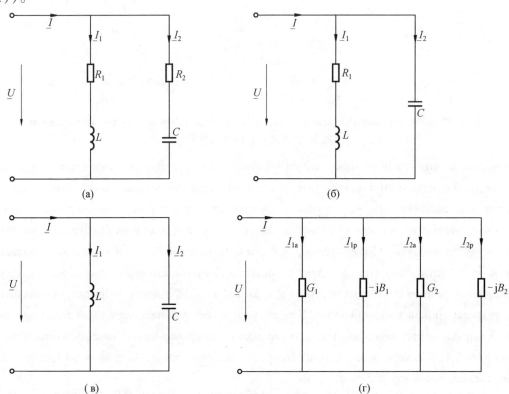

Рис. 5.26 Схема замещения параллельного включения катушки

индуктивности и конденсатора

图 5.26 电感线圈和电容器并联时的等效电路

При $B_1 = B_2$ противоположные по фазе реактивные токи ветвей компенсируются (рис. 5.27(а)), поэтому резонанс в параллельном контуре называется резонансом токов. В результате компенсации реактивных токов входной ток является суммой активных составляющих токов в ветвях. Если $B_1 \gg G_1$ и $B_2 \gg G_2$, т. е. $X_1 \gg R_1$ и $X_2 \gg R_2$, то $I_{1p} \gg I_{1a}; I_{2p} \gg I_{2a} \Rightarrow I_1 \gg I; I_2 \gg I$, т. е. токи в ветвях значительно больше входного тока. Свойство усиления тока является важнейшей особенностью резонанса токов. Степень его проявления непосредственно связана с величиной потерь в элементах цепи. В теоретическом случае отсутствия потерь в катушке и в конденсаторе $R_1 = R_2 = 0$ (рис. 5.26(в)) активные токи в ветвях отсутствуют и входной ток контура равен нулю (рис. 5.27(б)).

当 $B_1 = B_2$ 时,支路中方向相反的无功电流得到补偿(图 5.27(а)),因此,并联电路中的谐振被称为电流谐振。无功电流相互补偿的结果是:输入电流由支路中有功电流分量的和构成。如果 $B_1 \gg G_1$ 且 $B_2 \gg G_2$,即 $X_1 \gg R_1$ 且 $X_2 \gg R_2$,则 $I_{1p} \gg I_{1a}; I_{2p} \gg I_{2a} \Rightarrow I_1 \gg I; I_2 \gg I$,即支路中的电流远大于输入电流。电流放大特性是电流谐振的最重要特征,放大程度与电路元件损耗的大小直接相关。理想电感线圈及电容器中没有损耗,即 $R_1 = R_2 = 0$(图 5.26 (в)),支路中不存在有功电流,电路的输入电流为零(图 5.27(б))。

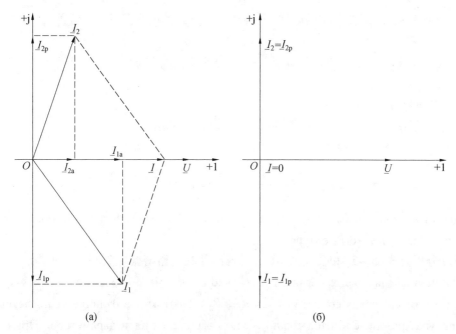

Рис. 5.27 Вектор тока параллельного включения цепи в режиме резонанса

图 5.27 并联谐振电路的电流相量

Полная проводимость расчётного эквивалента контура (рис. 5.26(г)) равна

等效电路的导纳模(图 5.26 (г))等于

$$Y = \sqrt{(G_1 + G_2)^2 + (B_1 - B_2)^2}$$

В режиме резонанса $B_1 = B_2$ и проводимость $Y_0 = G_1 + G_2 \approx \min$, а входное сопротив-ление— $Z_0 = 1/Y_0 \approx \max$. Приближённое равенство для проводимости в точке резонанса использовано потому, что минимум суммарной активной проводимости ветвей не соответствует частоте резонанса. Поэтому минимум полной проводимости несколько смещён относительно резонансной частоты.

在并联谐振模式下，$B_1 = B_2$，最小导纳 $Y_0 = G_1 + G_2$，最大输入电阻 $Z_0 = 1/Y_0$。依据谐振点处的导纳计算公式，并联支路谐振频率对应的导纳模最小值与串联谐振频率不一致，最小导纳模对应的频率与串联谐振频率发生偏移。

Реактивные мощности ветвей контура в режиме резонанса одинаковы и имеют разные знаки $Q_1 = B_1 U^2 = Q_2 = B_2 U^2$. Это значит, что при резонансе токов, также как при резонансе напряжений, между катушкой индуктивности и конденсатором происходит периодический обмен энергией без участия источника питания, мощность которого расходуется только на покрытие потерь энергии в активных сопротивлениях.

在谐振模式下，支路的无功功率相同且具有不同的极性，$Q_1 = B_1 U^2 = Q_2 = B_2 U^2$。这表明在电流谐振时，与电压谐振相同，电感和电容之间也会发生周期性且无须电源参与的能量交换，电源功率仅用于补偿电阻中的能量损耗。

Раскрывая реактивные проводимости ветвей через параметры цепи, получим условие резонанса в виде

借助电路参数求解支路中的电纳,可得到以下形式的谐振条件

$$\frac{\omega'_0 L}{R_1^2 + (\omega'_0 L)^2} = \frac{1/(\omega'_0 C)}{R_1^2 + [1/(\omega'_0 C)]^2} \quad (5.45)$$

где ω'_0—резонансная частота.

其中 ω'_0 是谐振频率。

Из равенства (5.45) после преобразований получим

变换等式(5.45),可得

$$\omega'_0 = \frac{1}{\sqrt{LC}} \sqrt{\frac{L/C - R_1^2}{L/C - R_2^2}} = \omega_0 \sqrt{\frac{\rho^2 - R_1^2}{\rho^2 - R_2^2}} \quad (5.46)$$

Анализ выражений (5.45) и (5.46) позволяет отметить ряд особенностей явления резонанса в параллельном контуре.

通过分析公式(5.45)和公式(5.46),可得出并联电路谐振现象的一系列特征。

(1) Резонансная частота зависит не только от параметров реактивных элементов контура, но и от активных сопротивлений R_1 и R_2. Поэтому, в отличие от последовательного контура, резонанс в цепи можно создать вариацией пяти параметров. Причём, изменением индуктивности или ёмкости в контуре можно создать два резонансных режима, в чём легко убедиться, анализируя условие резонанса. Выражение (5.45) является квадратным уравнением относительно L или C, и при определённых соотношениях остальных величин может дать два вещественных решения.

谐振频率不仅取决于电路中的电抗参数,还取决于电阻 R_1 和 R_2。因此,与串联电路不同,并联电路中的谐振可通过改变五个参数来实现。在分析谐振条件时,可通过改变电路中的电感或电容构建两个谐振模式,这一点易于验证。公式(5.45)是 L 或 C 的二次方程,在其余参数比值确定的条件下,可得到两个实数解。

(2) Резонанс возможен только в том случае, если оба активных сопротивления больше или меньше ρ, т. к. иначе подкоренное выражение в (5.46) отрицательно.

仅当两个电阻都大于或都小于 ρ 时,才可能产生谐振,否则公式(5.46)中根式内的值为负。

(3) Если $R_1 = R_2 = \rho$, то подкоренное выражение в (5.46) неопределённо и на практике это означает, что сдвиг фаз между током и напряжением на входе контура равен нулю при любой частоте.

当 $R_1 = R_2 = \rho$ 时,公式(5.46)中的根式不定,实际上这表明在任何频率下,电路输入端电流和电压之间的相移为零。

(4) В случае $R_1 \ll \rho; R_2 \ll \rho$ резонансная частота параллельного контура практически равна резонансной частоте последовательного контура $\omega'_0 \approx \omega_0$.

当 $R_1 \ll \rho$, $R_2 \ll \rho$ 时;并联电路的谐振频率实际上等于串联电路中的谐振频率 $\omega'_0 \approx \omega_0$。

Сложность выражения (5.45) затрудняет анализ резонансных явлений в общем виде, поэтому его обычно проводят для идеального параллельного контура рис. 5.26(в).

В этом случае $B_1 = 1/(\omega L)$; $B_2 = \omega C$; $B = B_1 - B_2$ и частотные характеристики проводимостей имеют вид, приведённый на рис. 5.28(а). При частотах ниже резонансной эквивалентная проводимость $B > 0$ имеет индуктивный характер. При возрастании частоты в диапазоне от ω_0 до ∞ $B < 0$, т. е. имеет ёмкостный характер.

公式(5.45)相对复杂,这不利于分析一般形式的谐振现象,因此,在分析这些现象时,通常借助图 5.26(в)中的理想并联电路。此时, $B_1 = 1/(\omega L)$; $B_2 = \omega C$; $B = B_1 - B_2$,电纳的频率特性如图 5.28(a)所示,低于谐振频率时,等效电纳 $B > 0$ 具有电感特性,随着频率在 (ω_0, ∞) 范围内不断增加,等效电纳 $B < 0$,即等效电纳具有电容性。

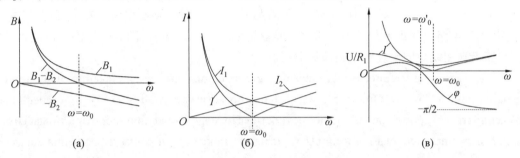

Рис. 5.28 Частотные характеристики параллельного включения цепи в режиме резонанса

图 5.28 并联谐振时的频率特性

Резонансные кривые идеального контура без потерь для токов в ветвях и входного тока при условии $U = \text{const}$ показаны на рис. 5.28(б). В реальном контуре активная проводимость отлична от нуля при любой частоте, поэтому входной ток не обращается в нуль.

当电压保持恒定时,即 $U = \text{const}$,理想无损电路的支路电流和输入电流的谐振曲线如图 5.28(б)所示。在实际电路中,电导在任何频率下都不等于零,因此输入电流不会变为零。

Обычно потери в конденсаторе существенно меньше потерь в катушке. В этом случае $R_2 = 0$ и схема замещения цепи имеет вид рис. 5.26(б).

电容器中的损耗通常小于线圈中的损耗。此时, $R_2 = 0$,等效电路如图 5.26(б) 所示。

Резонансная частота такого контура

该电路的谐振频率

$$\omega_0' = \omega_0 \sqrt{1 - (R_1/\rho)^2} \qquad (5.47)$$

ниже частоты идеального контура. Из выражения (5.47) следует, что резонанс возможен только, если $Q = \rho/R_1 > 1$.

低于理想并联电路的谐振频率。从公式(5.47)得出,仅当 $Q = \rho/R_1 > 1$ 时,谐振才有可能发生。

Резонансная кривая тока для схемы рис. 5.26(б) приведена на рис. 5.28(в). Здесь же для сравнения штриховой линией показана резонансная кривая идеального контура. Из рисунка видно, что резонансные кривые контуров существенно отличаются. При нулевой частоте ток реального контура ограничен активным сопротивление катушки R_1.

Минимум тока имеет конечное значение и смещён относительно точки резонанса. Значение минимума и его смещение зависят от добротности контура $Q = \rho/R_1$. С увеличением добротности значение минимума уменьшается и смещение стремится к нулю. Уменьшается также различие резонансных частот реального и идеального контура. И в целом с ростом добротности кривая реального контура стремится к идеальной кривой.

图 5.26(6) 电路的谐振电流曲线如图 5.28(в) 所示,为便于比较,理想回路中的谐振曲线用虚线表示。从图中可看出,这些谐振曲线明显不同。当频率为零时,实际电路的电流由线圈的电阻 R_1 决定。最小电流值具有终值,相对于谐振点发生偏移。最小电流值及其偏移量取决于回路的品质因数 $Q = \rho/R_1$。随着品质因数的增加,最小电流值减小,且偏移量趋于零,实际电路与理想电路的谐振频率差异逐渐缩小。总体而言,随着品质因数的增加,实际电路谐振曲线趋向于理想电路谐振曲线。

Частотная характеристика фазового сдвига входного тока и напряжения $\varphi(\omega)$ приведена на рис. 5.28(в). Она имеет максимум в области частот $0 < \omega < \omega'_0$, степень выраженности которого зависит от добротности. По мере снижения добротности максимальное значение уменьшается и при $Q = 1$ исчезает максимум и точка пересечения характеристики с осью абсцисс, т. е. точка резонанса.

输入电流和电压的相移 $\varphi(\omega)$ 的频率响应如图 5.28(в) 所示。它在 $0 < \omega < \omega'_0$ 频率范围内具有最大相移量,其大小取决于品质因数。当品质因数减小时,最大相移量减小,在 $Q = 1$ 时,最大相移量消失,随之消失的还有相频特性与横坐标轴的交点,即谐振点。

Частотные свойства последовательного и параллельного резонансных контуров во многом противоположны. Последовательный контур в режиме резонанса обладает малым входным сопротивлением, а параллельный—большим. При низких частотах реактивное сопротивление последовательного контура имеет ёмкостный характер, а параллельного—индуктивный. В последовательном контуре при резонансе наблюдается усиление напряжения на реактивных элементах, а в параллельном—тока в них. Всё это позволяет использовать явление резонанса в различных контурах и сочетаниях контуров для эффективной обработки сигналов, выделяя или подавляя в них заданные частоты или диапазоны частот.

串联谐振电路和并联谐振电路的频率特性在很大程度上是对偶的。串联电路谐振时的输入电阻小,并联电路的输入电阻大。在低频条件下,串联电路的电抗具有电容特性,并联电路的电抗则具有电感特性。在串联谐振电路中,可观察到电抗元件的电压增加,而在并联谐振电路中,电抗元件中的电流增加。这些特性使谐振现象被应用于各种电路中,用来有效地处理信号,筛选、抑制特定频率或频率范围的信号。

Новые слова и словосочетания　单词和词组

1. резонанс 谐振

2. резонансная частота 谐振频率

3. коэффициент усиления напряжения 电压增益

4. радиотехника 无线电设备

5. покрытие 补偿

6. диапазон частот 频率范围

7. частотная характеристика 频率特性(曲线)

8. точка резонанса 谐振点

9. крутизна 斜度, 陡度

10. избирательность [阴] 选择性

11. компенсироваться [完, 未] 补偿

12. квадратное уравнение 二次方程

13. вещественное решение 实数解

14. подкоренное выражение 根式

15. абсцисса 横坐标

Вопросы для самопроверки　自测习题

1. Какое явление называется резонансом в электрической цепи? 什么是电路的谐振?

2. Какому условию должен удовлетворять двухполюсник, чтобы в нём мог возникнуть режим резонанса? 二端网络中出现谐振的条件是什么?

3. Почему резонанс в последовательном (параллельном) контуре называется резонансом напряжений (токов)? 为什么串联(并联)电路中的谐振被称为电压(电流)谐振?

4. Какие параметры элементов контура можно изменять, чтобы создать режим резонанса? 更改哪些电路元件参数可以构建谐振模式?

5. Что такое характеристическое сопротивление контура? 谐振回路的特性电抗是什么?

6. В каком случае входное напряжение последовательного контура в режиме резонанса будет меньше напряжений на реактивных элементах? 串联电路谐振时的输入电压何时会小于电抗元件上的电压?

7. Чем определяется соотношение входного напряжения в режиме резонанса и напряжения на реактивных элементах? 谐振时的输入电压与电抗元件电压之间的比值由什么决定?

8. Как влияет величина добротности контура на частотные характеристики? 谐振电路的品质因数如何影响频率特性?

9. В каком случае входной ток параллельного контура в режиме резонанса будет меньше токов в реактивных элементах? 并联电路谐振时的输入电流何时会小于电抗元件中的电流?

10. В каком случае входной ток параллельного контура в режиме резонанса будет равен нулю? 并联电路谐振时的输入电流在什么条件下等于零?

11. В каком случае параллельный контур будет находиться в режиме резонанса при всех частотах? 在什么条件下, 所有频率下的并联电路都将处于谐振模式?

12. От чего зависит величина входного тока параллельного контура в режиме резонанса? 并联电路谐振时输入电流的大小由什么决定?

5.2.7 Цепи с индуктивно связанными элементами　电感元件的耦合电路

Элементы электрической цепи могут располагаться в пространстве таким образом, что создаваемые ими магнитные потоки будут частично сцепляться с контурами (охватывать контуры) протекания тока других элементов. На рис. 5.29 показаны две катушки индуктивности, расположенные таким образом, что при протекании в обмотке первой катушки тока i_1 часть её магнитного потока образует потокосцепление со второй катушкой Ψ_{21}.

电路元件在空间中可以采用特定方式相互关联,这种方式可由它们的电流产生的磁通量与其他元件部分匝链实现(耦合电路)。图5.29显示了两个以特定方式相联系的电感线圈,当电流 i_1 在第一个线圈绕组中流动时,它的部分磁通量穿过第二个线圈形成磁链 Ψ_{21}。

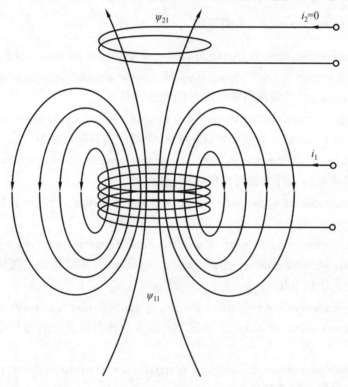

Рис. 5.29 Электрическая цепь с индуктивно связанными катушками индуктивности

图5.29 电感线圈耦合电路

Величина потокосцепления Ψ_{21} определяется током в первой катушке и некоторым коэффициентом M_{21}, зависящим от магнитных свойств среды, геометрии катушек и их взаимного положения в пространстве

磁链 Ψ_{21} 由第一个线圈中的电流和系数 M_{21} 决定,该系数取决于介质的磁特性、线圈的几何形状及其在空间中的相对位置

$$\Psi_{21} = M_{21} i_1 \qquad (5.48)$$

Коэффициент M_{21} называется коэффициентом взаимной индукции или взаимной индуктивностью. Единицей измерения взаимной индуктивности, также как и индуктивности, является генри (Гн).

系数 M_{21} 被称为互感系数或互感,互感与电感的单位都是亨利(H)。

При протекании тока по второй катушке будет создаваться потокосцепление с первой

当电流流经第二个线圈时,第一个线圈中也将产生磁链

$$\Psi_{12} = M_{12}i_2 \tag{5.49}$$

Пользуясь теорией электромагнитного поля, можно показать, что

利用电磁场理论,可得

$$M_{12} = M_{21} = M$$

Таким образом, полное потокосцепление каждой катушки будет состоять из собственного потокосцепления и потокосцепления, создаваемого другой катушкой. Причём магнитные потоки катушек могут быть иметь одинаковые или встречные направления. Взаимное направление потоков зависит от направления намотки витков катушек и направления протекания тока в них. Если магнитные потоки катушек направлены одинаково, то составляющие потокосцепления суммируются и такое включение называется согласным. В противном случае оно называется встречным. Учитывая это, можно представить полные потокосцепления катушек Ψ_1 и Ψ_2 в виде

因此,每个线圈的总磁链由其自身产生的自感磁链和由其他线圈产生的互感磁链组成,此外,线圈的磁通量可是同向,也可是反向。磁通量的方向取决于线圈彼此的匝绕方向和电流方向。如果线圈的磁通量朝同一个方向,则磁链相加,这种连接被称为顺接,反之,磁链相减,被称为反接。因此,两个线圈的磁链(Ψ_1 和 Ψ_2)可表示为

$$\Psi_1 = \Psi_{11} \pm \Psi_{12}; \Psi_2 = \Psi_{22} \pm \Psi_{21} \tag{5.50}$$

где $\Psi_{11} = L_1 i_1$ и $\Psi_{22} = L_2 i_2$ —потокосцепления, создаваемые собственным током катушек или собственные потокосцепления. Положительный знак в (5.48) соответствует согласному включению катушек. Для определения взаимного направления потоков на схемах замещения условные начала обмоток помечают точкой (рис. 5.30). Если в обеих катушках положительные направления токов одинаково ориентированы по отношению к началам обмоток, то потоки направлены согласно.

其中 $\Psi_{11} = L_1 i_1$ 和 $\Psi_{22} = L_2 i_2$ 是由自身线圈的电流产生的磁链或自感磁链。公式(5.48)中的正号对应于线圈顺接。为确定线圈中磁通量的相对方向,用一个点标示线圈起点处(图5.30),如果两个线圈中电流方向与线圈起点处的方向相同,线圈是顺接的。

В соответствии с законом электромагнитной индукции на участке электрической цепи, с которым сцепляется изменяющийся магнитный поток, наводится ЭДС равная скорости его изменения, поэтому, с учётом (5.48)—(5.50), в катушках будут наводиться ЭДС

根据电磁感应定律,在与磁通量耦合的电路中,磁链发生变化时,会感应出与磁链变化率相等的电动势,因此,依据公式(5.48)—(5.50),线圈中的感应电动势为

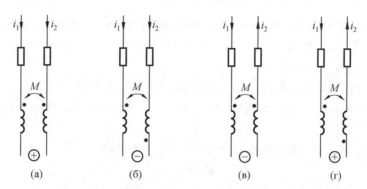

Рис. 5.30 Разные включения катушек

图 5.30 线圈的连接方式

$$e_{1L} = -\frac{\mathrm{d}\Psi_1}{\mathrm{d}t} = -\frac{\mathrm{d}(\Psi_{11} \pm \Psi_{12})}{\mathrm{d}t} = -L_1\frac{\mathrm{d}i_1}{\mathrm{d}t} \mp M\frac{\mathrm{d}i_2}{\mathrm{d}t} = -e_{L_1} \mp e_{M_1};$$

$$e_{2L} = -\frac{\mathrm{d}\Psi_2}{\mathrm{d}t} = -\frac{\mathrm{d}(\Psi_{22} \pm \Psi_{11})}{\mathrm{d}t} = -L_2\frac{\mathrm{d}i_2}{\mathrm{d}t} \mp M\frac{\mathrm{d}i_1}{\mathrm{d}t} = -e_{L_2} \mp e_{M_2} \qquad (5.51)$$

Каждая составляющая полного потокосцепления создаёт в катушке свою ЭДС. Собственные потокосцепления катушек создают ЭДС самоиндукции e_{L_1} и e_{L_2}, а взаимные потокосцепления—ЭДС взаимной индукции e_{M_1} и e_{M_2}.

磁链的每个分量都会在线圈中形成对应的电动势。线圈的自感磁链产生自感电动势 e_{L_1} 和 e_{L_2}，互感磁链产生互感电动势 e_{M_1} 和 e_{M_2}。

Пользуясь выражениями (5.51), можно определить падения напряжения на индуктивных элементах катушек

利用公式(5.51)，可确定电感线圈上的电压降

$$u_{1L} = -e_{1L} = u_{L_1} + u_{M_1} = L_1\frac{di_1}{dt} \pm M\frac{di_2}{dt};$$

$$u_{2L} = -e_{2L} = u_{L_2} + u_{M_2} = L_2\frac{di_2}{dt} \pm M\frac{di_1}{dt} \qquad (5.52)$$

или в комплексной форме

或以复数形式表示

$$\underline{U}_{1L} = j\omega L_1\ \underline{I}_1\ \pm j\omega M\ \underline{I}_2;$$

$$\underline{U}_{2L} = j\omega L_2\ \underline{I}_2\ \pm j\omega M\ \underline{I}_1 \qquad (5.53)$$

В результате того, что рассматриваемые нами катушки расположены в пространстве магнитных полей друг друга, в электрической цепи каждой из обмоток действуют ЭДС e_{M_1} и e_{M_2}, обусловленные током, протекающим в цепи другой обмотки. Таким образом, электрические цепи обмоток оказываются связанными друг с другом посредством магнитных полей катушек. Степень магнитной связи характеризуется коэффициентом связи.

我们所研究的线圈位于彼此产生的磁场空间中，因而电动势 e_{M_1} 和 e_{M_2} 在每个线圈的电路中都发挥作用。因此线圈电路通过线圈磁场彼此耦合，磁耦合程度可由耦合系数来表征。

$$k = \sqrt{\frac{\Psi_{12}\Psi_{21}}{\Psi_1\Psi_2}} = \sqrt{\frac{M^2}{L_1L_2}} = \frac{M}{\sqrt{L_1L_2}} < 1$$

Коэффициент связи катушек всегда меньше единицы, т. к. $\Psi_{12} < \Psi_{22}$ и $\Psi_{21} < \Psi_{11}$. Равенство единице возможно только, если собственные и взаимные потокосцепления равны друг другу, но это невозможно в принципе, т. к. всегда существуют потоки рассеяния, т. е. потоки сцепляющиеся только с одной обмоткой и не охватывающие контур другой.

线圈的耦合系数始终小于 1,因为 $\Psi_{12} < \Psi_{22}$ 和 $\Psi_{21} < \Psi_{11}$。只有当自感磁链和互感磁链相等时,才有可能等于 1,但在原则上这是不可能实现的,因为散射磁通量始终存在,即磁通量仅与一个线圈耦合,未穿过另一线圈。

Явление взаимной индукции лежит в основе большого количества технических устройств и целых областей техники. Это, прежде всего, трансформаторы, без которых невозможны эффективное производство и передача электрической энергии. Это значительная часть электрических машин, обеспечивающих преобразование электрической энергии в механическую. В радиотехнике, автоматике, метрологии и других высокотехнологичных областях техники используется множество элементов и устройств, основанных на явлении взаимной индукции.

互感现象是大量技术设备和整个技术领域的基础。首先,变压器就属于该类设备,如果没有互感,就不可能实现电能的传输和变换。另外,互感也是电机的重要组成部分,它将电能转换为机械能。在无线电技术、自动化技术、计量学和其他高科技领域中,互感现象被广泛使用在许多元件和设备中。

Рассмотрим задачу анализа электрической цепи с индуктивно связанными элементами на примере последовательного соединения двух катушек (рис. 5.31(a) [1]).

以串联的两个线圈为例,我们来分析带有电感元件的耦合电路(图 5.31(a))。

По второму закону Кирхгофа с учётом (5.52) и того, что в обеих катушках протекает одинаковый ток, для контура цепи можно составить уравнения для мгновенных значений

根据基尔霍夫第二定律及公式(5.52),两个线圈中流过同向电流时,构建瞬时电压的回路方程

$$u = u_{R_1} + u_{1L} + u_{2L} + u_{R_2} = R_1 i + L_1 \frac{\mathrm{d}i}{\mathrm{d}t} \pm M \frac{\mathrm{d}i}{\mathrm{d}t} + L_2 \frac{\mathrm{d}i}{\mathrm{d}t} \pm M \frac{\mathrm{d}i}{\mathrm{d}t} + R_2 i$$

$$= (R_1 + R_2)i + (L_1 + L_2 \pm 2M) \frac{\mathrm{d}i}{\mathrm{d}t}$$

Переходя к комплексным значениям, получим уравнение

转换成复数形式,可得到方程

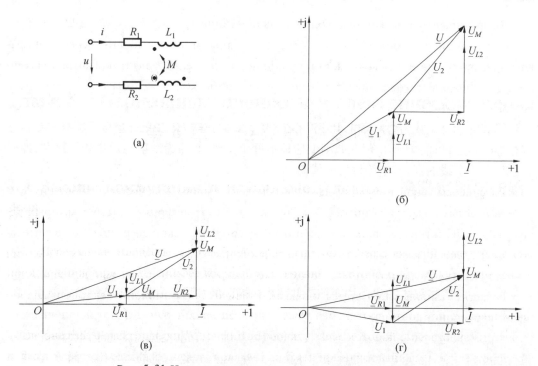

Рис. 5.31 Цепь взаимной индуктивности последовательного
соединения двух катушек и её векторные диаграммы

图 5.31 两个线圈串联互感电路及其相量图

$$\underline{U} = \underline{U}_{R_1} + \underline{U}_{L_1} + \underline{U}_M + \underline{U}_M + \underline{U}_{L_2} + \underline{U}_{R_2}$$
$$= R_1 \underline{I} - + j\omega L_1 \underline{I} \ \pm j\omega M \underline{I} \ \pm j\omega M \underline{I} + j\omega L_2 \underline{I} + R_2 \underline{I}$$
$$= [(R_1 + R_2) + j\omega (L_1 + L_2 \pm 2M)] \underline{I}$$
$$= [(R_1 + R_2) + j(X_{L_1} + X_{L_2} \pm 2X_M)] \underline{I}$$
$$= (R + jX) \underline{I} \tag{5.54}$$

где $j\omega M = jX_M$ —комплексное сопротивление взаимной индуктивности.

其中 $j\omega M = jX_M$ 是互感复阻抗。

Из уравнения (5.54) следует, что взаимная индуктивность катушек при согласном включении увеличивает реактивное сопротивление цепи, а при встречном—уменьшает.

从等式(5.54)可推导出,线圈顺接时的互感增加了电路的电抗,而在反接时电抗减小。

На рис. 5.31 представлены векторные диаграммы для согласного рис. 5.31 (б) и встречного включения рис. 5.31(в) и рис. 5.31(г). Если индуктивность одной из катушек меньше взаимной индуктивности, то при встречном включении у неё наблюдается "ёмкостный" эффект (рис. 5.31(г)), когда напряжение отстаёт по фазе от тока, протекающего через катушку. Но в целом реактивное сопротивление цепи имеет индуктивный характер, т. к. эквивалентная индуктивность $L = L_1 + L_2 - 2M > 0$ и ток отстаёт по фазе от напряжения.

图 5.31 给出了顺接(图 5.31(б))和反接(图 5.31(в)和图 5.31(г))的相量图。若其

中一个线圈的自感小于互感,则反接时会产生电容效应,电压相位会滞后于流过线圈的电流相位(图 5.31（r）),但是一般来说,电路的电抗具有电感特性,电流相位滞后于电压相位,因为等效电感 $L = L_1 + L_2 - 2M > 0$。

Различие индуктивного сопротивления при согласном и встречном включении катушек позволяет измерить их взаимную индуктивность. Цепь для измерения взаимной индуктивности приведена на рис. 5.32. Для этого измеряют ток, напряжение и активную мощность при двух схемах включения и определяют реактивные сопротивления

线圈顺接和反接时的感抗是不同的,这使我们能够测量它们的互感,测量电路如图5.32所示。为此在两种连接方式的电路中,通过测量电流、电压和有功功率,可以确定出电抗

$$X_1 = \sqrt{Z_1^2 - R_1^2}\,; X_2 = \sqrt{Z_2^2 - R_2^2}$$

где $Z_1 = U_1/I_1, Z_2 = U_2/I_2$ — полные сопротивления; а $R_1 = P_1/I_1^2, R_2 = P_2/I_2^2$ — активные сопротивления цепи при первом и втором измерениях. Пусть первое измерение соответствует согласному включению, тогда

其中阻抗模 $Z_1 = U_1/I_1, Z_2 = U_2/I_2$;第一次和第二次测量时的电阻 $R_1 = P_1/I_1^2, R_2 = P_2/I_2^2$。假定第一次测量对应于顺接,那么

$$X_1 = X_{L_1} + X_{L_2} + 2X_M\,; X_2 = X_{L_1} + X_{L_2} - 2X_M$$

Вычитая одно значение из другого, получим

将上式中的两值相减,可得

$$X_1 - X_2 = 4X_M = 4\omega M$$
$$\Downarrow$$
$$M = \frac{|X_1 - X_2|}{4\omega} \tag{5.55}$$

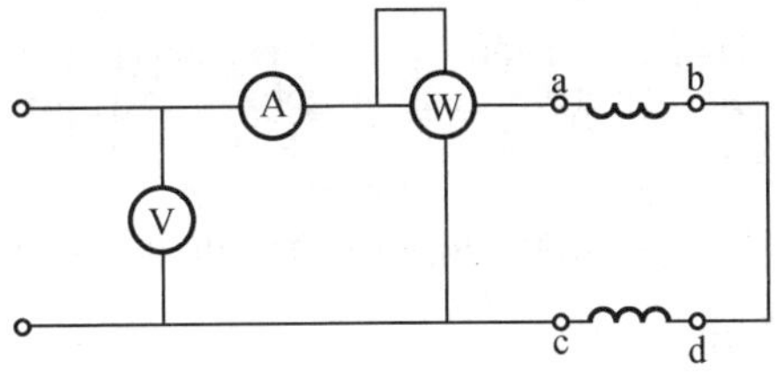

Рис. 5.32 Цепь для измерения взаимной индуктивности

图 5.32 测量互感电路

Следовательно, зная частоту ω при которой производились измерения, можно определить значение взаимной индуктивности. При этом принятое при выводе выражения (5.55) условие соответствия первого измерения согласному включению требуется только для определённости в записи выражений для X_1 и X_2. При расчёте по формуле (5.55) знак разности не имеет значения.

因此,在已知测量频率 ω 的条件下,可确定互感值。同时,只有在推导公式(5.55)时才需要确定 X_1 和 X_2 的值,在第一次测量时,需要符合顺接要求。在利用公式(5.55)进行互感计算时,符号无关紧要。

Для маркировки выводов катушек, начал обмоток или концов, достаточно произвести два измерения тока при разных включениях и одинаковом напряжении питания. Меньший ток будет соответствовать согласному включению.

在电源电压相同而连接方式不同时,进行两次电流测量就可标记出线圈的同名端。较小的电流对应于顺接。

Новые слова и словосочетания   单词和词组

1. связанный элемент 耦合元件
2. геометрия 几何形状
3. взаимное положение 相对位置
4. взаимная индукция 互感
5. одинаковое направление 同向
6. встречное направление 反向
7. согласное включение 顺接
8. встречное включение 反接
9. собственное потокосцепление 自感磁链
10. взаимное потокосцепление 互感磁链
11. коэффициент связи 耦合系数
12. поток рассеяния 散射通量
13. метрология 计量学

Вопросы для самопроверки   自测习题

1. В каком случае между электрическими цепями возникает магнитная связь? 电路在什么情况下会发生磁耦合?

2. По какому признаку определяется согласное и встречное включение катушек? 线圈的顺接和反接是依据什么符号决定的?

3. Что такое коэффициент связи катушек? 什么是线圈的耦合系数?

4. Почему коэффициент связи катушек не может быть равен единице? 为什么线圈的耦合系数不能等于1?

5. Как определить начала и концы двух катушек? 如何确定两个线圈的起点和终点?

Глава 6   Трёхфазные цепи
第6章   三相电路

Трёхфазные цепи являются основным видом электрических цепей, используемых при производстве, передаче и распределении электрической энергии. Они являются частным случаем симметричных многофазных цепей, под которыми понимают совокупность электрических цепей с источниками синусоидальных ЭДС, имеющими одинаковые амплитуды и частоты и смещёнными по фазе относительно друг друга на одинаковый угол. В технике используются также другие многофазные цепи. Шести и двенадцатифазные в силовых выпрямительных установках, двухфазные—в автоматике, но наибольшее распространение имеют именно трёхфазные системы питания. Это связано с тем, что трёхфазная система является минимально возможной симметричной системой [1], обеспечивающей:

三相电路是一种常见的电路类型,常用于电能的生产、传输和分配。它们是对称多相电路的特例,对称多相电路是具有正弦电源电动势的电路组合,这些电源电动势具有相同的幅度和频率,相互之间伴有相同的相移角度。在技术设备中还会用到其他多相电路,在电力整流器装置中是六相和十二相,在自动化设备中是两相,但最为常见的是三相电力系统。这是因为三相系统是可实现的最小对称系统,它能保障:

(1) Экономически эффективное производство, передачу и распределение электроэнергии.

低成本且高效地生产、传输和分配电力。

(2) Эффективное преобразование электрической энергии в механическую посредством машин с вращающимся магнитным полем.

借助可生成旋转磁场的装置将电能有效地转换为机械能。

(3) Возможность использования потребителем двух различных напряжений питания без дополнительных преобразований.

可为设备提供两种不同的电源电压,无须进行额外的转换。

1　Двухфазные системы с фазовым смещением $90°$ не являются симметричными, т. к. в них сумма мгновенных значений фазных напряжений не равна нулю, а симметричная двухфазная система с фазовым смещением $180°$ не позволяет сформировать круговое вращающееся магнитное поле. 相移为 $90°$ 的两相系统是不对称的,因为其中相电压的瞬时值之和不等于零,相移为 $180°$ 的对称两相系统不能形成圆形旋转磁场。

6.1 Получение трёхфазной системы ЭДС   三相电动势系统的构建

Для создания трёхфазной электрической цепи требуются три источника ЭДС с одинаковыми амплитудами и частотами и смещёнными по фазе на 120°. Простейшим техническим устройством, обеспечивающим выполнение этих условий, является синхронный генератор, функциональная схема которого приведена на рис. 6.1. Ротор (вращающаяся часть) генератора представляет собой электромагнит или постоянный магнит. На статоре (неподвижной части) генератора расположены три одинаковые обмотки, смещённые в пространстве друг относительно друга на 120°. При вращении ротора его магнитное поле меняет своё положение относительно обмоток и в них наводятся синусоидальные ЭДС. Частота и амплитуда ЭДС обмоток определяется частотой вращения ротора ω, которая в промышленных генераторах поддерживается строго постоянной. Равенство ЭДС обмоток обеспечивается идентичностью их конструктивных параметров, а фазовое смещение—смещением обмоток в пространстве.

构建三相电路需要三个振幅和频率相同且相移为120°的电动势源,能够确保满足这些条件的最简单设备是同步发电机,如图6.1所示。发电机的转子(旋转部分)是电磁体或永磁体,在发电机的定子(固定部分)上,放置了三个相同的绕组,它们在空间上相互偏移120°。当转子旋转时,磁场与绕组的相对位置会发生改变,并在绕组中感应出正弦电动势,绕组电动势的频率和幅度由转子的转速 ω 决定,工业发电机的转速被严格限定。绕组电动势幅度相等需借助设计参数完全一致的绕组来保障,相移需要借助在空间中的位移来保障。

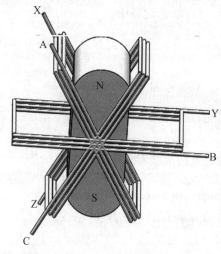

Рис. 6.1 Функциональная схема трёхфазного синхронного генератора

图6.1 三相同步发电机示意图

Начала обмоток генератора обозначаются буквами латинского алфавита A, B, C, а их концы X, Y, Z. Последовательность, в которой фазные ЭДС проходят через одинаковые состояния, например, через нулевые значения, называется порядком чередования фаз. В электрических сетях этот порядок жёстко соблюдается, т. к. его нарушение может привести к серьёзным экономическим последствиям и к угрозе жизни и здоровью людей. В русской литературе принято обозначать ЭДС источников индексами, соответствующими обозначению начал обмоток, т. е. A–B–C.

发电机绕组的起点用字母 A、B、C 表示,终点为 X、Y、Z。相电动势依次经过同一值时(例如通过零值)的顺序被称为相序。在电网中,需严格遵循此顺序,一旦违反,可能导致严重的经济损失,甚至威胁到人的生命和健康。在俄罗斯的文献中,习惯上采用电源电动势与绕组起点(即 A–B–C)相结合的方式来标记指定绕组的电动势。

Пусть начальная фаза ЭДС e_A равна нулю, тогда мгновенные значения ЭДС обмоток генератора равны

假定电动势 e_A 的初相等于零,发电机绕组电动势的瞬时值等于

$$e_A = E_m \sin\omega t ; e_B = E_m \sin(\omega t - 2\pi/3) ;$$
$$e_C = E_m \sin(\omega t - 4\pi/3) = E_m \sin(\omega t + 2\pi/3)$$

или в комплексной форме
或以复数形式表示

$$\underline{E}_A = Ee^{j0} = E(1 + j0) ; \underline{E}_B = Ee^{-j2\pi/3} = E\left(-\frac{1}{2} - j\frac{\sqrt{3}}{2}\right) ;$$

$$\underline{E}_C = Ee^{-j4\pi/3} = Ee^{j2\pi/3} = E\left(-\frac{1}{2} + j\frac{\sqrt{3}}{2}\right) \tag{6.1}$$

На рис. 6. 2 показаны графики мгновенных значений и векторная диаграмма трёхфазной ЭДС. Вектор $\underline{E}_A$ направлен по вещественной оси, вектор $\underline{E}_B$ отстаёт от него по фазе на 120°, а вектор $\underline{E}_C$ опережает $\underline{E}_A$ на такой же угол.

图 6.2 是三相电动势的波形图和相量图。相量 $\underline{E}_A$ 沿实数轴正方向,与之相比,相量 $\underline{E}_B$ 在相位上滞后 120°,相量 $\underline{E}_C$ 以相同的角度超前 $\underline{E}_A$。

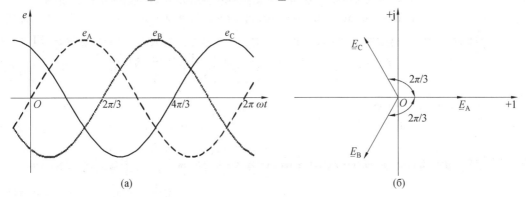

Рис. 6.2 Графики мгновенных значений и векторная диаграмма трёхфазной ЭДС

图 6.2 三相电动势的波形图和相量图

Основным свойством симметрии многофазных систем является равенство нулю суммы мгновенных значений ЭДС, напряжений и токов, т. е.

多相系统的对称特性主要是指电动势、电压和电流的瞬时值之和为零,即

$$e_A + e_B + e_C = 0 \Leftrightarrow \underline{E}_A + \underline{E}_B + \underline{E}_C = 0 \qquad (6.2)$$

В этом можно удостовериться, сложив комплексные числа в выражениях (6.1). Обеспечение симметрии системы является необходимым условием её эффективной работы.

这可通过公式(6.1)进行复数运算来证明。系统的对称性是它有效运行的前提。

Новые слова и словосочетания　单词和词组

1. трёхфазный 三相的
2. трёхфазная электрическая цепь 三相电路
3. синхронный 同步的
4. ротор 转子
5. электромагнит 电磁体
6. постоянный магнит 永磁体
7. статор 定子
8. частота вращения 转速
9. идентичность［阴］同一性
10. фазная ЭДС 相电动势
11. нулевое значение 零值
12. порядок чередования фаз 相序
13. симметрия 对称性

Вопросы для самопроверки　自测习题

1. Какими преимуществами обладают трёхфазные системы энергоснабжения? 三相电源系统的优势是什么?

2. Как получают трёхфазную систему ЭДС? 如何获得三相电动势系统?

3. Каким свойством обладают симметричные многофазные системы? 对称多相系统有什么特征?

4. Что такое порядок чередования фаз? 什么是相序?

6.2 Связывание цепей трёхфазной системы　三相电路的耦合

Если к каждой обмотке трёхфазного генератора подключить нагрузку, то три отдельные электрические цепи (рис. 6.3(а) [1]) образуют трёхфазную несвязанную систему. Каждая электрическая цепь, включающая источник ЭДС и нагрузку, называется фазой [2] трёхфазной цепи. Напряжения между началами и концами обмоток генератора и напряжения между началами (а, b, с) и концами (x, y, z) нагрузки называются фазными напряжениями. Если сопротивлением соединительных проводов можно пренебречь, то $U_A = -E_A = U_a, U_B = -E_B = U_b, U_C = -E_C = U_c$. Токи I_A, I_B, I_C, протекающие в фазах называются фазными токами.

若将负载连接到三相发电机的每个绕组,则三个独立的电路(图6.3(a))将形成一个三相去耦电路。包含电动势源和负载的单个电路被称为三相电路的相。发电机绕组的起点和终点之间的电压与负载的起点(a, b, c)和终点(x, y, z)之间的电压称为相电压。如果忽略连接线的电阻,则 $U_A = -E_A = U_a, U_B = -E_B = U_b, U_C = -E_C = U_c$,相中流经的电流 I_A, I_B, I_C 被称为相电流。

В несвязанной трёхфазной системе источники электрической энергии и нагрузка соединены шестью проводами (рис. 6.3(а)) и представляют собой три независимые электрические цепи. Очевидно, что такая система ничем не отличается от трёх однофазных цепей. Если же обмотки генератора и нагрузки фаз соединить между собой, то образуется связанная трёхфазная цепь. На рис. 6.3(6) показана трёхфазная цепь, в которой фазы генератора и нагрузка соединены звездой. Узлы соединений обмоток генератора и фаз нагрузки называются нейтральными (нулевыми) точками или нейтралями (N, n на 6.3 (6)), а провод, соединяющий эти точки—нейтральным (нулевым) проводом.

在三相去耦系统中,电源和负载通过六根线连接(图6.3(a)),形成三个独立电路,显然,这样的系统与三个单相电路基本相同。当发电机的相绕组和负载互连时,将形成三相耦合电路,图6.3(6)即为发电机相绕组和星形负载相连接的三相电路。发电机的相绕组连接结点和负载连接结点称为中性点(或零点)(图6.3(6)中的N,n),这两个点的连接线被称为中性线(零线)。

Проводники, соединяющие генератор и нагрузку, называются линейными проводами, а напряжения между линейными проводами (U_{AB}, U_{BC}, U_{CA} на рис. 6.3(6))—линейными напряжениями.

连接发电机绕组和负载之间的线称为端线,端线之间的电压(图6.3(6)中的 U_{AB}, U_{BC}, U_{CA})被称为线电压。

---

[1]　Обмотки генератора на схемах замещения показаны как источники ЭДС. Здесь и далее на рисунках положительные направления ЭДС, напряжений и токов показаны так, как они приняты в теории трёхфазных цепей. 等效电路上的发电机绕组显示为电动势源。在下文的附图中,与在三相电路中的理论相同,标注了电动势、电压和电流的正方向。

[2]　Это название совпадает с термином "фаза", как состояние или аргумент синусоидальной функции, поэтому различить их можно только по контексту. 该名称与作为正弦函数的状态或自变量的术语"相位"相同,因此需要通过上下文来区分。

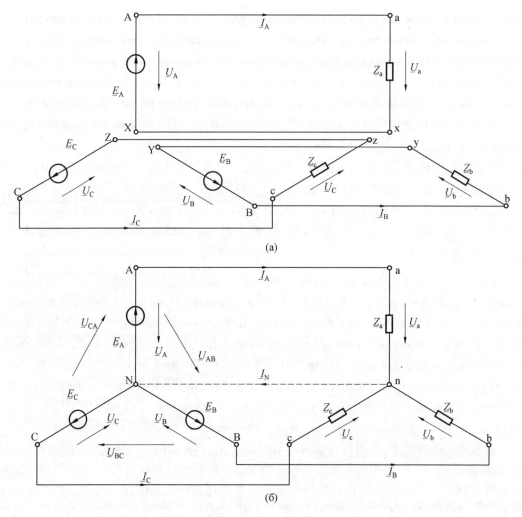

Рис. 6.3 Связывание цепей трёхфазной системы

图 6.3 三相电路的耦合

В связанной системе генератор и нагрузка соединены только четырьмя проводами и такая система называется четырёхпроводной. В некоторых случаях, как мы увидим далее, число проводов может быть уменьшено до трёх.

在耦合系统中,发电机和负载仅通过四条线连接,这种系统被称为四线系统。在下面的章节中我们还会遇到电线的数量减少至三根的情况。

Уменьшение числа проводов существенно снижает стоимость и эксплуатационные расходы линий передачи и распределения электроэнергии. Связать отдельные цепи можно также треугольником, но обмотки генераторов обычно соединяют звездой. В этом случае с помощью второго закона Кирхгофа можно установить соотношения между комплексными фазными и линейными напряжениями генератора (рис. 6.3(б))

电线数量的减少可大大降低输配电线路的成本和维护费用。单个电路也可被连接成三角形,但发电机的绕组通常为星形连接。此时,利用基尔霍夫第二定律,可确定发电机复数形式相电压和线电压之间的关系(图6.3(б))

$$\underline{U}_{AB} = \underline{U}_A - \underline{U}_B; \underline{U}_{BC} = \underline{U}_B - \underline{U}_C; \underline{U}_{CA} = \underline{U}_C - \underline{U}_A \tag{6.3}$$

В симметричной трёхфазной системе фазные напряжения одинаковы

在三相对称系统中,相电压相等

$$U_A = U_B = U_C = U_\phi$$

Подставляя комплексные фазные напряжения в первое уравнение (6.3), получим

将复数形式相电压代入(6.3)的第一个等式,可得

$$\underline{U}_{AB} = U_\phi - U_\phi\left(-\frac{1}{2} - j\frac{\sqrt{3}}{2}\right) = \frac{U_\phi}{2}(3 + j\sqrt{3})$$

$$|U_{AB}| = \frac{U_\phi}{2}\sqrt{3^2 + (\sqrt{3})^2} = \sqrt{3}\,U_\phi$$

Это соотношение можно получить также геометрическими построениями в треугольнике векторов $\underline{U}_{AB}$, $\underline{U}_A$, $\underline{U}_B$ на рис. 6.4. Отсюда, с учётом равенства линейных напряжений

图 6.4 中的相量 $\underline{U}_{AB}$, $\underline{U}_A$, $\underline{U}_B$ 几何作图成三角形,这样也可以获得这个比值,由此根据线电压等幅特性,可得:

$$U_{AB} = U_{BC} = U_{CA} = U_л = \sqrt{3}\,U_\phi \tag{6.4}$$

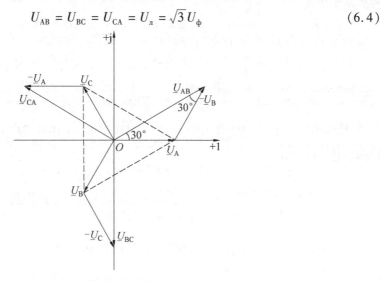

Рис. 6.4 Векторная диаграмма фазных и линейных напряжений

图 6.4 相电压与线电压相量图

Новые слова и словосочетания　单词和词组

1. фазное напряжение 相电压

2. фазный ток 相电流

3. однофазная цепь 单相电路

4. нейтральный 中性的

5. нейтральная (нулевая) точка 中性点(零点)

6. нейтраль[阴] 中性点

7. нейтральный (нулевой) провод 中性线(零线)

8. линейный провод 端线

9. линейное напряжение 线电压

10. четырёхпроводный 四线的

11. распределение 分配

12. линия передачи и распределения 输配电线路

13. геометрическое построение 几何作图

Вопросы для самопроверки　自测习题

1. Что понимают под фазой трёхфазной сети? 三相电路的"相"指什么?

2. Дайте определения фазных, линейных и нейтральных (нулевых) проводов. 给出相线、端线和中性线(零线)的定义。

3. Дайте определения фазных и линейных токов и напряжений. 给出相电流、线电流和线电压的定义。

4. Сколько существует способов связи источников и нагрузки в трёхфазной сети? 在三相系统中有几种电源和负载的连接方式?

5. Как соотносятся между собой фазные и линейные напряжения симметричного трёхфазного источника? 对称三相电源的相电压和线性电压是什么关系?

6.3 Расчёт цепи при соединении нагрузки звездой　负载星形连接的电路计算

В случае соединения нагрузки звездой фазные токи равны линейным, т. е. $I_ф = I_л$.

将负载星形连接时,相电流等于线电流,即 $I_ф = I_л$。

6.3.1 Соединение нагрузки звездой с нейтральным проводом　带中性线的负载星形连接

При наличии в цепи нейтрального провода, т. е. в четырёхпроводной сети, фазные напряжения нагрузки и генератора равны $\underline{U}_A = \underline{U}_a$; $\underline{U}_B = \underline{U}_b$; $\underline{U}_C = \underline{U}_c$ и комплексные фазные токи можно определить по закону Ома

如果电路中有中性线,即在四线制中,负载电压和发电机的相电压相等 $\underline{U}_A = \underline{U}_a$; $\underline{U}_B = \underline{U}_b$; $\underline{U}_C = \underline{U}_c$,复数形式的相电流可通过欧姆定律求得

$$\underline{I}_a = \underline{U}_A / \underline{Z}_a ; \underline{I}_b = \underline{U}_B / \underline{Z}_b ; \underline{I}_c = \underline{U}_C / \underline{Z}_c \tag{6.5}$$

Фазные токи объединяются в узлах N и n с током нейтрального провода и по закону Кирхгофа с учётом направлений токов можно составить уравнение

相电流在结点 N 和 n 处与中性线的电流交汇,根据基尔霍夫定律,基于电流方向,可得

到以下等式

$$\underline{I}_a + \underline{I}_b + \underline{I}_c = \underline{I}_N \tag{6.6}$$

Нагрузка, у которой комплексные сопротивления фаз одинаковы $\underline{Z}_a = \underline{Z}_b = \underline{Z}_c = \underline{Z}_\phi = Z_\phi e^{j\varphi}$, называется симметричной. В случае симметрии нагрузки фазные токи образуют симметричную систему (рис. 6.5(a)), вследствие чего ток в нейтральном проводе отсутствует $I_N = 0$.

当 $\underline{Z}_a = \underline{Z}_b = \underline{Z}_c = \underline{Z}_\phi = Z_\phi e^{j\varphi}$ 时,复数形式的相阻抗相同的负载被称为对称负载。当负载对称时,相电流构成一个对称组(图 6.5 (a)),这使得中性线中没有电流流过,即 $I_N = 0$。

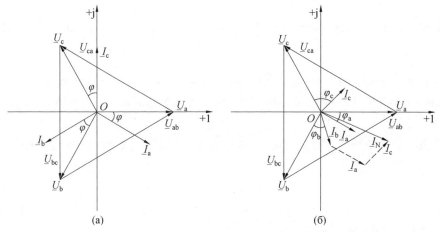

(a)   (б)

Рис. 6.5 Векторы токов соединения нагрузки звездой

图 6.5 负载星形连接时的电流相量

При несимметричной нагрузке ток нейтрального провода $I_N = 0$ и может значительных величин. На рис. 6.5(б) приведён пример векторной диаграммы для случая активно-индуктивной нагрузки в фазах a и c и активно-ёмкостной в фазе b. Векторы токов в первых двух фазах смещены в сторону запаздывания по отношению к соответствующим напряжениям на углы φ_a и φ_c, а в фазе b —в сторону опережения на угол φ_b. Суммируя все три вектора, мы получим вектор тока нейтрального провода $\underline{I}_N$, с модулем, превосходящим модули фазных токов.

在非对称负载时,中性线电流 $I_N = 0$,电流值可能很大。图 6.5(б)是 a 相和 c 相带阻感负载,b 相带阻容负载时的相量图。相对于对应相的电压,前两相的电流相量分别滞后对应相电压相量 φ_a 和 φ_c,而 b 相中的电流相量超前于电压相量 φ_b,将三个电流相量相加,可得中性线的电流相量 $\underline{I}_N$,其模超过了相电流的模。

Трёхфазные сети проектируют и эксплуатируют таким образом, чтобы нагрузка в них была по возможности симметричной. В этом случае ток нейтрального провода незначителен и его сечение можно существенно уменьшить по сравнению с сечением линейных проводов.

在设计和使用三相电路时,应使其中的负载对称,此时,中性线的电流可忽略不计,与端线的横截面相比,中性线的横截面可显著变小。

Новые слова и словосочетания　单词和词组

1. четырёхпроводная сеть 四线制
2. симметричная нагрузка 对称负载
3. симметричная система 对称系统
4. несимметричная нагрузка 非对称负载
5. активно-индуктивная нагрузка 阻感负载
6. активно-ёмкостная нагрузка 阻容负载
7. запаздывание 延迟,滞后

6.3.2 Соединение нагрузки звездой без нейтрального провода　无中性线负载星形连接

Отсутствие тока в нейтральном проводе при симметричной нагрузке означает, что этот провод вообще можно исключить и тогда трёхфазная сеть становится трёхпроводной.

对称负载的中性线中不存在电流,这意味着完全可去掉中性线,此时三相电路变为三线电路。

Если нагрузку сети мысленно охватить замкнутой поверхностью, то по первому закону Кирхгофа для линейных проводов трёхпроводной сети, входящих в эту поверхность, можно составить уравнение

若电路中的负载被闭合曲面囊括,根据基尔霍夫第一定律,对于穿过该曲面的三线电路的端线,可列写方程

$$i_A + i_B + i_C = 0 \Leftrightarrow \underline{I}_A + \underline{I}_B + \underline{I}_C = 0 \tag{6.7}$$

Расчёт токов в трёхпроводной сети при симметричной нагрузке ничем не отличается от расчёта в сети с нейтральным проводом.

带对称负载的三线电路中的电流与带中性线电路中的电流的计算方式相同。

$$\underline{I}_a = \frac{\underline{U}_A}{\underline{Z}_\Phi} = \frac{U_\Phi e^{j0}}{Z_\Phi e^{j\varphi}} = I_\Phi e^{-j\varphi}$$

Идентичны в этом случае и векторные диаграммы токов и напряжений (рис. 6.6 (а)).

在这种情况下,三线制电流和电压的相量图与四线制的相量图相同(图6.6(а))。

Отсутствие симметрии нагрузки нарушает симметрию фазных токов и напряжений, в то время как фазные и линейные напряжения генератора остаются симметричными (рис. 6.6(б)). В результате этого изменяется потенциал нейтральной точки n и между нейтралями генератора и нагрузки возникает разность потенциалов $\underline{U}_{Nn}$, называемая смещением нейтрали.

负载不对称将破坏相电流和电压的对称性,而发电机的相电压和线电压仍保持对称(图6.6(б)),这导致中性点 n 的电位发生变化,在发电机中性点和负载中性点之间产生电

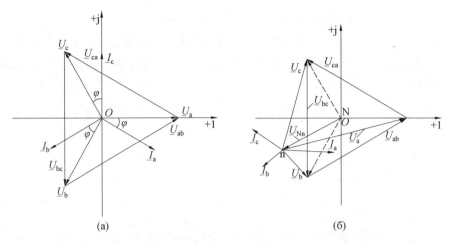

Рис. 6.6 Векторные диаграммы токов и напряжений в трёхпроводной сети

图 6.6 三线制电流和电压的相量图

位差 U_{Nn} ，它被称为中性点偏移。

Эту разность потенциалов можно найти методом двух узлов

这个电位差可利用结点电压法求得

$$\underline{U}_{Nn} = \frac{\underline{U}_A \, \underline{Y}_a + \underline{U}_B \, \underline{Y}_b + \underline{U}_C \, \underline{Y}_c}{\underline{Y}_a + \underline{Y}_b + \underline{Y}_c} \tag{6.8}$$

где $\underline{U}_A$, $\underline{U}_B$, $\underline{U}_C$ —комплексные фазные напряжения генератора, а $\underline{Y}_a$, $\underline{Y}_b$, $\underline{Y}_c$ —комплексные проводимости фаз нагрузки.

其中，U_A, U_B, U_C 是发电机的复相电压，而 Y_a, Y_b, Y_c 是负载的复相导纳。

Отсюда можно найти фазные напряжения нагрузки

由此可得负载相电压

$$\underline{U}_a = \underline{U}_A - \underline{U}_{Nn}; \underline{U}_b = \underline{U}_B - \underline{U}_{Nn}; \underline{U}_c = \underline{U}_C - \underline{U}_{Nn} \tag{6.9}$$

а затем по закону Ома фазные токи

然后依据欧姆定律得出负载相电流

$$\underline{I}_a = \underline{Y}_a \, \underline{U}_a; \underline{I}_b = \underline{Y}_b \, \underline{U}_b; \underline{I}_c = \underline{Y}_c \, \underline{U}_c \tag{6.10}$$

На рис. 6.6(б) приведён пример векторной диаграммы токов и напряжений в трёхфазной сети с активно-индуктивной нагрузкой фаз a и b и активно-ёмкостной фазы c. Вследствие асимметрии нейтральная точка нагрузки n сместилась относительно нейтральной точки генератора N. Однако линейные напряжения нагрузки, определяемые ЭДС генератора, остались неизменными $\underline{U}_{ab} = \underline{U}_{AB}$, $\underline{U}_{bc} = \underline{U}_{BC}$, $\underline{U}_{ca} = \underline{U}_{CA}$. Поэтому векторы фазных напряжений нагрузки $\underline{U}_a$, $\underline{U}_b$, $\underline{U}_c$ приходят в те же точки, что и векторы фазных напряжений генератора $\underline{U}_A$, $\underline{U}_B$, $\underline{U}_C$ [1]. Относительно векторов $\underline{U}_a$, $\underline{U}_b$, $\underline{U}_c$ строятся векто-

---

[1]　На рисунке показаны штриховыми линиями. 图中用虚线表示。

ры токов $\underline{I}_a$, $\underline{I}_b$, $\underline{I}_c$ с учётом характера нагрузки в фазах.

图 6.6(6)是三相电路中电流和电压的相量图,该三相电路在 a 相和 b 相带阻感负载,c 相带阻容负载。由于存在不对称性,负载中性点 n 相对于发电机中性点 N 发生偏移,但是发电机电动势确定的负载线电压保持不变 $\underline{U}_{ab} = \underline{U}_{AB}$, $\underline{U}_{bc} = \underline{U}_{BC}$, $\underline{U}_{ca} = \underline{U}_{CA}$,因此负载的相电压相量 $\underline{U}_a$, $\underline{U}_b$, $\underline{U}_c$ 与发电机的相电压相量 $\underline{U}_A$, $\underline{U}_B$, $\underline{U}_C$ 终点相同,依据各相负载特性,参照相量 $\underline{U}_a$, $\underline{U}_b$, $\underline{U}_c$ 来构建电流相量 $\underline{I}_a$, $\underline{I}_b$, $\underline{I}_c$ 。

Как следует из выражений (6.8)—(6.10), изменение нагрузки в любой фазе вызывает смещение нейтрали и изменение напряжений и токов в других фазах. Поэтому соединение звездой в трёхпроводной системе питания можно использовать только для симметричной нагрузки, например, для трёхфазных двигателей.

由公式(6.8)—(6.10)可推导出,相负载的任何变化都能引起中性点的偏移以及相电压和相电流发生变化,因此三线电源电路中的星形连接只能用于类似于三相电动机的对称负载。

Новые слова и словосочетания　　单词和词组

1. трёхпроводный 三线的
2. трёхпроводная сеть 三线制
3. замкнутая поверхность 闭合曲面
4. смещение нейтрали 中性点偏移
5. сместиться[完] 偏移

Вопросы для самопроверки　　自测习题

1. При каком условии наличие или отсутствие нулевого провода не влияет на режим работы нагрузки? 在什么条件下有无中性线会影响负载运行?

2. Почему нейтральный провод линий электропередачи имеет меньшее сечение, чем линейные провода? 为什么电源的中性线横截面比端线的横截面小?

3. В каком случае можно использовать трёхпроводную сеть вместо четырёхпроводной? 在什么情况下可使用三线电路替代四线电路?

4. Что такое смещение нейтрали? 什么是中性点偏移?

5. Как определяется величина смещения нейтрали? 如何确定中性点偏移量?

6. Как рассчитываются фазные напряжения при наличии смещения нейтрали? 在中性点偏移的情况下,如何计算负载相电压?

7. Почему в трёхпроводной системе изменение нагрузки одной фазы влияет на режим работы двух других? 在三线制电路中为何其中一相负载的变化会影响其他两相的工作状态?

6.4 Расчёт цепи при соединении нагрузки треугольником   负载三角形连接的电路计算

В случае соединения нагрузки треугольником сопротивления фаз подключаются к линейным проводам (рис. 6.7(а)). Фазные напряжения при этом оказываются равными линейным напряжениям генератора

当负载采用三角形连接时,相阻抗将连接到端线(图 6.7(а))。此时,相电压等于发电机的线电压

$$U_{ab} = U_{AB}; U_{bc} = U_{BC}; U_{ca} = U_{CA}$$

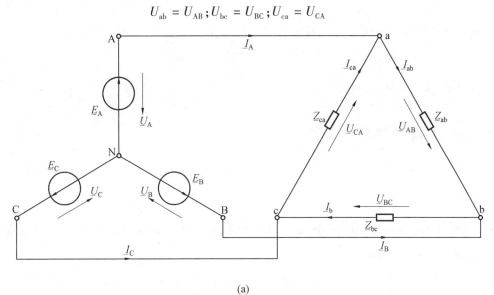

(а)

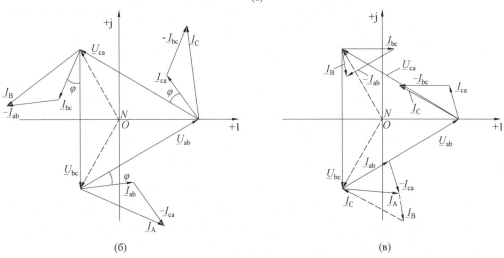

(б)   (в)

Рис. 6.7 Векторные диаграммы соединения нагрузки треугольником

图 6.7 负载三角形连接时的相量图

Фазные токи рассчитываются по закону Ома

根据欧姆定律,计算相电流

$$\underline{I}_{ab} = \underline{U}_{AB} / \underline{Z}_{ab} \; ; \; \underline{I}_{bc} = \underline{U}_{BC} / \underline{Z}_{bc} \; ; \; \underline{I}_{ca} = \underline{U}_{CA} / \underline{Z}_{ca} \tag{6.11}$$

Линейные токи определяются через фазные по закону Кирхгофа для узлов a, b, c

根据基尔霍夫定律,线电流由通过结点 a、b、c 的相电流来确定

$$\underline{I}_A = \underline{I}_{ab} - \underline{I}_{ca} \; ; \; \underline{I}_B = \underline{I}_{bc} - \underline{I}_{ab} \; ; \; \underline{I}_C = \underline{I}_{ca} - \underline{I}_{bc} \tag{6.12}$$

При симметричной нагрузке $\underline{Z}_{ab} = \underline{Z}_{bc} = \underline{Z}_{ca} = \underline{Z}_\phi = Z_\phi e^{j\varphi}$ фазные токи смещены относительно фазных напряжений на одинаковый угол φ (рис. 6.7(6)). Подставим в первое уравнение (6.12) фазные токи из (6.11)

对称负载中 $\underline{Z}_{ab} = \underline{Z}_{bc} = \underline{Z}_{ca} = \underline{Z}_\phi = Z_\phi e^{j\varphi}$,相电流相对于相电压偏移相同的角度 φ (图6.7(6))。将公式(6.11)中的相电流代入(6.12)的第一个等式

$$\underline{I}_A = (\underline{U}_{AB} - \underline{U}_{CA}) / \underline{Z}_\phi$$

Тогда, с учётом того, что $\underline{U}_{AB} = U_л e^{j30°} = U_л\left(\dfrac{\sqrt{3}}{2} + j\dfrac{1}{2}\right)$; $\underline{U}_{CA} = U_л e^{j150°} = U_л\left(-\dfrac{\sqrt{3}}{2} + j\dfrac{1}{2}\right)$ получим

此时,依据 $\underline{U}_{AB} = U_л e^{j30°} = U_л\left(\dfrac{\sqrt{3}}{2} + j\dfrac{1}{2}\right)$; $\underline{U}_{CA} = U_л e^{j150°} = U_л\left(-\dfrac{\sqrt{3}}{2} + j\dfrac{1}{2}\right)$ 可得

$$I_A = I_л = \sqrt{3}\, U_л / Z_\phi = \sqrt{3}\, I_\phi \tag{6.13}$$

т. е. при симметричной нагрузке соединённой треугольником линейные токи в трёхфазной цепи в $\sqrt{3}$ раз больше фазных.

即在三角形连接对称负载时,三相电路中的线电流是相电流的 $\sqrt{3}$ 倍。

В случае несимметричной нагрузки уравнения (6.11) и (6.12) остаются в силе, но расчёты по ним нужно вести для конкретных параметров.

在非对称负载中,方程(6.11)和方程(6.12)依然适用,但利用方程计算时也需考虑特定参数。

В общем виде амплитудные и фазовые соотношения можно проследить на векторных диаграммах рис. 6.7. При симметричной активно-индуктивной нагрузке (рис. 6.7 (6)) векторы фазных токов $\underline{I}_{ab}$, $\underline{I}_{bc}$, $\underline{I}_{ca}$ смещены относительно векторов фазных напряжений $\underline{U}_{ab}$, $\underline{U}_{bc}$, $\underline{U}_{ca}$ на угол φ. Векторы линейных токов $\underline{I}_A$, $\underline{I}_B$, $\underline{I}_C$ строятся в соответствии с выражениями (6.12) и образуют симметричную систему.

一般来说,可在相量图6.7中得到相量间的幅度和相位关系,在对称的阻感负载中(图6.7(6)),相电流相量 $\underline{I}_{ab}$, $\underline{I}_{bc}$, $\underline{I}_{ca}$ 相对于相电压相量 $\underline{U}_{ab}$, $\underline{U}_{bc}$, $\underline{U}_{ca}$ 偏移角度 φ,根据公式(6.12)构建线电流相量 $\underline{I}_A$, $\underline{I}_B$, $\underline{I}_C$,这些相量形成对称系统。

Пример векторных диаграмм для активной, активно-индуктивной и ёмкостной нагрузки фаз ab, bc и ca приведён на рис. 6.7(в). В соответствии с характером нагрузки построены векторы фазных токов $\underline{I}_{ab}$, $\underline{I}_{bc}$, $\underline{I}_{ca}$ по отношению к векторам фазных напряжений U_{ab}, U_{bc}, U_{ca}. После чего построены векторы линейных токов I_A, I_B, I_C в соответствии с выражениями (6.12). В точке с штриховыми линиями показан треугольник линейных токов, иллюстрирующий выполнение условия (6.7) в трёхпроводной сети.

图 6.7 (в) 是 ab、bc 和 ca 相分别带电阻、阻感、电容负载时的相量图。根据负载的性质,依照相电压相量 U_{ab}, U_{bc}, U_{ca} 构造相电流相量 I_{ab}, I_{bc}, I_{ca}, 然后根据公式(6.12)构造线电流相量 I_A, I_B, I_C。带有虚线的点表示线电流相量三角形,说明符合三线制电路中公式(6.7)的要求。

Так как в случае соединения треугольником напряжения на фазах нагрузки равны линейным напряжениям генератора и не зависят от напряжений других фаз, то изменение режима работы любой фазы не оказывает влияния на другие.

在三角形连接中,负载相电压等于发电机线电压,并且不依赖于其他相的电压,所以其中任何相负载的变化都不会影响到其他相负载的工作条件。

Вопросы для самопроверки　自测习题

1. Как определяются линейные токи? 如何确定线电流?

2. Как соотносятся между собой фазные и линейные токи при симметричной нагрузке? 在负载对称时,相电流和线电流是何关系?

3. При каком условии сумма мгновенных значений линейных токов будет равна нулю? 线电流的瞬时值之和在什么条件下等于零?

4. Почему при соединении нагрузки треугольником в трёхпроводной сети отсутствует взаимное влияние фазной нагрузки? 在三线制电路中负载采用三角形连接时,为什么相负载之间无相互影响?

6.5 Мощность трёхфазной цепи　三相电路的功率

6.5.1 Мощность при несимметричной нагрузке　非对称负载功率

Каждая фаза нагрузки представляет собой отдельный элемент электрической цепи, в котором происходит преобразование энергии или её обмен с источником питания. Поэтому активная и реактивная мощности трёхфазной цепи равны суммам мощностей отдельных фаз

每个相负载都是电路的一个独立元件,它们会产生能量转换或与电源进行能量交换。因此三相电路的有功功率和无功功率等于各个相负载的功率之和

$P = P_a + P_b + P_c$; $Q = Q_a + Q_b + Q_c$ —для соединения звездой.

$P = P_a + P_b + P_c$; $Q = Q_a + Q_b + Q_c$ 对于星形连接,以上关系式成立。

$P = P_{ab} + P_{bc} + P_{ca}$; $Q = Q_{ab} + Q_{bc} + Q_{ca}$ —для соединения треугольником.

$P = P_{ab} + P_{bc} + P_{ca}$; $Q = Q_{ab} + Q_{bc} + Q_{ca}$ 对于三角形连接,以上关系式成立。

Активная и реактивная мощности каждой фазы определяются так же, как в однофазной цепи

确定每一相的有功功率和无功功率的方法与在单相电路中的方法相同

$$P_\text{ф} = U_\text{ф} I_\text{ф} \cos \varphi_\text{ф} = R_\text{ф} I_\text{ф}^2; \quad Q_\text{ф} = U_\text{ф} I_\text{ф} \sin \varphi_\text{ф} = X_\text{ф} I_\text{ф}^2 \qquad (6.14)$$

Полная мощность трёхфазной цепи равна

三相电路满功率等于

$$S = \sqrt{P^2 + Q^2}$$

причём $S \neq S_\text{a} + S_\text{b} + S_\text{c}$; $S \neq S_\text{ab} + S_\text{bc} + S_\text{ca}$.

而且 $S \neq S_\text{a} + S_\text{b} + S_\text{c}$; $S \neq S_\text{ab} + S_\text{bc} + S_\text{ca}$。

Полную мощность можно представить также в комплексной форме. Например, для соединения нагрузки звездой

满功率也可以体现为复数形式,例如,对于星形连接的负载

$$\underline{S} = P + \mathrm{j}Q = (P_\text{a} + P_\text{b} + P_\text{c}) + \mathrm{j}(Q_\text{a} + Q_\text{b} + Q_\text{c})$$

$$= \underline{S}_\text{a} + \underline{S}_\text{b} + \underline{S}_\text{c} = \underline{U}_\text{a} \overset{*}{\underline{I}}_\text{a} + \underline{U}_\text{b} \overset{*}{\underline{I}}_\text{b} + \underline{U}_\text{c} \overset{*}{\underline{I}}_\text{c}$$

6.5.2 Мощность при симметричной нагрузке　对称负载功率

При симметричной нагрузке мощности всех фаз одинаковы, поэтому её можно определить, умножив на три выражения (6.14)

连接对称负载时所有相的功率相同,因此可通过公式(6.14)乘以系数 3 来确定

$$P = 3P_\text{ф} = 3U_\text{ф} I_\text{ф} \cos \varphi_\text{ф} = 3R_\text{ф} I_\text{ф}^2;$$

$$Q = 3Q_\text{ф} = 3U_\text{ф} I_\text{ф} \sin \varphi_\text{ф} = 3X_\text{ф} I_\text{ф}^2;$$

$$S = 3S_\text{ф} = 3U_\text{ф} I_\text{ф} \qquad (6.15)$$

Фазные токи и напряжения в (6.15) можно выразить через линейные с учётом того, что при симметричной нагрузке и соединении её звездой $U_\text{ф} = U_\text{л}/\sqrt{3}$; $I_\text{ф} = I_\text{л}$, а при соединении треугольником — $U_\text{ф} = U_\text{л}$; $I_\text{ф} = I_\text{л}/\sqrt{3}$. Подставляя эти соотношения в (6.15), мы получим для обеих схем соединения одинаковые выражения для мощности

公式(6.15)中的相电流和相电压可用线电流和线电压表示:对称负载星形连接时, $U_\text{ф} = U_\text{л}/\sqrt{3}$; $I_\text{ф} = I_\text{л}$;三角形连接时, $U_\text{ф} = U_\text{л}$; $I_\text{ф} = I_\text{л}/\sqrt{3}$。将以上关系式代入(6.15),可得出两种连接方式具有相同的功率公式

$$P = \sqrt{3} U_\text{л} I_\text{л} \cos \varphi_\text{ф}; \quad Q = \sqrt{3} U_\text{л} I_\text{л} \sin \varphi_\text{ф};$$

$$S = \sqrt{3} U_\text{л} I_\text{л} \qquad (6.16)$$

Вопросы для самопроверки　自测习题

---

1. Как определяется мощность трёхфазной сети при несимметричной нагрузке? 如何确定非对称负载时的三线制电路的功率?

2. Какими величинами нужно воспользоваться для вычисления мощности, чтобы

выражения не зависели от схемы соединения симметричной нагрузки? Для того чтобы формулы не зависели от схемы соединения симметричной нагрузки? Для того чтобы формулы не зависели от схемы соединения симметричной нагрузки? Для того чтобы формулы не зависели

выражения не зависели от схемы соединения симметричной нагрузки? Для того чтобы формула не зависела от способа соединения симметричной нагрузки, какую величину следует использовать для вычисления мощности?

对称负载的连接方式,应该使用什么量来计算功率?

Глава 7   Электрические цепи несинусоидального тока
第 7 章   非正弦电流电路

7.1 Разложение периодической функции в тригонометрический ряд   周期函数的三角级数分解

Периодические несинусоидальные токи и напряжения в электрических цепях возникают в случае действия в них несинусоидальных ЭДС или наличия в них нелинейных элементов. Реальные ЭДС, напряжения и токи в электрических цепях синусоидального переменного тока по разным причинам отличаются от синусоиды. В энергетике появление несинусоидальных токов или напряжений нежелательно, т. к. вызывает дополнительные потери энергии. Однако существуют большие области техники (радиотехника, автоматика, вычислительная техника, полупроводниковая преобразовательная техника), где несинусоидальные величины являются основной формой ЭДС, токов и напряжений.

当电路中出现非正弦电动势或存在非线性元件时,周期性非正弦电流和电压就会出现。基于各种原因,正弦交流电路中的实际电动势、电压和电流波形与正弦曲线不同。在动力工程设备中应尽量避免出现非正弦电流或电压,因为这会导致额外的能量损耗,但是在很多技术领域(无线电技术、自动化技术、计算机工程、半导体转换技术)中非正弦值是电动势、电流和电压的主要形式。

В этом разделе мы рассмотрим методы расчёта линейных электрических цепей при воздействии на них источников периодических несинусоидальных ЭДС.

在本章中,我们将分析周期性非正弦电源电动势作用下线性电路的计算方法。

Как известно, всякая периодическая функция, имеющая конечное число разрывов первого рода и конечное число максимумов и минимумов за период, может быть разложена в тригонометрический ряд (ряд Фурье)

众所周知,在一个周期内,具有有限个第一类间断点与有限个极大值和极小值的所有周期函数都可以展开成一个收敛的三角级数(傅里叶级数)

$$f(\omega t) = A_0 + A_{1m}\sin(\omega t + \varphi_1) + A_{2m}\sin(2\omega t + \varphi_2) + \ldots$$

$$= \sum_{k=0}^{\infty} A_{km}\sin(k\omega t + \varphi_k) \tag{7.1}$$

где при $k = 0$—$A_{km} = A_0$; $\varphi_k = \varphi_0 = \pi/2$

其中 $k = 0$ 时, $A_{km} = A_0$; $\varphi_k = \varphi_0 = \pi/2$

Первый член ряда A_0 называется постоянной составляющей, второй член $A_{1m}\sin(\omega t + \varphi_1)$—основной или первой гармоникой. Остальные члены ряда называются высшими гармониками.

Ряд в ряде первый член A_0被称为恒定分量,第二项 $A_{1m}\sin(\omega t + \varphi_1)$ 被称为基波或一次谐波, 该级数的其他项被称为高次谐波。

Если в выражении（7.1）раскрыть синусы суммы каждой из гармоник, то оно примет вид

如果将公式(7.1)拆成每个谐波的正弦之和,那么它具有以下形式

$$f(\omega t) = A_0 + B_{1m}\sin \omega t + B_{2m}\sin 2\omega t +\ldots + B_{km}\sin k\omega t +\ldots +$$
$$C_{1m}\cos \omega t + C_{2m}\cos 2\omega t +\ldots + C_{km}\cos k\omega t +\ldots$$
$$= A_0 + \sum_{k=0}^{\infty} B_{km}\sin k\omega t + \sum_{k=1}^{\infty} C_{km}\cos k\omega t \qquad (7.2)$$

где $B_{km} = A_{km}\cos \varphi_k$；$C_{km} = A_{km}\sin \varphi_k$.

其中 $B_{km} = A_{km}\cos \varphi_k$；$C_{km} = A_{km}\sin \varphi_k$。

В случае аналитического задания функции $f(\omega t)$ коэффициенты ряда（7.2）могут быть вычислены с помощью следующих выражений

在解析函数 $f(\omega t)$ 时,可借助下列公式来计算级数(7.2)的系数

$$A_0 = \frac{1}{2\pi} \int_0^{2\pi} f(\omega t)\, d(\omega t)\,;$$

$$B_{km} = \frac{1}{\pi} \int_0^{2\pi} f(\omega t)\sin(k\omega t)\, d(\omega t)\,;$$

$$C_{km} = \frac{1}{\pi} \int_0^{2\pi} f(\omega t)\cos(k\omega t)\, d(\omega t)$$

после чего можно также перейти к форме（7.1）

此后还可转换成公式(7.1)的形式

$$A_{km} = \sqrt{B_{km}^2 + C_{km}^2}\,;\varphi_k = \arctan(C_{km}/B_{km})$$

Коэффициенты ряда Фурье большей части периодических функций встречающихся в технике приводятся в справочных данных. Полезно, однако, запомнить ряд признаков, по которым можно сразу определить состав ряда.

大多数周期函数的傅里叶级数的系数会在技术设备参考数据中给出,但是,记住周期函数的一系列特征是有益的,依据这些特征可立即确定级数的组成。

Функции вида $f(\omega t) = -f(\omega t + \pi)$ называются симметричными относительно оси абсцисс（рис. 7.1（a））. В этом случае ряд не содержит постоянной составляющей и чётных гармоник

函数 $f(\omega t) = -f(\omega t + \pi)$ 代表原函数曲线与平移 π 后的曲线关于横坐标轴对称(图7.1(a))。在这种情况下,其级数不包含恒定分量和偶次谐波:

$$f(\omega t) = \sum_{k=0}^{\infty} A_{km}\sin[(2k + 1)\omega t + \varphi_k]$$

Если для функции выполняется условие $f(\omega t) = -f(-\omega t)$（рис. 7.1（б））, то такая функция называется симметричной относительно оси ординат и её ряд не содержит постоянной составляющей и чётных функций（косинусов）

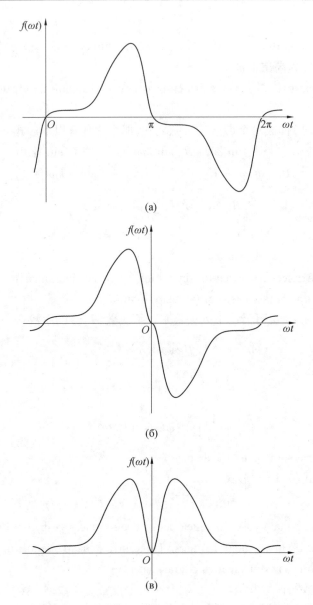

Рис. 7.1 Временные диаграммы периодических функций

图 7.1 周期性函数波形图

如果一个函数满足 $f(\omega t) = -f(-\omega t)$（图 7.1(б)），则该函数相对于原点对称，并且其级数不包含恒定分量和偶函数项（余弦）

$$f(\omega t) = \sum_{k=0}^{\infty} A_{km} \sin k\omega t$$

Выпрямление сигнала, представленного функцией вида рис. 7.1(б), приведёт к функции вида рис. 7.1(в), для которой справедливо условие $f(\omega t) = f(-\omega t)$. Ряд этой функции не содержит нечётных функций（синусов）

对图 7.1(б)函数表示的信号进行整流，可得到图 7.1(в)的函数，该函数满足等式 $f(\omega t) = f(-\omega t)$，该函数级数不包含奇函数（正弦）

$$f(\omega t) = A_0 + \sum_{k=0}^{\infty} A_{km} \cos k\omega t$$

Таким образом, в общем случае периодические несинусоидальные ЭДС, токи и напряжения можно представить тригонометрическими рядами вида

因此,在一般情况下,周期非正弦的电动势、电流和电压可用下列三角级数表示

$$e = E_0 + \sum_{k=1}^{\infty} E_{km} \sin(k\omega t + \varphi_{ek});$$

$$u = U_0 + \sum_{k=1}^{\infty} U_{km} \sin(k\omega t + \varphi_{uk}); \tag{7.3}$$

$$i = I_0 + \sum_{k=1}^{\infty} I_{km} \sin(k\omega t + \varphi_{ik})$$

Новые слова и словосочетания 单词和词组

---

1. несинусоидальный 非正弦的

2. несинусоидальная величина 非正弦值

3. синусоида 正弦曲线

4. ряд 级数

5. тригонометрический ряд 三角级数

6. ряд Фурье 傅里叶级数

7. разложить[完]分解

8. периодическая функция 周期函数

9. гармоника 谐波

10. основная гармоника 基波

11. первая гармоника 一次谐波

12. высшая гармоника 高次谐波

13. симметричная функция 对称函数

14. чётная гармоника 偶次谐波

15. выпрямление 整流

16. нечётная функция 奇函数

Вопросы для самопроверки 自测习题

---

1. Отчего в электрических цепях возникают периодические несинусоидальные токи? 为什么电路中会出现周期性非正弦电流?

2. Дайте определение постоянной составляющей, основной и высшим гармоникам. 给出恒定分量、基波和高次谐波的定义。

3. Какие гармоники присутствуют в спектре функций симметричных относительно оси абсцисс (ординат)? 关于横坐标(纵坐标)对称的函数谱中存在哪些谐波?

7.2 Основные характеристики периодических несинусоидальных величин 非正弦周期量的基本特征

Одной из основных характеристик периодических величин является их действующее или эффективное значение. Эта величина определяется по тепловому эквиваленту с постоянным током и рассчитывается как среднеквадратичное значение. Для периодической несинусоидальной величины $f(\omega t)$, представленной разложением в ряд Фурье (7.1), действующее значение равно

周期量的主要特征之一是有效值,该值由直流电中的热当量确定,以均方根值计算。对于可利用(7.1)进行傅里叶级数分解的非正弦周期量 $f(\omega t)$,有效值等于

$$A = \sqrt{\frac{1}{T}\int_0^T f^2(\omega t)\,\mathrm{d}t} = \sqrt{\frac{1}{T}\int_0^T \sum_{k=0}^{\infty}\left[A_{km}\sin(k\omega t + \varphi_k)\right]^2\mathrm{d}t} = \sqrt{\sum_{k=0}^{\infty}A_k^2} \qquad (7.4)$$

Таким образом, действующее значение несинусоидальной величины зависит только от действующих значений гармоник $A_k = A_{km}/\sqrt{2}$ и не зависит от их начальных фаз.

因此,非正弦量的有效值仅取决于谐波有效值 $A_k = A_{km}/\sqrt{2}$,不取决于其初相。

Подставляя в (7.4) соответствующие величины, получим выражения для ЭДС, напряжений и токов

将相应量代入(7.4)中,可分别求得电动势、电压和电流的有效值

$$E = \sqrt{E_0^2 + E_1^2 + E_2^2 + \ldots}\,; U = \sqrt{U_0^2 + U_1^2 + U_2^2 + \ldots}\,; I = \sqrt{I_0^2 + I_1^2 + I_2^2 + \ldots} \qquad (7.5)$$

Действующее значение несинусоидальной величины можно измерить приборами электромагнитной, электродинамической, тепловой и др. систем.

非正弦量的有效值可通过电磁设备、电动设备、热力设备以及其他系统设备进行测量。

Кроме действующего значения для характеристики несинусоидальных величин используют среднее, среднее за половину периода и среднее по модулю или среднее выпрямленное значения.

除了有效值外,为表征非正弦值,还使用平均值、半周期平均值和模数平均值或整流平均值。

Среднее значение определяется как

平均值被确定为

$$A_{\mathrm{cp}} = \frac{1}{T}\int_0^T f(\omega t)\,\mathrm{d}t$$

и является постоянной составляющей несинусоидальной величины.

它是非正弦量的恒定分量。

Среднее по модулю значение называется также средним выпрямленным значением, т. к. математическая операция определения модуля функции технически реализуется устройством, называемым выпрямителем. Для функции $f(\omega t)$ среднее по модулю значение равно

模数平均值也被称为整流平均值,因为在技术层面上,确定函数模量的数学运算由被称为整流器的设备实现,对于函数 $f(\omega t)$,模数平均值等于

$$A_{\mathrm{cp}} = \frac{1}{T} \int_0^T \mid f(\omega t) \mid \mathrm{d}t$$

Если несинусоидальная величина симметрична относительно оси абсцисс и не меняет знака в течение полупериода, то её среднее значение за половину периода равно среднему выпрямленному значению.

非正弦量相对于横坐标轴对称并且在半周期内不改变符号,那么它在半周期内的平均值等于整流平均值。

Среднее значение величин измеряют приборами магнитоэлектрической системы, а среднее по модулю—приборами магнитоэлектрической системы с выпрямителем.

平均值由电磁装置测量,而模数平均值由带整流器的电磁装置测量。

Кривые несинусоидальных периодических величин отличаются бесконечным разнообразием. При этом часто требуется произвести оценку их гармонического состава и формы, не прибегая к точным расчётам. Для этого используют коэффициенты формы, амплитуды и искажений.

非正弦周期量的曲线具有无限的变化。此时,通常需要评估其谐波组成和曲线形状,且不进行精确计算,为此需用到形状系数、振幅系数和失真系数。

Коэффициент формы определяют как отношение действующего значения к среднему по модулю значению

形状系数是有效值与模数平均值的比值

$$k_{\phi} = A/A_{\mathrm{cp}}$$

Для синусоиды это значение равно $k_{\phi} = \pi/(2\sqrt{2}) \approx 1,11$.

对于正弦曲线,此值等于 $k_{\phi} = \pi/(2\sqrt{2}) \approx 1.11$。

Коэффициент амплитуды определяют как отношение максимального $a_{\max}$ к действующему значению периодической функции

振幅系数被定义为周期函数的最大值 $a_{\max}$ 与有效值之比

$$k_a = a_{\max}/A$$

Для синусоиды это значение равно $k_a = \sqrt{2} = 1,41$.

对于正弦曲线,此值为 $k_a = \sqrt{2} = 1.41$。

Коэффициент искажений определяют как отношение действующего значения основной гармоники к действующему значению всей функции

失真系数是基波的有效值与整个函数的有效值之比

$$k_{\mathrm{и}} = A_1/A$$

Для синусоиды это значение равно $k_{\mathrm{и}} = 1,0$.

对于正弦曲线,此值为 $k_{\mathrm{и}} = 1.0$。

Новые слова и словосочетания　单词和词组

1. среднее 平均值
2. среднее по модулю 模量平均值
3. среднее за половину периода 半周期平均值
4. среднее выпрямленное значение 整流平均值
5. выпрямитель 整流器
6. магнитоэлектрическая система 电磁装置
7. коэффициент формы 形状系数
8. коэффициент амплитуды 振幅系数
9. искажение 失真
10. коэффициент искажения 失真系数

Вопросы для самопроверки　自测习题

1. Как определяются действующие значения периодических несинусоидальных величин? 如何确定非正弦周期量的有效值？

2. Какими приборами можно измерить действующие значения несинусоидальных величин? 哪些仪器可用于测量非正弦值的有效值？

3. Что такое среднее значение несинусоидальной величины? 非正弦值的平均值如何计算？

4. Какими приборами измеряют среднее и среднее выпрямленное значения? 哪些设备可测量平均值和整流平均值？

5. Дайте определения коэффициентам формы, амплитуды и искажений. 给出形状系数、振幅系数和失真系数的定义。

6. Чему равны значения коэффициентов формы, амплитуды и искажений для синусоидальной функции? 正弦函数的形状系数、振幅系数和失真系数是多少？

7.3 Мощность цепи несинусоидального тока　非正弦电流电路的功率

Активная мощность цепи несинусоидального тока определяется так же, как для цепи синусоидального тока, т. е. как среднее значение мгновенной мощности за период
确定非正弦电流电路有功功率的方式与在正弦电流电路中相同，即为周期内瞬时功率的平均值

$$P = \frac{1}{T}\int_0^T p\mathrm{d}t = \frac{1}{T}\int_0^T ui\mathrm{d}t \qquad (7.6)$$

Подставляя в (7.6) выражения для напряжения и тока из (7.3), получим
将公式(7.3)中的电压和电流公式代入公式(7.6)，可得

$$P = \frac{1}{T} \int_0^T \left[U_0 + \sum_{k=1}^{\infty} U_{km} \sin(k\omega t + \varphi_{uk}) \right] \times \left[I_0 + \sum_{k=1}^{\infty} I_{km} \sin(k\omega t + \varphi_{uk} - \varphi_k) \right] dt$$

$$= U_0 I_0 + \sum_{k=1}^{\infty} U_k I_k \cos \varphi_k = \sum_{k=0}^{\infty} P_k$$

Таким образом, активная мощность при несинусоидальном токе равна сумме активных мощностей отдельных гармоник, включая постоянную составляющую, как гармонику с нулевой частотой ($\omega_0 = 0; \varphi_0 = 0$).

因此,非正弦电流的有功功率等于各个谐波的有功功率之和,包括零频率谐波的恒定分量($\omega_0 = 0; \varphi_0 = 0$)。

По аналогии с синусоидальным током можно ввести понятие реактивной мощности, как суммы реактивных мощностей гармонических составляющих, т. е.

与正弦电流类似,可引入无功功率这一概念,无功功率是谐波分量的无功功率之和,即

$$Q = \sum_{k=1}^{\infty} U_k I_k \sin \varphi_k = \sum_{k=1}^{\infty} Q_k$$

Также по аналогии вводится понятие полной или кажущейся мощности, как произведение действующих значений напряжения и тока

以此类推,也可引入满功率或者视在功率的概念,它们是电压和电流有效值的乘积。

$$S = UI$$

Активная мощность любой электрической цепи меньше полной, за исключением цепи, состоящей из идеальных резистивных элементов, для которой $P = S$. Отношение активной мощности к полной называется коэффициентом мощности и его можно приравнять косинусу некоторого угла φ , т. е.

除了在理想电阻元件组成的电路中会有 $P = S$,其他任何电路的有功功率均小于视在功率。有功功率与视在功率之比被称为功率因数,它等于某个角 φ 的余弦值,即

$$P/S = \cos \varphi$$

Такое же соотношение между активной и полной мощностью будет у двухполюсника в цепи синусоидального тока, если действующие значения напряжения и тока на его входе будут равны действующим значениям несинусоидального напряжения и тока, а сдвиг фазы синусоиды тока относительно напряжения будет равен φ . Такие синусоидальные величины называются эквивалентными синусоидами и используются для оценочных расчётов в цепях несинусоидального тока.

当正弦电流电路输入端的电压和电流有效值等于非正弦电压和电流的有效值,而正弦电流相对于电压的相移为 φ 时,二端网络中的正弦电流与非正弦电流的有功功率和视在功率比值相同。这种正弦波被称为等效正弦波,被用于非正弦电流电路中的评估计算。

Вопросы для самопроверки　自测习题

1. Чему равна активная (реактивная) мощность при несинусоидальном токе и/или напряжении в цепи? 电路中非正弦电流和/或电压的有功功率(无功功率)等于多少?

2. Как определяется коэффициент мощности при несинусоидальном токе и/или напряжении в цепи? 如何通过电路中非正弦电流和/或电压来确定功率因数?

3. Что такое эквивалентная(ые) синусоида(ы)? 什么是等效正弦波?

7.4 Расчёт цепи несинусоидального тока   非正弦电路的计算

Расчёт цепи несинусоидального тока выполняется методом наложения для каждой гармоники ЭДС действующей в цепи. При расчёте можно пользоваться комплексным методом, учитывая, что индуктивное сопротивление для k-й гармоники равно $X_{kL} = \omega_k L = k\omega_1 L$, а ёмкостное— $X_{kC} = 1/\omega_k C = 1/k\omega_1 C$. Расчёт цепи для постоянной составляющей соответствует расчёту на постоянном токе, но его можно вести также как на переменном токе, полагая для реактивных сопротивлений $k = 0$. Тогда $X_{0L} = 0$, а $X_{0C} = \infty$. Следовательно, индуктивный элемент будет эквивалентен замыканию, а ёмкостный—разрыву цепи между точками включения.

对于电动势的每个谐波,非正弦电流电路的计算可采用叠加法。第 k 次谐波的感抗等于 $X_{kL} = \omega_k L = k\omega_1 L$,而容抗等于 $X_{kC} = 1/\omega_k C = 1/k\omega_1 C$,因而计算时可采用综合法。恒定分量电路的计算方法与直流电路中的计算方法相同,但也可采用交流电路中的计算方法,当 $k = 0$ 时,感抗 $X_{0L} = 0$,而容抗 $X_{0C} = \infty$。因此,电感元件将等效于短路,而电容元件将等效于开路。

Выполним в качестве примера расчёт входного тока, напряжения на активном сопротивлении и мощности для схемы замещения на рис. 7.2(а) при двух значениях индуктивности. Активное сопротивление в данном случае является нагрузкой цепи, состоящей из индуктивного и ёмкостного элементов. Пусть входное напряжение равно $u(t) = 10,0 + 28,2\sin(1\,000t - \pi/6) + 7,07\sin(3\,000t + \pi/4)$ В. Параметры элементов цепи: $R = 20$ Ом; $C = 125$ мкФ; $L_1 = 2$ мГн и $L_2 = 20$ мГн.

以图 7.2(a)所示电路为例,计算电阻支路的输入电流、电压和功率,其中电感值有两个。此时,电阻是电路的负载,电路由电感元件和电容元件构成。假设输入电压为 $u(t) = 10.0 + 28.2\sin(1\,000t - \pi/6) + 7.07\sin(3\,000t + \pi/4)$ V,电路元件的参数: $R = 20\ \Omega$; $C = 125\ \mu$F; $L_1 = 2$ mH; $L_2 = 20$ mH。

Спектр входного напряжения содержит постоянную составляющую, первую и третью гармоники. Представим отдельные гармоники входного напряжения в комплексной форме

输入电压频谱包含一个恒定分量、一次谐波和三次谐波。我们将输入电压的各次谐波分别以复数形式表示:

$$\underline{U}_0 = 10\text{V}; \underline{U}_1 = 20\text{e}^{-\text{j}\pi/6}; \underline{U}_3 = 5\text{e}^{\text{j}\pi/4}$$

Реактивные сопротивления цепи для k-й гармоники можно представить в виде

对第 k 次谐波,电路的电抗可表示为

$$X_{kL} = k\omega_1 L = kX_{1L}; X_{kC} = \frac{1}{k\omega_1 C} = \frac{X_{1C}}{k}$$

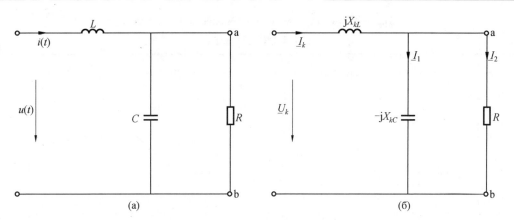

Рис. 7. 2 Цепь несинусоидального тока

图 7.2 非正弦电流电路

где $X_{1L} = \omega_1 L$ и $X_{1C} = 1/(\omega_1 C)$ —индуктивное и ёмкостное сопротивления на частоте основной гармоники. Тогда $X_{1L_1} = \omega_1 L_1 = 2$ Ом, $X_{1L_2} = \omega_1 L_2 = 20$ Ом и $X_{1C} = 1/(\omega_1 C) = 8$ Ом.

其中 $X_{1L} = \omega_1 L$, $X_{1C} = 1/(\omega_1 C)$ 是基频处的感抗和容抗。此时 $X_{1L_1} = \omega_1 L_1 = 2$ Ω, $X_{1L_2} = \omega_1 L_2 = 20$ Ω , $X_{1C} = 1/(\omega_1 C) = 8$ Ω。

Комплексное сопротивление участка ab рис. 7. 2(б) на частоте k-й гармоники равно

在图 7.2(б)中,ab 段在第 k 次谐波时的复阻抗等于

$$\underline{Z}_{kab} = -\,\mathrm{j}\,\frac{R \cdot X_{1C}/k}{R - \mathrm{j}X_{1C}/k} = -\,\mathrm{j}\,\frac{R \cdot X_{1C}}{k \cdot R - \mathrm{j}X_{1C}} \qquad (7.7)$$

а общее комплексное сопротивление цепи

而电路总阻抗为

$$\underline{Z}_k = \mathrm{j}kX_{1L} + \underline{Z}_{kab} \qquad (7.8)$$

Комплексные значения гармоник токов и напряжения на активном сопротивлении определим по закону Ома

依据欧姆定律,可确定电感上的复电流以及电阻上的复电压

$$\underline{I}_k = \underline{U}_k / \underline{Z}_k ; \underline{U}_{kR} = \underline{U}_{kab} = \underline{Z}_{kab}\,\underline{I}_k \qquad (7.9)$$

Подставляя в (7.7)—(7.9) $k = 0, 1, 3$ при двух значениях L , получим искомые величины и рассчитаем действующие значения напряжения и тока и активную мощность, и результаты расчёта указаны в таблице 7. 1.

针对 L 的两个值,将 $k = 0,1,3$ 代入式(7.7)—(7.9),可求得复阻抗值并计算电压和电流的有效值和有功功率,计算结果见表 7.1。

$$U = \sqrt{U_0^2 + U_1^2 + U_3^2} = 22.9 \text{ V} ; I = \sqrt{I_0^2 + I_1^2 + I_3^2} ;$$
$$P = U_0 I_0 + U_1 I_1 \cos\varphi_1 + U_3 I_3 \cos\varphi_3 \qquad (7.10)$$

Таблица 7.1 Результаты расчёта электрической цепи

表 7.1　电路计算结果

L	k	$Z_{kab}\,[\Omega]$	$Z_k\,[\Omega]$	$I_k\,[A]$	$U_{kab}\,[V]$	$U\,[V]$	$I\,[A]$	$P\,[W]$
L_1	0	20	20	0.5	10.0	10.0	7.3	71.2
	1	$7.4\cdot e^{-j68.2°}$	$5.6\cdot e^{-j60.6°}$	$3.5\cdot e^{j30.6°}$	$26.4\cdot e^{-j37.6°}$	$20.0\cdot e^{-j30.0°}$		
	3	$3.9\cdot e^{-j78.7°}$	$0.78\cdot e^{j11.3°}$	$6.3\cdot e^{j33.7°}$	$25.0\cdot e^{-j45.0°}$	$5.0\cdot e^{j45.0°}$		
L_2	0	20	20	0.5	10.0	10.0	1.6	11.2
	1	$7.4\cdot e^{-j68.2°}$	$13.4\cdot e^{j78.1°}$	$1.5\cdot e^{-j108.1°}$	$11.1\cdot e^{-j176.3°}$	$20.0\cdot e^{-j30.0°}$		
	3	$3.9\cdot e^{-j78.7°}$	$36.2\cdot e^{j88.8°}$	$0.14\cdot e^{-j43.8°}$	$0.54\cdot e^{-j122.5°}$	$5.0\cdot e^{j45.0°}$		

Из расчётных значений видно, что на частоте третьей гармоники при индуктивности 2 мГн возникает режим близкий к резонансу напряжений ($\varphi_3 = 11,3°$) и напряжение на активном сопротивлении в пять раз превосходит входное напряжение на этой частоте. При этом модуль входного сопротивления составляет только $0,78$ Ома, поэтому действующее значение тока третьей гармоники достигает величины в $6,3$ ампера и является основной составляющей действующего значения входного тока ($I = 7,3$ A). На частоте первой гармоники напряжение на активном сопротивлении при этих параметрах также превосходит входное в $1,3$ раза.

从计算值可看出,在 2 mH 电感中注入三次谐波时,出现了类似于电压谐振的情形 ($\varphi_3 = 11.3°$),在该频率下,电阻上的电压是输入电压的 5 倍。此时输入阻抗的模仅为 0.78 Ω,因此三次谐波电流有效值达到 6.3 A,是输入电流有效值的主要占比($I = 7.3$ A)。在基波频率下,电阻电压也超过输入电压 1.3 倍。

Увеличение индуктивности до 20 мГн приводит к тому, что напряжение первой гармоники на активном сопротивлении ослабляется приблизительно в $1,8$ раза, а третьей— почти в 10 раз. Из выражения (7.7) следует, что с увеличением k модуль сопротивления $\underline{Z}_{kab}$ уменьшается и в пределе стремится к нулю. Это значит, что при отсутствии резонанса высшие гармоники в спектре напряжения на активном сопротивлении будут подавляться.

电感增加到 20 mH 会导致电阻上的基波电压衰减约 1.8 倍,而三次谐波的电压则衰减近 10 倍。从公式(7.7)得出,随着 k 的增加,阻抗 $\underline{Z}_{kab}$ 的模减小并且极限值趋于零。这意味着在没有谐振时,依据电阻上的电压频谱,可看出高次谐波被抑制。

В данных таблицы 7.1 следует обратить внимание на то, что для постоянной составляющей все величины вещественные и не зависят от параметров реактивных элементов, в частности, от индуктивности. Если в схеме рис. 7.2(6) реактивные элементы заменить их сопротивлениями при нулевой частоте, то она будет состоять из активного сопротивления, подключённого к источнику с напряжением 10 В.

在表 7.1 的数据中,应当注意到,恒定分量对应的所有电参量都是实数,且不取决于电抗元件的参数,尤其是不取决于电感。如果在图 7.2(6)中用零频率的电阻替换电抗元件,那么它将变成一个由 10 V 直流电源向电阻供电的电路。

Таким образом, зависимость от частоты реактивных сопротивлений электрической цепи позволяет при определённом построении схемы и выборе параметров формировать в ней режимы, при которых будут усиливаться или ослабляться токи или напряжения заданной частоты или диапазона частот. Усиление или ослабление токов или напряжений определённой частоты называется электрической фильтрацией, а устройства, реализующие эту функцию—электрическими фильтрами.

因此在设计电路以及选择元件参数时,需要考虑频率对电抗的影响,以免造成对特定频率或频率范围内的电流或电压的放大或抑制。对特定频率的电流或电压的放大或抑制被称为电滤波,而实现此功能的设备被称为电滤波器。

Новые слова и словосочетания　单词和词组

1. замыкание 短路
2. спектр 频谱
3. частота основной гармоники 基频
4. ослабляться［未］衰减;抑制
5. подавляться［未］抑制
6. усиливаться［未］放大
7. фильтрация 滤波
8. электрическая фильтрация 电滤波
9. ослабление 抑制

Вопросы для самопроверки　自测习题

1. Каков алгоритм расчёта цепи при действии на неё несинусоидальной ЭДС? 在含有非正弦电动势的电路中,应该怎样进行电路计算?

2. Что такое электрическая фильтрация и электрические фильтры? Для чего они используются? 什么是电滤波和电滤波器? 它们有哪些用途?

Глава 8 Переходные процессы в электрических цепях
第8章 电路的瞬态响应

8.1 Законы коммутации и начальные условия 换路定理与初始条件

Переходные процессы в электрической цепи, это электромагнитные процессы, происходящие при изменении её состояния в течение некоторого промежутка времени.

电路中的瞬态响应是在某段时间间隔内电路状态改变时引发的电磁过程。

Причиной того, что состояние цепи не может измениться мгновенно, является наличие энергии в электрических и магнитных полях, запас которой в переходном процессе должен перераспределиться между полями или быть преобразованным в неэлектрические виды энергии. Невозможность скачкообразного изменения состояния полей следует из необходимости использования для решения этой задачи источника электрической энергии бесконечной мощности, т. к. в этом случае $p = \mathrm{d}\omega/\mathrm{d}t = \infty$.

电路状态不能瞬时变化的原因在于电场和磁场中存在能量,在瞬态响应过程中,电场和磁场之间重新分配能量或将其转换为非电形式的能量。场状态的跃变是不可能的,因为跃变需要使用无限大的电源,在这种情况下, $p = \mathrm{d}\omega/\mathrm{d}t = \infty$ 。

В отличие от установившихся режимов, в которых состояние цепи определяется постоянными параметрами величин ЭДС, напряжения и тока, в переходных процессах эти параметры изменяются во времени. Поэтому переходные процессы описываются дифференциальными уравнениями. Однородными, если в цепи отсутствуют источники электрической энергии, или неоднородными, если такие источники есть.

在稳态时,电路状态由电动势、电压和电流等恒定参量确定,而在瞬态响应时,这些参量会随时间变化,因此,瞬态响应由微分方程描述。当电路中没有电源时,方程为齐次性的;电路中有电源时,方程为非齐次性的。

В дальнейшем мы будем рассматривать переходные процессы, происходящие в линейных электрических цепях с сосредоточенными параметрами при быстром (скачкообразном) изменении схемы соединений.

下面我们将研究具有集总参数的线性电路中的瞬态响应,这一过程发生在电路状态快速变化(跃变)时。

Мгновенное изменение схемы соединения или параметров элементов электрической цепи называется коммутацией. Для описания коммутации используют понятие идеального ключа или просто ключа. Идеальный ключ это элемент электрической цепи, который может находиться в двух состояниях—нулевого и бесконечно большого активного сопротивления, и мгновенно менять своё состояние в заданный момент времени. Сопротивление реального технического устройства не может измениться мгновенно, но если время его изменения существенно меньше длительности последующего процесса, то можно считать коммутацию мгновенной. На схемах замещения ключ изображают в виде механического замыкающего, размыкающего или переключающего контакта (рис. 8.1(а)—рис. 8.1(в)). Иногда стрелкой показывают направление его движения при коммутации.

电路结构或元件参数的瞬时改变被称为换路。为描述换路,可使用理想开关或开关这一概念。理想开关是电路元件,这种元件可处于两种状态:电阻为零和电阻为无限大,可在给定的时间点瞬间改变自身状态。实际技术设备中的电阻不能瞬间改变,但是如果改变时间明显少于后续过程的持续时间,则可认为切换是瞬时的。在等效电路中,开关以机械闭合、断开或转换接点的形式出现(图 8.1(а)—图 8.1(в)),有时用箭头表示换路时开关的移动方向。

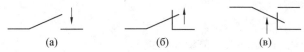

（а）　　　　　　　（б）　　　　　　　（в）

Рис. 8.1 Идеальные ключи

图 8.1 理想开关

При анализе переходных процессов отсчёт времени производят от момента коммутации $t = 0$ и вводят понятия момента времени, непосредственно рис. 8.1 предшествующего коммутации $t = 0_-$, и момента времени, непосредственно следующего за коммутацией $t = 0_+$.

在分析瞬态响应时,以换路时间点作为 $t = 0$ 的时刻开始计算,在图 8.1 中引入两个概念:换路前的最终时刻 $t = 0_-$ 和换路后的最初时刻 $t = 0_+$。

Из выражения для мощности индуктивного элемента цепи $p_L = u_L i_L = L \dfrac{\mathrm{d}i_L}{\mathrm{d}t} i_L$ следует, что для скачкообразного изменения тока $\mathrm{d}i_L = \infty \Rightarrow p_L = \infty$ требуется бесконечно большая мощность, поэтому ток в ветви с индуктивным элементом не может измениться скачкообразно и после коммутации сохраняет значение, которое было до коммутации. Этот вывод называется первым законом коммутации и математически записывается в виде

根据电路中电感元件的功率公式 $p_L = u_L i_L = L \dfrac{\mathrm{d}i_L}{\mathrm{d}t} i_L$,可推导出,对于电流跃变, $\mathrm{d}i_L = \infty \Rightarrow p_L = \infty$,需要无限大的功率,因此带有电感元件的支路电流不能突然跃变,在切换后需保持换路前的值。该结论被称为换路第一定律,其数学形式是

$$i_L(0_-) = i_L(0_+) \tag{8.1}$$

Аналогично можно заключить, что напряжение на ёмкостном элементе не может измениться скачкообразно, т. к. в этом случае мощность ёмкостного элемента $p_C = u_C i_C = u_C C \dfrac{\mathrm{d}u_C}{\mathrm{d}t} = \infty \mid_{\mathrm{d}u_C/\mathrm{d}t = \infty}$ будет бесконечно большой и в такой цепи не может быть обеспечен баланс мощностей. Этот вывод называется вторым законом коммутации и математически записывается в виде

通过类推,可得出结论,电容性元件上的电压不能跃变,因为在这种情况下,电容元件的

功率 $p_C = u_C i_C = u_C C \dfrac{\mathrm{d}u_C}{\mathrm{d}t} = \infty \mid_{\mathrm{d}u_C/\mathrm{d}t = \infty}$ 将无限大,在这样的电路中,功率平衡得不到满足。该

结论被称为换路第二定律,其数学形式是

$$u_C(0_-) = u_C(0_+) \qquad\qquad (8.2)$$

Значения токов в индуктивных элементах цепи $i_L(0_-)$ и напряжений на ёмкостных элементах $u_C(0_-)$ непосредственно перед коммутацией называются начальными условиями переходного процесса. Если эти значения равны нулю, то такие условия называются нулевыми начальными условиями. В противном случае начальные условия ненулевые.

在换路前的最终时刻,电路中电感元件的电流值 $i_L(0_-)$ 和电容元件的电压值 $u_C(0_-)$ 被称为瞬态响应的初始条件。如果这些值等于零,那么这样的条件被称为零初始条件;反之,初始条件为非零。

Новые слова и словосочетания　单词和词组

---

1. переходный процесс 瞬态响应

2. перераспределиться［完］重新分配

3. скачкообразное изменение 跃变

4. однородное уравнение 齐次方程

5. неоднородное уравнение 非齐次方程

6. коммутация 换路

7. начальное условие 初始条件

8. ключ 开关

9. идеальный ключ 理想开关

10. длительность［阴］持续时间,长度

11. переключать［未］转换

12. скачкообразно［副］跃变地

13. первый закон коммутации 换路第一定律

14. второй закон коммутации 换路第二定律

Вопросы для самопроверки　自测习题

---

1. Почему состояние электрической цепи не может измениться мгновенно? 为什么电路的状态不能瞬时改变?

2. Что такое коммутация? 什么是换路?

3. Что такое идеальный ключ? 什么是理想开关?

4. Почему ток в индуктивном элементе не может измениться скачкообразно? 为什

么电感元件中的电流不能跃变?

5. Почему напряжение на ёмкостном элементе не может измениться скачкообразно? 为什么电容元件上的电压不能跃变?

6. Что такое начальные условия? 什么是初始条件?

8.2 Классический метод расчёта переходных процессов　瞬态响应的经典计算方法

Переходные процессы в электрических цепях описываются системой дифференциальных уравнений, составленных на основе законов Ома, Кирхгофа, электромагнитной индукции и др. для состояния цепи после коммутации. Для простых цепей эту систему уравнений можно исключением переменных свести к одному в общем случае неоднородному дифференциальному уравнению относительно какой-либо величины

为描述换路后的电路状态,电路中的瞬态响应用微分方程组描述,该微分方程组的理论基础是欧姆定律、基尔霍夫定律、电磁感应定律等。在简单电路中,可通过消除变量,将这个方程组简化为针对单个变量的非齐次微分方程

$$B_0 \frac{\mathrm{d}^n a}{\mathrm{d}t^n} + B_1 \frac{\mathrm{d}^{n-1} a}{\mathrm{d}t^{n-1}} + \ldots + B_{n-1} \frac{\mathrm{d}a}{\mathrm{d}t} + B_n a = C \qquad (8.3)$$

В качестве искомой величины выбирают либо ток в индуктивном элементе, либо напряжение на ёмкостном. Порядок уравнения n не превышает числа накопителей энергии в цепи (индуктивных и ёмкостных элементов).

选择电感元件中的电流或电容元件中的电压作为所求值。方程阶次 n 不超过电路中能量存储元件(电感和电容元件)的个数。

Далее решение уравнения ищут в виде суммы частного решения неоднородного уравнения и общего решения однородного дифференциального уравнения.

然后求解,方程的解是非齐次方程的特解和齐次微分方程的通解之和。

$$a = a_{\text{уст}} + a_{\text{св}}$$

В качестве частного решения выбирают решение для установившегося режима после коммутации, которое можно найти обычными методами расчёта цепей в установившемся режиме.

选择换路后的稳态的解作为特解,这可利用稳态电路的常规计算方法实现。

Общее решение однородного уравнения

齐次方程的通解

$$B_0 \frac{\mathrm{d}^n a}{\mathrm{d}t^n} + B_1 \frac{\mathrm{d}^{n-1} a}{\mathrm{d}t^{n-1}} + \ldots + B_{n-1} \frac{\mathrm{d}a}{\mathrm{d}t} + B_n a = 0 \qquad (8.4)$$

$a_{\text{св}}$ называется свободной составляющей, так как это решение соответствует процессам в цепи при отсутствии воздействия на неё источников электрической энергии. Если свободную составляющую представить экспонентой $a_{\text{св}} = Ae^{pt}$ и подставить в уравнение (8.4), то получим

$a_\text{св}$被称为自由分量,因为这个解对应于不受电源影响的电路响应。将自由分量用指数 $a_\text{св} = Ae^{pt}$ 表示,代入方程式(8.4),可得出

$$(B_0 p^n + B_1 p^{n-1} + \ldots + B_{n-1} p + B_n) Ae^{pt} = 0$$

$$\Downarrow$$

$$B_0 p^n + B_1 p^{n-1} + \ldots + B_{n-1} p + B_n = 0 \qquad (8.5)$$

Последнее выражение (8.5) называется характеристическим уравнением. Оно получается формальной заменой производных в (8.4) на p^k, где k —порядок соответствующей производной.

公式(8.5)最后的公式被称为特征方程,是通过用 p^k 替换式(8.4)中的导数获得,其中 k 是导数的阶数。

Свободная составляющая решения представляет собой сумму n линейно независимых слагаемых вида $a_k = A_k e^{p_k t}$

解的自由分量是 n 个线性非独立指数项 $a_k = A_k e^{p_k t}$ 的加权和

$$a_\text{св} = \sum_{k=1}^{n} A_k e^{p_k t} \qquad (8.6)$$

где p_k —корень характеристического уравнения (8.5). Если в решении уравнения (8.5) есть корни кратности m, то соответствующие слагаемые в (8.6) имеют вид

其中 p_k 是特征方程式(8.5)的根。当方程(8.5)的解中有多重根时,式(8.6)中对应项的形式为

$$a_l = A_l e^{pt};\ a_{l+1} = t A_{l+1} e^{pt};\ \ldots\ ;a_{l+m-1} = t^{m-1} A_{l+m-1} e^{pt}$$

При получении в решении уравнения (8.5) комплексно сопряжённых пар корней, каждой паре корней $p_{q,q+1} = -\delta_q \pm j\omega_q$ в (8.6) будет соответствовать слагаемое вида

若方程式(8.5)中 p 的第 q 和 $q+1$ 的根互为共轭 $-\delta_q \pm j\omega_q$,则式(8.6)中的项将与以下形式对应

$$a_q + a_{q+1} = A_q e^{-\delta_q t} \sin(\omega_q + \psi_q)$$

На последнем этапе решения из начальных условий находят постоянные интегрирования A_k, Ψ_q. Для этого определяют значение $a_\text{св}(0_+)$ и $n-1$ её производных в начальный момент времени $a'_\text{св}(0_+), a''_\text{св}(0_+), \ldots a_\text{св}^{(n-1)}(0_+)$. Дифференцируя $n-1$ раз (8.6) и приравнивая полученные выражения начальным значениям, получим систему линейных алгебраических уравнений для определения постоянных интегрирования.

最后利用初始条件求出积分常数 A_k 和 Ψ_q,为此需确定在初始时刻的值 $a_\text{св}(0_+)$ 及其 $n-1$ 个导数的值 $a'_\text{св}(0_+), a''_\text{св}(0_+), \ldots a_\text{св}^{(n-1)}(0_+)$。对公式(8.6)求 $n-1$ 次微分,使获得的公式与初始条件相等,继而求得用于确定积分常数的线性代数方程组。

$$a_\text{св}(0_+) = A_1 + A_2 + \ldots A_n$$

$$a'_\text{св}(0_+) = p_1 A_1 + p_2 A_2 + \ldots p_n A_n$$

$$\vdots$$

$$a_\text{св}^{n-1}(0_+) = p_1^{n-1} A_1 + p_2^{n-1} A_2 + \ldots p_n^{n-1} A_n$$

Новые слова и словосочетания　单词和词组

1. порядок 阶次

2. накопитель энергии 能量存储元件

3. общее решение 一般解, 通解

4. частное решение 特解

5. установившийся режим 稳态

6. свободная составляющая 自由分量

7. характеристическое уравнение 特征方程

8. корень [阳] 根

9. корень кратности 多重根

10. пара комплексно сопряжённых корней 复共轭根

11. постоянная интегрирования 积分常数

Вопросы для самопроверки　自测习题

1. В какой форме ищут решение дифференциального уравнения, описывающего переходный процесс в цепи? 如何获得描述电路瞬态响应的微分方程的解？

2. Что такое свободная составляющая решения? 什么是解的自由分量？

3. Как получить характеристическое уравнение? 如何得到特征方程？

4. Какой вид имеют слагаемые свободной составляющей решения при различных корнях характеристического уравнения? 对于特征方程的不同根, 解的自由分量的项具有什么形式？

5. Как определяют постоянные интегрирования? 如何确定积分常数？

8.3 Переходные процессы в цепи с индуктивным и резистивным элементами　阻感电路的瞬态响应

Рассмотрим переходные процессы в цепи с последовательным включением индуктивного и резистивного элементов (рис. 8.2(a)). Состояние цепи после замыкания ключа S описывается дифференциальным уравнением

我们来研究电感和电阻元件串联连接电路(图 8.2(a))的瞬态响应。开关 S 闭合后的电路状态由以下微分方程描述

$$u_L + u_R = L\frac{\mathrm{d}i}{\mathrm{d}t} + Ri = e \tag{8.7}$$

Общее решение этого уравнения для тока в цепи

电路中电流方程的通解为

$$i = i_{\text{уст}} + i_{\text{св}} \tag{8.8}$$

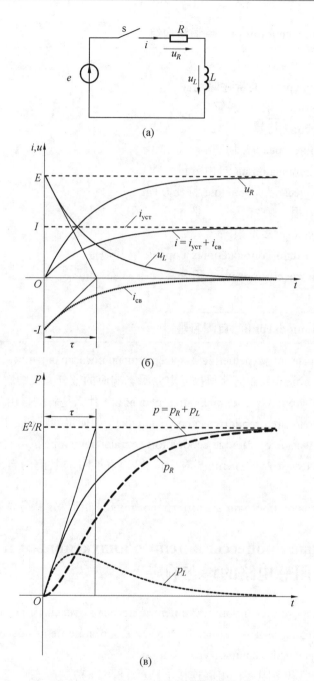

(а)

(б)

(в)

Рис. 8.2 Цепь с последовательным включением индуктивного и резистивного
элементов и её переходные процессы
图 8.2 电感和电阻元件串联电路及其瞬态响应

Найдём общее решение однородного уравнения
求得齐次方程的通解

$$L\frac{\mathrm{d}i_{\text{св}}}{\mathrm{d}t} + Ri_{\text{св}} = 0 \qquad (8.9)$$

Для этого составим характеристическое уравнение— $Lp + R = 0$ и решим его относительно $p = -R/L$. Отсюда свободная составляющая тока— $i_{\text{св}} = Ae^{-\frac{R}{L}t}$.

为此,可列出特征方程 $Lp + R = 0$,对 $p = -R/L$ 求解,得出所求电流的通解分量为 $i_{\text{св}} = Ae^{-\frac{R}{L}t}$ 。

Свободная составляющая тока представляет собой экспоненциальную функцию вида $i_{\text{св}} = Ae^{-t/\tau}$, которая изменяется от значения A до нуля за бесконечно большой промежуток времени. Скорость изменения функции определяется величиной $\tau = |1/p| = L/R$, называемой постоянной времени. Чем меньше τ , тем быстрее экспонента стремится к нулю. Постоянную времени можно определить также как время, в течение которого функция изменяется в e раз. На графике это отрезок, отсекаемый на оси времени касательной в начальной точке кривой (рис. 8. 2 (6)). Теоретически конечное значение экспоненты является асимптотой, поэтому переходный процесс должен продолжаться бесконечно. На самом деле через 3τ , 4τ и 5τ значение тока будет отличаться от нуля на 5% , 2% и 0, 67% . В технике принято считать длительностью переходного процесса время, в течение которого экспоненциальная функция достигает значения, отличающегося от установившегося значения не более чем на 5% , т. е. 3τ . Всеми свойствами функции $e^{-t/\tau}$ обладает также функция вида $1 - e^{-t/\tau}$, с той лишь разницей, что установившимся значением для неё является единица, а не нуль.

电流的自由分量是 $i_{\text{св}} = Ae^{-t/\tau}$ 的指数函数,它在无限长的时间段内从 A 变为 0。函数的变化率由值 $\tau = |1/p| = L/R$ 确定,它被称为时间常数。τ 越小,指数趋于 0 的速度越快。时间常数也可被视作函数改变 e 次的时间,在曲线图上,对应于从零点开始到电感电压曲线起点处的切线与时间轴交点之间的时间段(图 8.2(6))。从理论上讲,指数的终值是一条渐近线,因此瞬态响应可无限期延续。实际上,在 3τ 、4τ 和 5τ 之后,电流值将与 0 相差5%、2% 和 0.67%。在设备中,通常将瞬态响应的持续时间设定为指数函数达到与稳态值相差不超过 5% 的时间,即 3τ 。形式为 $1 - e^{-t/\tau}$ 的函数也具有函数 $e^{-t/\tau}$ 的所有属性,唯一的区别在于稳态值是 1,而不是 0。

В рассматриваемой цепи $\tau = \dfrac{L}{R} = \dfrac{2Li^2}{2Ri^2} = 2\dfrac{w_M}{p}$, т. е. постоянная времени определяет неизменное соотношение между энергией в магнитном поле катушки индуктивности и скоростью её преобразования в активном сопротивлении. Чем больше запас энергии (L) и чем медленнее она преобразуется (меньше R), тем длительнее переходный процесс в цепи.

在所研究的直流电路中, $\tau = \dfrac{L}{R} = \dfrac{2Li^2}{2Ri^2} = 2\dfrac{w_M}{p}$, 时间常数决定了电感线圈中的磁场能量被电阻消耗的时间。储能(L)越大,转换越慢(R 越小),电路中的瞬态响应越缓慢。

Установившееся значение тока $i_{\text{уст}}$ определяется в результате расчёта цепи после окончания переходного процесса при заданном значении ЭДС e .

在瞬态响应结束后,根据电动势 e 的值,电流的稳态值 $i_{\text{уст}}$ 由电路计算结果确定。

Искомый ток протекает в цепи с индуктивным элементом, поэтому для него должен выполняться первый закон коммутации $i(0_-) = i(0_+)$. Определив начальное значение тока $i(0_-)$, мы можем найти постоянную интегрирования A из уравнения (8.8) для момента коммутации.

所求电流在带有电感元件的电路中流动,因此它必须满足换路第一定律 $i(0_-) = i(0_+)$。在确定了电流初值 $i(0_-)$ 之后,可通过公式(8.8)求出切换时刻的积分常数 A。

$$i(0_-) = i(0_+) = i_{уст}(0_+) + i_{св}(0_+) = i_{уст}(0_+) + A \Rightarrow A = i(0_-) - i_{уст}(0_+) \qquad (8.10)$$

Новые слова и словосочетания   单词和词组

---

1. экспоненциальный 指数的

2. экспоненциальная функция 指数函数

3. постоянная времени 时间常数

4. экспонент 指数

5. отсекать [未] 切断

6. касательная кривая 正切曲线

7. асимптота 渐近线

8. установившееся значение 稳态值

9. запас энергии 储能

10. начальное значение 初值

8.3.1 Подключение цепи к источнику постоянной ЭДС   恒定电动势源的接入

В установившемся режиме ток в цепи с постоянной ЭДС не меняется, поэтому $di_{уст}/dt = 0$ и уравнение (8.7) имеет вид $Ri_{уст} = E$. Отсюда $i_{уст} = E/R$ и общее решение для тока

在稳态下,在具有恒定电动势的电路中,电流不会改变,因此 $di_{уст}/dt = 0$,等式(8.7)的形式为 $Ri_{уст} = E$,求得 $i_{уст} = E/R$,电流的解为

$$i = i_{уст} + i_{св} = \frac{E}{R} + Ae^{-\frac{R}{L}t} \qquad (8.11)$$

В выражении (8.11) единственной неизвестной величиной является A. Для её определения нужно знать начальное значение тока $i(0_-)$. До коммутации цепь была разомкнута, поэтому $i(0_-) = i(0_+) = 0$. Подставляя это значение в (8.10), получим постоянную интегрирования $A = -E/R$ и окончательное выражение для тока

在公式(8.11)中,唯一的未知量是 A。要确定该量值,需要知道电流的初始值 $i(0_-)$。在换路之前,电路是开路的,所以 $i(0_-) = i(0_+) = 0$。将该值代入式(8.10),可得到积分常数 $A = -E/R$ 和电流的最终公式。

$$i = \frac{E}{R} - \frac{E}{R}e^{-\frac{R}{L}t} = \frac{E}{R}(1 - e^{-\frac{R}{L}t}) = I(1 - e^{-t/\tau}) \qquad (8.12)$$

Отсюда нетрудно найти напряжения на индуктивном и резистивном элементах
由此不难求出电感和电阻元件上的电压

$$u_L = L \frac{\mathrm{d}i}{\mathrm{d}t} = E\mathrm{e}^{-t/\tau} ; u_R = Ri = E(1 - \mathrm{e}^{-t/\tau}) \tag{8.13}$$

На рис. 8.2(6) приведены графики функций (8.12) и (8.13). После коммутации ток и все напряжения в цепи изменяются по экспонентам с одинаковыми постоянными времени. Напряжение на индуктивном элементе в момент коммутации скачкообразно увеличивается до напряжения источника питания, а затем уменьшается до нуля в конце переходного процесса.

图 8.2(6)是式(8.12)和式(8.13)的函数曲线。换路后,电路中所有电流和电压以相同的时间常数呈指数变化。换路时,电感元件上的电压跃变至电源电压,然后在瞬变结束时减小到零。

Физический смысл переходного процесса при подключении цепи к источнику электрической энергии заключается в накоплении энергии в магнитном поле катушки. Действительно, энергия магнитного поля $w_M = Li^2/2$ изменяется в ходе процесса в соответствии с изменением тока от нулевого значения до конечной величины $W_M = LI^2/2$, после чего остаётся постоянной.

将电路与电源相连时,瞬态响应的物理意义在于将能量存储在线圈的磁场中。实际上,在此过程中,随着电流的变化,磁场能量 $w_M = Li^2/2$ 从零变到最终值 $W_M = LI^2/2$,之后将保持恒定。

Мощность, потребляемая от источника ЭДС, и рассеиваемая резистивным элементом в виде тепла равна
电动势源提供的功率和电阻元件以热量形式耗散的功率都等于

$$p_R = Ri^2 = \frac{E^2}{R}(1 - 2\mathrm{e}^{-t/\tau} + \mathrm{e}^{-2t/\tau})$$

а мощность, расходуемая на формирование магнитного поля—
而形成磁场的功率是

$$p_L = u_L i = \frac{E^2}{R}(\mathrm{e}^{-t/\tau} - \mathrm{e}^{-2t/\tau})$$

В начале процесса (рис. 8.2(в)) практически вся энергия, потребляемая цепью от источника, накапливается в магнитном поле. Затем всё большая часть её начинает рассеиваться резистивным элементом, а процесс накопления замедляется ($p_L \to 0$), и в установившемся режиме наступает состояние, когда вся энергия источника преобразуется в тепло в резистивном элементе.

在过渡过程开始时(图 8.2(в)),电路从电源得到的能量几乎都累积在磁场中,之后其中大部分能量开始通过电阻元件消散,磁场能量累积过程变慢($p_L \to 0$),在稳态时,电源所有能量都转换为电阻元件消耗的热量。

8.3.2 Отключение цепи от источника постоянной ЭДС　恒定电动势源的断开

Рассмотрим процесс отключения цепи от источника постоянной ЭДС. Пусть идеальный ключ S длительное время находился в состоянии 1 так, что переходный процесс, связанный с накоплением энергии индуктивным элементом L завершился, а затем переключился в положение 2 (рис. 8.3(а)).

我们来研究电路与恒定电动势源断开的过程。让理想开关 S 长时间处于位置1,使电感元件 L 的能量积累相关的瞬态响应得以完成,然后切换到位置2(图8.3(а))。

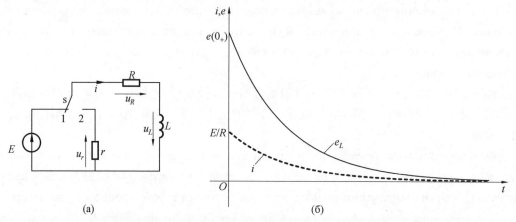

Рис. 8.3 Переходный процесс отключения цепи от источника постоянной ЭДС

图8.3 断开恒定电动势电源时电路的瞬态响应

После переключения в цепи отсутствует источник электрической энергии, и она описывается однородным дифференциальным уравнением

若接通后,电路没有电源,则用齐次微分方程描述

$$u_L + u_R + u_r = L\frac{\mathrm{d}i_{\text{св}}}{\mathrm{d}t} + (R + r)i_{\text{св}} = 0 \qquad (8.14)$$

и, следовательно, ток содержит только свободную составляющую $i_{\text{св}} = Ae^{pt}$.

因此,电流仅包含自由分量 $i_{\text{св}} = Ae^{pt}$ 。

Корнем характеристического уравнения $Lp + (R + r) = 0$ является $p = -(R + r)/L$. Отсюда постоянная времени $\tau = L/(R + r)$.

特征方程 $Lp + (R + r) = 0$ 的根是 $p = -(R + r)/L$ 。因此,时间常数 $\tau = L/(R + r)$ 。

Установившееся значение тока в цепи в положении 1 ключа S (см. предыдущий раздел) равно начальному значению до и после коммутации $i(0_-) = i(0_+) = E/R$. Из выражения (8.10) с учётом того, что $i_{\text{уст}} = 0$, постоянная интегрирования определится как $A = i(0_+) = E/R$. Отсюда окончательно ток в цепи

换路时,电流的初始值等于开关 S 在位置 1 时电流的稳态值(参见上一节),即 $i(0_-) = i(0_+) = E/R$ 。依据公式(8.10),当稳态电流 $i_{\text{уст}} = 0$ 时,积分常数被定义为 $A = i(0_+) = E/R$ 。由此得出电路中的电流

$$i = \frac{E}{R}e^{-\frac{R+r}{L}t} = Ie^{-t/\tau} \qquad (8.15)$$

После размыкания ключа S в цепи начинается переходный процесс, связанный с преобразованием энергии $w_L = Li^2/2$, накопленной в магнитном поле катушки, в тепло, рассеиваемое резистивными элементами R и r. Процесс преобразования заканчивается при снижении тока до нуля, т. е. при полном рассеянии накопленной энергии (рис. 8.3(6)).

电路中的开关 S 断开后,瞬态响应开始,该过程的实质为存储在线圈中的磁场能量 $w_L = Li^2/2$ 转换为电阻元件 R 和 r 耗散的热量,当电流减小到零,即完全耗散了存储的能量时,瞬态响应结束(图 8.3(6))。

Определим ЭДС самоиндукции в цепи

我们来确定电路中的自感应电动势

$$e = -L\frac{di}{dt} = \frac{R+r}{R}Ee^{-t/\tau} \qquad (8.16)$$

Из выражения (8.16) следует, что в момент коммутации на индуктивном элементе возникает ЭДС самоиндукции $e(0_+) = (R+r)E/R$, превосходящая ЭДС источника в $(1 + r/R)$ раз, а на сопротивлении r —падение напряжения $u_r(0_+) = ri(0_+) = E \cdot r/R$. Отключение цепи с индуктивным элементом без замыкания на сопротивление эквивалентно условию $r = \infty$, где r —сопротивление разомкнутых контактов ключа. В результате на катушке и на ключе должно возникать бесконечно большое напряжение. На самом деле этого не происходит, т. к. уже при напряжении в несколько киловольт в зазоре контактов выключателя возникает электрическая дуга, которая имеет конечное электрическое сопротивление, снижающее перенапряжения. Тем не менее, это явление представляет большую опасность для оборудования и требует учёта и принятия мер для уменьшения вредных последствий. Самыми распространёнными способами снижения перенапряжений в цепях постоянного тока являются включение конденсатора и резистора параллельно контактам ключа или диода и резистора параллельно катушке индуктивности (рис. 8.4). При размыкании ключа S конденсатор начинает заряжаться (рис. 8.4(а)), создавая контур для протекания тока параллельно контактам ключа. Эту же функцию выполняет диод на рис. 8.4(6). При замкнутом ключе S ЭДС источника смещает диод в отрицательном направлении, в котором он обладает высоким сопротивлением. При размыкании ключа диод смещается в положительном направлении за счёт ЭДС самоиндукции и открывает путь для протекания тока минуя ключ.

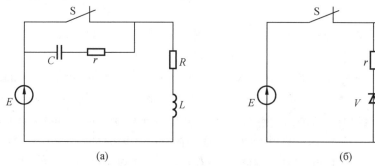

Рис. 8.4 Способы снижения перенапряжений в цепях постоянного тока

图 8.4 减少直流电路中过电压的方法

从公式(8.16)可看出,换路时,在电感元件产生了自感电动势 $e(0_+) = (R+r)E/R$,超

出电动势源 $(1 + r/R)$ 倍,而在电阻 r 上产生电压降 $u_r(0_+) = ri(0_+) = E \cdot r/R$。在不经电阻连接的情况下,断开具有电感性元件的电路相当于 $r = \infty$,其中 r 是开关断开时触点之间的电阻,这将使线圈和开关上产生无穷大的电压。实际上,这种情况不可能发生,因为在几千伏的电压下,电弧会出现在开关触点的间隙中,该电弧具有有限电阻,可减少过电压,但是这种现象会给设备带来极大的风险,需要考虑并采取降低不利影响的措施。减少直流电路中过电压的最常见方法:将含有内阻的电容器与开关触点并联或将含有内阻的二极管与电感线圈并联(图8.4)。开关 S 断开时,电容器开始充电(图8.4(a)),从而形成一个并行于开关触点的电流流动回路。图8.4(6)中的二极管具备相同的功能,在开关 S 闭合时,二极管承受反向电源电动势,这使二极管具有较高的电阻,当开关断开时,由于存在自感应电动势,二极管承受正向电动势,为电流流动打开通路。

Новые слова и словосочетания   单词和词组

1. переключиться [完] 转换
2. переключение 转换
3. размыкание 断开
4. разомкнутый контакт 常开触点
5. киловольт 千伏
6. зазор 间隙,接缝
7. выключатель [阳]开关
8. электрическая дуга 电弧
9. заряжаться [未] 充电

8.3.3 Переходные процессы при периодической коммутации   周期性换路时的瞬态响应

Переключения ключа S на схеме рис. 8.3(a) могут происходить периодически (рис. 8.5) так, что в течение времени t_1 он находится в положении 1, а в течение остальной части периода $T - t_1$ —в положении 2. Отношение $0 \leqslant \gamma = t_1/T \leqslant 1,0$ называется скважностью.

图8.3(a)电路中的开关 S 可周期性切换(图8.5),因此在 t_1 时间段内,处于位置1,在其余的时间段 $T - t_1$ 内,处于位置2,比率 $0 \leqslant \gamma = t_1/T \leqslant 1.0$ 被称为占空比。

На первом интервале происходит подключение цепи к источнику ЭДС и переходный процесс будет аналогичен рассмотренному в разделе 8.3.1. На втором интервале RL цепь отключается от источника электрической энергии и замыкается на сопротивление r. Переходный процесс при этом аналогичен рассмотренному в разделе 8.3.2. Постоянная времени цепи на первом интервале равна $\tau_1 = L/R$, а на втором $\tau_2 = L/(R + r)$. Отличие переходных процессов при периодической коммутации заключается только в том, что начальные условия в них могут быть ненулевыми.

在第一段间隔中,电路连接到电动势源,瞬态响应与8.3.1小节中讲述的类似。在第二

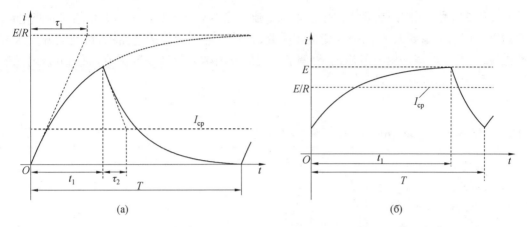

Рис. 8.5 Переходный процесс при периодической коммутации

图 8.5 周期性换路时的瞬态响应

段间隔中,电路与电源断开,接通电阻 r ,瞬态响应与第 8.3.2 小节中讨论的过程类似。在第一段间隔中,电路的时间常数为 $\tau_1 = L/R$,在第二段间隔中,时间常数为 $\tau_2 = L/(R + r)$ 。周期性换路期间瞬态响应之间的差异仅在于初始条件是否为零。

При малой длительности первого интервала ($t_1 < 3\tau_1$) ключ S переключится с положение 2 до того как ток в цепи достигнет установившегося значения E/R (рис. 8.5(a)). После этого начнётся процесс рассеяния энергии накопленной в магнитном поле к моменту переключения $w_L = Li_1(t_1)^2/2$, где $i_1(t_1)$ —значение тока в цепи на границе первого интервала. Если $T - t_1 > 3\tau_2$, то к концу периода ток в цепи снизится практически до нуля. Такой режим коммутации называется режимом прерывистого тока. В случае $T - t_1 < 3\tau_2$ (рис. 8.5(б)) накопленная в магнитном поле энергия не сможет рассеяться на втором интервале. Тогда начальные условия для первого интервала будут ненулевыми $0 < i_1(0_+) = i_2(T - t_1) < E/R$ и ток в цепи на всём периоде не будет сжаться до нуля. Этот режим коммутации называется режимом непрерывного тока.

在较短的第一段时间间隔内($t_1 < 3\tau_1$),电路中的电流达到稳态值 E/R (图 8.5(a))之前,将开关 S 从位置 2 切换,此后积聚在磁场中的能量 $w_L = Li_1(t_1)^2/2$ 将开始耗散,其中 $i_1(t_1)$ 是电路在第一段时间间隔末尾处的电流值。如果 $T - t_1 > 3\tau_2$,那么到该周期结束时,电路中的电流将减小到几乎为零。该换路模式被称为间歇电流模式。当 $T - t_1 < 3\tau_2$ 时(图 8.5(6)),磁场中积累的能量无法在第二段时间间隔内完全耗散,此时第一段间隔的初始条件将为非零 $0 < i_1(0_+) = i_2(T - t_1) < E/R$,在整个周期内,电路中的电流不会为零。该换路模式被称为连续电流模式。

На рис. 8.5 штриховой линией показаны средние значения тока в цепи. При изменении скважности в пределах $0 \leqslant \gamma \leqslant 1,0$ среднее значение тока изменяется от нуля до E/R . Таким образом, в цепи с индуктивным элементом можно регулировать ток с помощью ключа, изменяя значение γ . Этот способ регулирования тока называется широтно-импульсным, а устройство, реализующее его, — широтно-импульсным регулятором тока.

在图 8.5 中,用虚线表示电路中的平均电流。当占空比在 $0 \leqslant \gamma \leqslant 1.0$ 范围内变化时,平均电流值将从零到 E/R 范围内变化。因此,在带有电感元件的电路中,可使用开关来改变电流,改变 γ 的值来调节电流,这种调节电流的方法称为脉冲宽度调节,而调节该电流的装置被称为脉宽电流调节器。

Новые слова и словосочетания   单词和词组

1. периодическая коммутация 周期性换路
2. скважность [阴] 占空比
3. отключаться [未] 断开
4. замыкаться [未] 接通
5. ненулевой 非零的
6. режим прерывистого тока 间歇电流模式
7. режим непрерывного тока 连续电流模式
8. широтно-импульсный 宽脉冲的
9. регулятор 调节器

8.3.4 Подключение цепи к источнику синусоидальной ЭДС   正弦电动势源的接入

Для анализа переходного процесса, возникающего при подключении RL цепи к источнику синусоидальной ЭДС, в правую часть уравнения (8.7) нужно подставить соответствующую функцию. Пусть действующая в цепи ЭДС равна $e = E_m \sin \omega t$. Тогда установившееся значение тока можно найти по закону Ома как

为分析 RL 电路连接正弦电动势源时的瞬态响应,需要将相应函数代入公式(8.7)的右侧,使作用于电路的电动势 $e = E_m \sin \omega t$,然后根据欧姆定律求出稳态电流值

$$i_{ycт} = I_m \sin(\omega t - \varphi) \tag{8.17}$$

где $I_m = E_m/Z, Z = \sqrt{R^2 + (\omega L)^2}$; $\varphi = \arctan(\omega L/R)$.

此时 $I_m = E_m/Z, Z = \sqrt{R^2 + (\omega L)^2}$; $\varphi = \arctan(\omega L/R)$。

Свободная составляющая тока не зависит от вида источника энергии воздействующего на цепь и равна

电流自由分量不取决于作用于电路的能源类型,等于

$$i_{cв} = A e^{-\frac{R}{L}t} = A e^{-t/\tau}$$

До замыкания ключа S ток в цепи был нулевым, поэтому, в соответствии с первым законом коммутации— $i(0_-) = i(0_+) = 0$.

在开关 S 闭合之前,电路中的电流为零,因此根据换路第一定律,$i(0_-) = i(0_+) = 0$。

Пусть коммутация произошла в момент времени $t_\alpha = \alpha/\omega$, соответствующий фазовому углу α (рис. 8.6). Тогда установившееся значение в момент коммутации равно $i_{ycт}(t_\alpha) = i_{ycт}(0_+) = I_m \sin(\omega t_\alpha - \varphi) = I_m \sin(\alpha - \varphi)$. Подставляя это значение в (8.10), получим постоянную интегрирования $A = -I_m \sin(\alpha - \varphi)$ и окончательное выражение для тока в переходном процессе

让换路在与相位角 α 相对应的时间 $t_\alpha = \alpha/\omega$ 处发生(图 8.6),那么换路时的稳态值等于 $i_{уст}(t_\alpha) = i_{уст}(0_+) = I_m \sin(\omega t_\alpha - \varphi) = I_m \sin(\alpha - \varphi)$,将该值代入式(8.10),可得出积分常数 $A = -I_m \sin(\alpha - \varphi)$ 和瞬态响应中电流的最终公式

$$i = i_{уст} + i_{св} = I_m \sin(\omega t - \varphi) - I_m \sin(\alpha - \varphi) e^{-t/\tau} \tag{8.18}$$

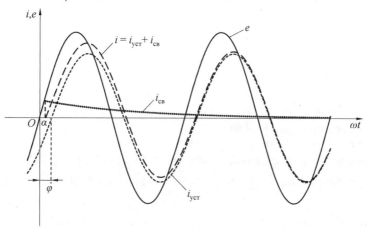

Рис. 8.6 Переходные процессы, возникающие при подключении цепи

к источнику синусоидальной ЭДС

图 8.6 接入正弦电动势源的瞬态响应

Из выражения (8.18) следует, что ток в цепи при переходном процессе в общем случае представляет собой затухающие колебания с частотой ЭДС ω (рис. 8.6). Однако в случае подключения цепи в момент времени $t_\alpha = \varphi/\omega$, т. е. в момент, когда угол включения $\alpha = \varphi$ и значение установившегося тока равно нулю, переходного процесса в цепи не будет и сразу наступит установившийся режим. Наихудшие условия переходного процесса возникают в цепи при подключении её в момент $t_\alpha = (\varphi \pm \pi/2)/\omega$, т. е. когда угол включения $\alpha = \varphi \pm \pi/2$. В этом случае при условии $\tau > T$ ток примерно через половину периода достигает почти двукратного амплитудного значения установившегося режима. Этот ток называется сверхтоком и может вызывать опасные перенапряжения. Сверхтоки возникают при включении трансформаторов, двигателей переменного тока, реле, контакторов и других устройств с большой индуктивностью и требуют принятия мер по снижению их влияния на работу оборудования.

由公式(8.18)可推导出,在一般情况下,瞬态响应电路中的电流是具有电动势频率 ω 的阻尼振荡(图 8.6)。但是,在 $t_\alpha = \varphi/\omega$ 时刻连接电路,即当导通角 $\alpha = \varphi$ 且稳态电流值为零时,电路中不会出现瞬态响应,会立即进入稳态。当在 $t_\alpha = (\varphi \pm \pi/2)/\omega$ 时刻连接电路,即当夹角 $\alpha = \varphi \pm \pi/2$ 时,电路中出现最差的换路条件。此时在 $\tau > T$ 的条件下,大约在半个周期之后,电流的振幅值几乎达到稳态时的两倍,该电流被称为过电流,它可能引发危险的过电压。在接通变压器、交流电动机、继电器、接触器和其他具有大电感的设备时,会发生过电流,需要采取措施,降低对设备运行的不利影响。

Новые слова и словосочетания　单词和词组

1. затухать [未] 阻止
2. затухающее колебание 阻尼振荡，衰减振荡
3. угол включения 导通角
4. двукратный 两倍的
5. сверхток 过电流
6. реле 继电器
7. контактор 接触器

Вопросы для самопроверки　自测习题

1. Чему равна постоянная времени *RL* цепи? *RL* 电路的时间常数是多少？

2. Как определяют длительность переходного процесса? 如何确定瞬态响应的持续时间？

3. Как влияет увеличение (уменьшение) величины индуктивности (сопротивления) на длительность переходного процесса? 电感（电阻）的增加（减少）如何影响瞬态响应的持续时间？

4. Поясните физический смысл постоянной времени. 说明时间常数的物理含义。

5. Чему равно установившееся значение тока в (напряжения на) индуктивности при подключении цепи к источнику ЭДС? 当电路连接到电动势源时，电感的电流稳态值（电压稳态值）是多少？

6. Что происходит с энергией магнитного поля при отключении цепи от источника? 当电路与电源断开时，磁场能量将怎样变化？

7. Какие проблемы возникают при отключении цепи и как они решаются? 电路断开时会出现什么问题？ 如何解决？

8. Как протекают переходные процессы при периодической коммутации? 周期性换路瞬态响应如何发生？

9. При каком условии ток в цепи при периодической коммутации будет непрерывным? 周期性换路电路中的电流在什么条件下是连续的？

10. Что такое широтно-импульсный регулятор тока? 什么是脉宽电流调节器？

11. При каком условии переходный процесс при подключении *RL* цепи к источнику синусоидальной ЭДС будет отсутствовать? 在 *RL* 电路连接到正弦电动势源时，在什么条件下不会存在瞬态响应？

12. Что такое сверхток и при каком условии он возникает? 什么是过电流？ 它的产生条件是什么？

8.4 Переходные процессы в цепи с ёмкостным и резистивным элементами　阻容电路的瞬态响应

Переходные процессы в цепи с последовательным включением ёмкостного и резистивного элементов (рис. 8.7(а)) после замыкания ключа S описываются дифференциальным уравнением.

当开关 S 闭合之后，电容和电阻元件串联电路（图 8.7(а)）的瞬态响应由下列微分方程来描述。

$$u_R + u_C = RC\frac{\mathrm{d}u_C}{\mathrm{d}t} + u_C = e \tag{8.19}$$

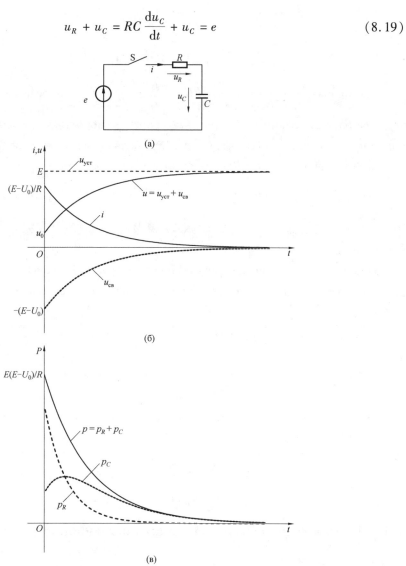

Рис. 8.7 Переходные процессы в цепи с ёмкостным и резистивным элементами

图 8.7 阻容电路的瞬态响应

Общее решение этого уравнения для напряжения на ёмкости

电容电压方程的通解为

$$u_C = u_{уст} + u_{св} \qquad (8.20)$$

Найдём общее решение однородного уравнения

将求得齐次方程的通解

$$RC \frac{du_{св}}{dt} + u_{св} = 0 \qquad (8.21)$$

Для этого составим характеристическое уравнение— $RCp + 1 = 0$ и решим его относительно p—$p = -1/(RC)$. Отсюда свободная составляющая напряжения—

为此,我们得到特征方程 $RCp + 1 = 0$,根据特征根 $p = -1/(RC)$,求解电压的自由分量为

$$u_{св} = Ae^{-\frac{t}{RC}} = Ae^{-t/\tau} \qquad (8.22)$$

Постоянная времени цепи $\tau = RC = 2 \frac{R}{u_C^2} \cdot \frac{Cu_C^2}{2} = 2 \frac{w_C}{p}$, определяет соотношение между энергией электрического поля конденсатора w_C и скоростью её преобразования в активном сопротивлении при его разряде p. Чем больше запас энергии (C) и чем медленнее она преобразуется (больше R), тем длительнее переходный процесс в цепи.

电路的时间常数 $\tau = RC = 2 \frac{R}{u_C^2} \cdot \frac{Cu_C^2}{2} = 2 \frac{w_C}{p}$ 决定了放电期间电容器的电场能量 w_C 与电阻放电功率 p 之间的关系。能量供应(C)越大,转换越慢(R 越大),电路中的瞬态响应越长。

Установившееся значение напряжения на ёмкостном элементе $u_{уст}$ определяется в результате расчёта цепи после окончания переходного процесса при заданном значении ЭДС e.

瞬态响应结束后,在给定电动势 e 条件下的电路计算结果决定了电容元件上的电压稳态值 $u_{уст}$。

Для искомого напряжения должен выполняться второй закон коммутации $u_C(0_-) = u_C(0_+)$. Определив начальное значение напряжения $u_C(0_-)$, мы можем найти постоянную интегрирования A из уравнения (8.20) для момента коммутации.

所求电压必须满足第二换路定律 $u_C(0_-) = u_C(0_+)$。在确定了初始电压值 $u_C(0_-)$ 后,我们可从公式(8.20)求出换路时的积分常数 A。

$$u_C(0_-) = u_C(0_+) = u_{уст}(0_+) + u_{св}(0_+)$$
$$= u_{уст}(0_+) + A \Rightarrow A = u_C(0_-) - u_{уст}(0_+) \qquad (8.23)$$

8.4.1 Подключение цепи к источнику постоянной ЭДС   恒定电动势源的接入

Для цепи с источником постоянной ЭДС $e = E = \text{const}$ уравнение (8.19) имеет вид $RC \frac{du_C}{dt} + u_C = E$. Но в установившемся режиме в цепи с постоянной ЭДС напряжение на ёмкости не меняется, поэтому $du_{уст}/dt = 0$ и $u_{уст} = E$. Отсюда с учётом (8.22) общее решение для напряжения

对于具有恒定电动势源 $e = E = \text{const}$ 的电路，公式 (8.19) 的形式为 $RC\dfrac{du_C}{dt} + u_C = E$。但在该类电路中，稳态时电容器上的电压不会改变，因此 $du_{уст}/dt = 0$ 且 $u_{уст} = E$。此时依据公式 (8.22)，电压的通解为

$$u_C = u_{уст} + u_{св} = E + Ae^{-t/\tau} \tag{8.24}$$

Для определения постоянной интегрирования A нужно знать начальное значение напряжения $u_c(0_-)$. До коммутации цепь была разомкнута, но ёмкость могла быть заряжена до некоторого напряжения $u_c(0_-) = U_0$, а т. к. ёмкостный элемент в схеме замещения идеальный, то его заряд при разомкнутой цепи может сохраняться сколь угодно долго. Подставляя начальное значение напряжения в (8.23), получим постоянную интегрирования $A = U_0 - E$ и окончательное выражение для напряжения

为确定积分常数 A，需要知道初始电压值 $u_c(0_-)$。在换路之前，电路是断开的，但是可将电容充电到一定的电压 $u_c(0_-) = U_0$，由于等效电路中的电容元件是理想元件，因此它在充电后，当处于开路状态时，可无限期维持电压值。将初始电压值代入公式 (8.23)，可得到积分常数 $A = U_0 - E$ 和电压的最终表达式

$$u_C = E - (E - U_0)e^{-t/\tau} = E(1 - e^{-t/\tau}) + U_0 e^{-t/\tau} \tag{8.25}$$

Отсюда нетрудно найти ток в цепи

由此不难求出电路中的电流

$$i = C\frac{du_C}{dt} = \frac{E - U_0}{R}e^{-t/\tau} \tag{8.26}$$

На рис. 8.7(б) приведены графики функций (8.22), (8.25) и (8.26). После коммутации ток в цепи скачкообразно увеличивается до значения, определяемого сопротивлением цепи и разностью потенциалов источника и начального напряжения на ёмкости, а затем уменьшается до нуля в конце переходного процесса.

在图 8.7(6) 中，给出了式 (8.22)、式 (8.25) 和式 (8.26) 的函数曲线。换路后，电路中的电流跃变至一个值，该值由电路电阻以及电源与电容器两端初始电压之间的电势差确定，然后在瞬态响应结束时降至零。

Физический смысл переходного процесса при подключении цепи к источнику электрической энергии заключается в накоплении заряда на обкладках и энергии в электрическом поле конденсатора. Из выражения (8.25) для $t = 0$ и $t = \infty$ следует, что в переходном процессе энергия электрического поля $w_э = Cu_C^2/2$ изменяется от $w_{э1} = Cu_0^2/2$ до величины $w_{э1} = CE^2/2$. После чего остаётся постоянной.

将电路连接到电源时，瞬态响应的物理含义是指电荷在极板上的积累和能量在于电容器电场内的积累。在公式 (8.25) 中，可得出在 $t = 0$ 和 $t = \infty$ 时的瞬态响应，电场能量 $w_э = Cu_C^2/2$ 从 $w_{э1} = Cu_0^2/2$ 变为 $w_{э1} = CE^2/2$，此后保持不变。

Мощность, потребляемая от источника ЭДС, и рассеиваемая резистивным элементом в виде тепла равна

电阻元件以热量形式耗散的功率由电动势源提供,等于

$$p_R = Ri^2 = \frac{(E - U_0)^2}{R} e^{-2t/\tau}$$

а мощность, расходуемая на формирование электрического поля——
而形成电场的功率是

$$p_C = u_C i = \frac{E - U_0}{R} [E e^{-t/\tau} - (E - U_0) e^{-2t/\tau}]$$

После коммутации (рис. 8.7(в)) значительная часть энергии, потребляемой цепью от источника, рассеивается в виде тепла в резистивном элементе. Но т. к. постоянная времени этого процесса в два раза меньше, чем $\tau = RC$, то он быстро затухает ($p_R \to 0$) и основная часть мощности далее расходуется на изменение состояния электрического поля, пока ёмкость по окончании переходного процесса не будет заряжена до величины ЭДС ($u_C(\infty) = E$).

换路后,电路从电源获得的很大一部分能量以热量的形式耗散在电阻元件中,但是由于该过程的时间常数为 $\tau = RC$ 的一半,然后迅速衰减($p_R \to 0$)(图8.7(в)),此后电源主要用于改变电场状态,瞬态响应结束时,电容充电至电动势值($u_C(\infty) = E$)。

8.4.2 Разрядка конденсатора через резистор　利用电阻使电容器放电

Рассмотрим процесс разрядки предварительно заряжённого конденсатора. Пусть идеальный ключ S длительное время находился в состоянии 1 так, что переходный процесс, связанный с накоплением заряда ёмкостным элементом C завершился, а затем переключился в положение 2 (рис. 8.8(а)). К моменту коммутации ключа S напряжение конденсатора будет равно $u_C(0_-) = u_C(0_+) = E$ (см. раздел 8.4.1).

我们来研究预充电电容器的放电过程。让理想开关 S 长时间处于位置1,使与电容元件 C 的电荷积累相关的瞬态响应结束,然后切换到位置2(图8.8 (а))。在开关 S 换路时,电容器电压将等于 $u_C(0_-) = u_C(0_+) = E$ (参见8.4.1)。

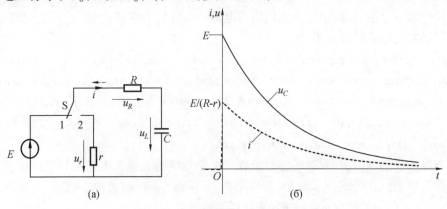

Рис. 8.8 Разрядка конденсатора через резистор

图8.8 利用电阻使电容器放电

После переключения конденсатор оказывается замкнутым последовательно соединён-ными резистивными элементами R и r и через них протекает ток разрядки. Направление протекания тока при разрядке противоположно направлению тока при зарядке и показано на рис. 8.8(а) штриховой стрелкой. В цепи отсутствует источник электрической энергии, поэтому переходный процесс закончится после того, как вся энергия электрического поля конденсатора $W_{\text{э}} = CE^2/2$ будет преобразована в тепло в резистивных элементах цепи. В этом состоянии ток в цепи прекратится, и напряжение на конденсаторе будет нулевым $W_{\text{э}} = 0 \Rightarrow u_C = 0$. Следовательно, установившееся значение напряжения будет нулевым $u_{\text{уст}} = 0$, и напряжение будет содержать только свободную составляющую $u_{\text{св}} = Ae^{pt}$.

换路后,电容器与电阻元件 R 和 r 串联形成闭合电路,这些元件中有放电电流流过。放电过程的电流方向与充电过程中的电流方向相反,如图 8.8(a) 中的虚线箭头所示。电路中不存在电源,因此在电容器中所有电场能量 $W_{\text{э}} = CE^2/2$ 将通过电阻元件转换为热量,瞬态响应在这之后结束。在这种状态下,电路中的电流将消失,电容器两端的电压将为 0,$W_{\text{э}} = 0 \Rightarrow u_C = 0$。因此,电压稳态值将为 0,即 $u_{\text{уст}} = 0$,电压将仅包含自由分量 $u_{\text{св}} = Ae^{pt}$。

Свободную составляющую напряжения найдём в результате решения однородного дифференциального уравнения для состояния цепи после коммутации.

在换路后的电路中求解齐次微分方程,然后可求得电压的自由分量。

$$(R + r)C \frac{\mathrm{d}u_{\text{св}}}{\mathrm{d}t} + u_{\text{св}} = 0 \tag{8.27}$$

Характеристическое уравнение для (8.27) $(R + r)Cp + 1 = 0$. Оно имеет корень $p = -1/[(R + r)C]$. Отсюда постоянная времени $\tau = (R + r)C$.

公式(8.27)的特征方程为 $(R + r)Cp + 1 = 0$,它的根为 $p = -1/[(R + r)C]$。因此,时间常数为 $\tau = (R + r)C$。

Подставляя начальное и установившееся значения в (8.23) получим постоянную интегрирования $A = E$. Отсюда окончательно напряжение на ёмкостном элементе

将初始值和稳态值代入公式(8.23),求得积分常数 $A = E$。由此得出,电容元件上的电压为

$$u_C = Ee^{-\frac{t}{(R+r)C}} = e^{-t/\tau} \tag{8.28}$$

Теперь можно определить ток в цепи

现在可确定电路中的电流

$$i = -C \frac{\mathrm{d}u_C}{\mathrm{d}t} = \frac{E}{R + r}e^{-t/\tau} \tag{8.29}$$

Из выражений (8.28) и (8.29) следует, что напряжение на ёмкостном элементе при переходном процессе монотонно изменяется от ЭДС источника до нуля, а ток в цепи в момент коммутации скачкообразно возрастает до значения $i(0_+) = E/(R + r)$, а затем также монотонно снижается до нуля (рис. 8.8(6)).

从公式(8.28)和公式(8.29)可得出,瞬态响应中电容元件上的电压从电源的电动势单调变化为零,换路时的电流突然增加到值 $i(0_+) = E/(R + r)$,然后也单调减少到零(图 8.8(6))。

8.4.3 Переходные процессы при периодической коммутации　周期性换路时的瞬态响应

Режим периодической коммутации, аналогичный рассмотренному для RC цепи, возможен в схеме рис. 8.8(а). На первом интервале происходит подключение цепи к источнику ЭДС и зарядка конденсатора с постоянной времени $\tau_1 = RC$ (см. раздел 8.4.1). На втором интервале RC цепь отключается от источника электрической энергии и происходит разрядка конденсатора с постоянной времени $\tau_2 = (R + r)C$ (см. раздел 8.4.2).

RC 电路中的周期性换路模式可能出现在图 8.8(а)的电路中。在第一段间隔中,电路连接到电动势源,电容器以时间常数 $\tau_1 = RC$ 充电(参见 8.4.1)。在第二段间隔中,RC 电路与电源断开连接,电容器以时间常数 $\tau_2 = (R + r)C$ 放电(参见 8.4.2)。

При малой длительности первого интервала ($t_1 < 3\tau_1$) ключ S переключится с положение 2 до того как напряжение на ёмкостном элементе достигнет значения E (рис. 8.9 (а)). После переключения начнётся процесс рассеяния энергии накопленной в электрическом поле к этому моменту $w_э = Cu_{C1}(t_1)^2/2$, где $u_{C1}(t_1)$ —напряжение на ёмкости на границе первого интервала. Если $T - t_1 > 3\tau_2$, то к концу периода напряжение u_{C2} снизится практически до нуля (рис. 8.9(а)). В случае $T - t_1 < 3\tau_2$ (рис. 8.9(б)) накопленная в конденсаторе энергия не сможет рассеяться на втором интервале. Тогда начальные условия для первого интервала будут ненулевыми $0 < u_{C1}(0_+) = u_{C2}(T - t_1) < E$.

当第一段时间间隔较短时($t_1 < 3\tau_1$),在电容元件上的电压达到值 E 之前,开关 S 将切换到位置 2(图 8.9(а))。换路后,电场中累积的能量开始耗散,此时 $w_э = Cu_{C1}(t_1)^2/2$,其中 $u_{C1}(t_1)$ 是在第一段间隔末尾时电容器两端的电压。当 $T - t_1 > 3\tau_2$ 时,到该周期结束,电压 u_{C2} 将下降到几乎为零(图 8.9(а))。当 $T - t_1 < 3\tau_2$ 时(图 8.9(б)),存储在电容器中的能量不能在第二段时间间隔内耗散,第一段间隔的初始条件将不为零,即 $0 < u_{C1}(0_+) = u_{C2}(T - t_1) < E$。

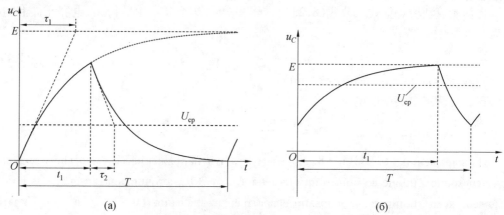

(а)   (б)

Рис. 8.9 Переходный процесс при периодической коммутации RC цепи

图 8.9 RC 电路周期性换路时的瞬态响应

На рис. 8.9 штриховой линией показаны средние значения напряжения u_C. При изменении скважности в пределах $0 \leqslant \gamma \leqslant 1,0$ среднее значение напряжения изменяется от нуля до E. Если параллельно конденсатору подключить некоторую нагрузку, то напряжение на ней можно регулировать изменением значения γ, т. е. широтно-импульсным способом, и рассмотренное устройство будет простейшим широтно-импульсным регулятором напряжения.

在图 8.9 中，u_C 的平均电压用虚线表示。当占空比在 $0 \leqslant \gamma \leqslant 1.0$ 范围内变化时，平均电压值从零变为 E。当电容器与某个负载并联连接时，可通过更改 γ 的值来控制负载上的电压，即脉宽调节方法，此类实现电压调节的设备被称为脉宽稳压器。

Вопросы для самопроверки   自测习题

1. Чему равна постоянная времени RC цепи? RC 电路的时间常数是多少？

2. Как влияет увеличение (уменьшение) величины ёмкости (сопротивления) на длительность переходного процесса? 电容(电阻)值的增加(减少)怎样影响瞬态响应的持续时间？

3. Чему равно установившееся значение напряжения (тока) ёмкости при подключении цепи к источнику ЭДС? 当电路连接到电源电动势时，电容的电压(电流)稳态值是多少？

4. Что происходит с энергией электрического поля при разрядке конденсатора через резистор? 当电容器通过电阻放电时，电场能量会发生什么变化？

5. Чем ограничивается ток в первый момент времени при разрядке конденсатора через резистор? 当电容器通过电阻放电时，第一段时间间隔电流由什么决定？

6. Как протекают переходные процессы при периодической коммутации? 周期性换路时瞬态响应是如何发生的？

7. При каком условии напряжение на конденсаторе при периодической коммутации не будет спадать до нуля? 在什么条件下周期性换路时电容器两端的电压不会降为零？

8. Что такое широтно-импульсный регулятор напряжения? 什么是脉宽稳压器？

8.5 Разрядка конденсатора через катушку индуктивности   利用电感线圈使电容器放电

Для получения импульсов напряжения в различных устройствах часто используется процесс разрядки конденсатора через катушку индуктивности. Если потери в конденсаторе незначительны, то его можно представить на схеме замещения идеальным ёмкостным элементом. Тогда схема цепи с катушкой индуктивности, потери в которой учитываются резистивным элементом, будет иметь вид рис. 8.10.

为了在不同设备中获得电压脉冲，通常利用电感线圈使电容器放电。如果电容器中的损耗微不足道，则在等效电路中可将其表示为理想电容元件，此时考虑电阻损耗的电感线圈电路如图 8.10 所示。

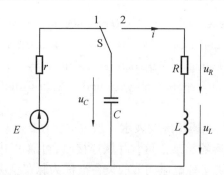

Рис. 8. 10 Схема разрядки конденсатора через катушку индуктивности

图 8.10 利用电感线圈使电容器放电电路

Пусть конденсатор C был предварительно заряжён до напряжения E источника, а затем ключ S переведён в положение 2.

让电容器 C 预充电到电源电压 E，然后将开关 S 切换到位置 2。

После коммутации ёмкостный элемент оказывается подключённым к последовательной RL цепи и начинается процесс разрядки, в ходе которого энергия, накопленная в ёмкостном элементе, частично преобразуется в энергию магнитного поля индуктивного элемента, а частично рассеивается в виде тепла в резистивном элементе. Процесс обмена энергией между электрическим полем ёмкостного элемента и магнитным полем индуктивного элемента продолжается до тех пор, пока вся энергия этих полей не будет рассеяна резистивным элементом. В результате в цепи установится нулевой ток при нулевом напряжении на ёмкостном элементе.

在切换之后，电容元件与 RL 电路串联，并开始放电，在此过程中，存储在电容元件中的部分能量被转换为电感元件的磁场能量，还有一部分能量作为电阻中的热量被耗散。电容元件的电场与电感元件的磁场之间的能量交换过程一直持续到电阻元件耗尽所有的场能。最终，电容元件的电压变为零时，电路电流变为零。

Уравнение Кирхгофа для контура цепи после коммутации с учётом направлений тока и напряжений на элементах имеет вид

基于元件上电流和电压的方向，换路后，回路的基尔霍夫方程具有以下形式

$$u_R + u_L - u_C = Ri + L\frac{\mathrm{d}i}{\mathrm{d}t} - u_C = 0 \tag{8.30}$$

Направления тока и напряжения на ёмкостном элементе противоположны, т. к. ток в цепи это ток разрядки конденсатора, поэтому $i = -C\dfrac{\mathrm{d}u_C}{\mathrm{d}t}$. Подставляя это выражение в (8.30), получим однородное дифференциальное уравнение второго порядка

电容元件上电流和电压的方向相反，因为电路中的电流就是电容器的放电电流，因此 $i = -C\dfrac{\mathrm{d}u_C}{\mathrm{d}t}$。将该公式代入(8.30)，我们将得到一个二阶齐次微分方程

$$L\frac{\mathrm{d}^2 u_C}{\mathrm{d}t^2} + R\frac{\mathrm{d}u_C}{\mathrm{d}t} + \frac{u_C}{C} = 0 \tag{8.31}$$

Характеристическим уравнением для (8.31) будет уравнение

公式(8.31)的特征方程为

$$Lp^2 + Rp + 1/C = 0 \qquad (8.32)$$

имеющее два корня—

它有两个根:

$$p_{1,2} = -\frac{R}{2L} \pm \sqrt{\left(\frac{R}{2L}\right)^2 - \frac{1}{LC}} = -\delta \pm \sqrt{\delta^2 - \omega_0^2}$$

$$= \delta\left[-1 \pm \sqrt{1 - \left(\frac{2\rho}{R}\right)^2}\right] \qquad (8.33)$$

где $\delta = \dfrac{R}{2L}$ —коэффициент затухания; $\omega_0 = \sqrt{\dfrac{1}{LC}}$ и $\rho = \sqrt{L/C}$ —резонансная частота и характеристическое сопротивление контура разрядки.

其中 $\delta = \dfrac{R}{2L}$ 是衰减系数; $\omega_0 = \sqrt{\dfrac{1}{LC}}$ 和 $\rho = \sqrt{L/C}$ 是放电电路的谐振频率和特性电抗。

Общее решение уравнения (8.31) для напряжения на ёмкостном элементе имеет вид

电容元件上电压公式(8.31)的通解具有以下形式

$$u_C = A_1 \mathrm{e}^{p_1 t} + A_2 \mathrm{e}^{p_2 t} \qquad (8.34)$$

Отсюда решение для тока в цепи

由此得出电路中电流的解

$$i = -C\frac{\mathrm{d}u_C}{\mathrm{d}t} = -C(p_1 A_1 \mathrm{e}^{p_1 t} + P_2 A_2 \mathrm{e}^{p_2 t}) \qquad (8.35)$$

В зависимости от параметров элементов цепи переходный процесс может иметь различный характер.

根据电路元件的参数,瞬态响应可能具有不同的特征。

Если $R > 2\rho$, то подкоренное выражение в (8.33) вещественное, оба корня также вещественные отрицательные и переходный процесс имеет апериодический характер, т. е. функции (8.34) и (8.35) представляют собой сумму двух экспонент с различными постоянными времени $\tau_1 = |1/p_1| > \tau_2 = |1/p_2|$.

当 $R > 2\rho$ 时,公式(8.33)中的根式内为实数,两个根也均为负值,瞬态响应具有非周期性特征,即函数(8.34)和函数(8.35)是具有不同时间常数 $|\tau_1 = |1/p_1| > \tau_2 = |1/p_2|$ 的两个指数的和。

Если $R < 2\rho$ —корни характеристического уравнения комплексные сопряжённые

当 $R < 2\rho$ 时,特征方程的根是复共轭根

$$p_{1,2} = -\delta \pm \mathrm{j}\sqrt{\omega_0^2 - \delta^2} = -\delta \pm \mathrm{j}\omega_\mathrm{c} \qquad (8.36)$$

где $\omega_\mathrm{c} = \sqrt{\omega_0^2 - \delta^2}$.

其中 $\omega_\mathrm{c} = \sqrt{\omega_0^2 - \delta^2}$。

Решением дифференциального уравнения при комплексных сопряжённых корнях являются периодические синусоидальные функции, поэтому переходный процесс в этом случае имеет колебательный характер.

复共轭根的微分方程的解是周期正弦函数,因此这种情况下的瞬态响应本质上具有振荡性。

Подставляя корни характеристического уравнения в (8.34), а затем, дифференцируя полученное выражение, получим общий вид решения для напряжения и тока

将特征方程式的根代入公式(8.34)中,对所得方程式两侧求微分,然后就得到微分方程的解,电压和电流解的一般形式为

$$u_C = e^{-\delta t}(A_1 e^{j\omega_c t} + A_2 e^{-j\omega_c t}) ;$$

$$i = Ce^{-\delta t}[-\delta(A_1 e^{j\omega_c t} + A_2 e^{-j\omega_c t}) + j\omega_c(A_1 e^{j\omega_c t} - A_2 e^{-j\omega_c t})] \qquad (8.37)$$

В случае $R = 2\rho$ корни кратные и переходный процесс будет также апериодическим. 当 $R = 2\rho$ 时,根是多重的,瞬态响应也将是非周期性的。

Новые слова и словосочетания   单词和词组

1. импульс 脉冲

2. коэффициент затухания 衰减系数

3. апериодический 非周期性的;无周期性的

4. вещественный отрицательный корень 负实数根

5. комплексный сопряжённый корень 复共轭根

6. колебательный характер 振荡性

7. кратный 多重的

8.5.1 Апериодический переходный процесс   非周期性瞬态响应

Для получения решения дифференциального уравнения (8.31) нужно определить постоянные интегрирования A_1 и A_2. Для этого нужно знать начальные условия, т. е. ток в индуктивном элементе и напряжение на ёмкостном элементе в момент коммутации. При общем описании процесса было установлено, что до перевода ключа в положение 2 ёмкость была заряжена до значения ЭДС источника, т. е. $u_C(0_-) = u_C(0_+) = E$, и ток в индуктивном элементе отсутствовал $i(0_-) = i(0_+) = 0$, т. к. его цепь была разомкнута.

为了获得微分方程(8.31)的解,需要确定积分常数 A_1 和 A_2。为此需要知道初始条件,即换路时电感元件的电流和电容元件的电压。该过程一般描述为:在将开关切换到位置2之前,电容已被充电至电源电动势值,即 $u_C(0_-) = u_C(0_+) = E$,且电感元件中没有电流 $i(0_-) = i(0_+) = 0$,因为电路处于开路状态。

Подставляя начальные условия в уравнения (8.34) и (8.35) при $t = 0$, получим систему уравнений для определения постоянных интегрирования

当 $t = 0$ 时,将初始条件代入方程(8.34)和方程(8.35)中,我们将获得一个可确定积分常数的方程组

$$u_C(0_-) = E = u_C(0_+) = A_1 + A_2$$
$$i(0_-) = 0 = i(0_+) = -C(p_1 A_1 + p_2 A_2)$$
$$\Downarrow$$
$$A_1 + A_2 = E$$
$$p_1 A_1 + p_2 A_2 = 0$$
$$A_1 = -\frac{p_2 E}{p_1 - p_2} \; ; A_2 = -\frac{p_1 E}{p_1 - p_2}$$

и окончательное решение для напряжения и тока

最终,电压和电流的解为

$$u_C = \frac{E}{p_1 - p_2}(p_1 e^{p_2 t} - p_2 e^{p_1 t})$$
$$i = \frac{E}{L(p_1 - p_2)}(e^{p_1 t} - e^{p_2 t}) \tag{8.38}$$

Из выражения (8.38) для тока можно найти напряжение на индуктивном элементе:

借助(8.38)的电流公式,可求出电感元件上的电压

$$u_L = \frac{E}{p_1 - p_2}(p_2 e^{p_2 t} - p_1 e^{p_1 t}) \tag{8.39}$$

Функции (8.38) и (8.39) представляют собой разности двух экспонент с различными постоянными времени. На рисунке 8.11(a) показаны эти кривые, а для тока приведены также составляющие его экспоненты i_1 и i_2. После быстрого затухания второй экспоненты характер переходного процесса и его длительность определяются практически первой экспонентой. Ток и напряжение на ёмкостном элементе в течение всего переходного процесса остаются положительными, а напряжение на индуктивном элементе меняет знак, но все функции имеют апериодический (непериодический) характер.

函数(8.38)和函数(8.39)是具有不同时间常数的两个指数函数的差。图8.11(a)显示了这些曲线以及电流 i_1 和 i_2 的指数曲线。在第二个指数曲线快速衰减之后,瞬态响应的性质及其持续时间实际上取决于第一个指数。在整个瞬态响应期间,电容元件上的电流和电压保持正值,而电感元件上的电压改变符号,但是所有函数都具有无周期性(非周期性)。

Ток в цепи вначале возрастает и имеет максимум, а затем уменьшается до нуля. Такой же характер имеет и количество энергии в магнитном поле катушки. Это значит, что в начале процесса разрядки энергия электрического поля конденсатора частично преобразуется в энергию магнитного поля катушки, а затем после максимума тока происходит монотонное рассеяние энергии обоих полей в резистивном элементе.

电路中最初的电流从零开始增大,在某个时刻达到最大值,然后再减小到零,线圈磁场中的能量变化趋势与电流变化趋势相同。这表明:在放电过程开始时,电容器电场的部分能量转换为线圈磁场的能量,在电流达到最大值后,两个场的能量会在电阻元件中不断耗散。

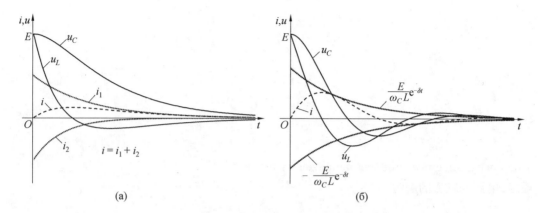

Рис. 8.11 Кривые апериодического переходного процесса

图 8.11 非周期性瞬态响应曲线

8.5.2 Колебательный переходный процесс　振荡瞬态响应

Для определения постоянных интегрирования при колебательном процессе использу-ем те же начальные условия $u_c(0_-) = u_C(0_+) = E$ и $i(0_-) = i(0_+) = 0$. Подставляя их в (8.37), получим

为确定振荡过程中的积分常数,需使用相同的初始条件 $u_c(0_-) = u_C(0_+) = E$ 和 $i(0_-) = i(0_+) = 0$。将它们代入公式(8.37),可得

$$A_1 + A_2 = E$$

$$\delta(A_1 + A_2) - \mathrm{j}\omega_c(A_1 - A_2) = 0$$

$$A_1 = \frac{E}{2\omega_c}(\omega_c - \mathrm{j}\delta)\,; A_2 = \frac{E}{2\omega_c}(\omega_c - \mathrm{j}\delta)$$

и далее из (8.37), используя формулу Эйлера

然后利用欧拉公式,公式(8.37)变成

$$u_C = \frac{E}{\omega_c}\mathrm{e}^{-\delta t}(\omega_c\cos \omega_c t + \delta\sin \omega_c t)\,;$$

$$i = \frac{E}{\omega_c L}\mathrm{e}^{-\delta t}\sin \omega_c t \qquad\qquad (8.40)$$

Дифференцируя выражение для тока, получим напряжение на индуктивином элеме-нте

通过对电流求微分,我们可得出电感元件上的电压

$$u_L = \frac{E}{\omega_c}\mathrm{e}^{-\delta t}(\omega_c\cos \omega_c t - \delta\sin \omega_c t) \qquad\qquad (8.41)$$

Частота собственных затухающих колебаний цепи ω_c, коэффициент затухания δ и ре-зонансная частота ω_0 связаны между собой соотношениями прямоугольного треугольника (8.36). Поэтому если принять $\tan \beta = \delta/\omega_c$, то $\omega_c = \omega_0\cos \beta, \delta = \omega_0\sin \beta$ и выражения для напряжений на реактивных элементах можно представить в виде

电路固有阻尼振动的频率 ω_c、阻尼系数 δ 和谐振频率 ω_0 构成的直角三角形相互关联,见式(8.36)。如果取 $\tan \beta = \delta/\omega_c$,则 $\omega_c = \omega_0\cos \beta$, $\delta = \omega_0\sin \beta$,电抗元件上的电压公式可

表示为

$$u_C = E\frac{\omega_0}{\omega_c}e^{-\delta t}\cos(\omega_c t - \beta);$$

$$u_L = -E\frac{\omega_0}{\omega_c}e^{-\delta t}\cos(\omega_c t + \beta) \tag{8.42}$$

Функции (8.42) и кривая тока показаны на рис. 8.11(6). Они представляют собой затухающие синусоидальные колебания. Скорость затухания определяется коэффициентом δ. На рисунке показаны также огибающие амплитуд тока $\frac{E}{\omega_c L}e^{-\delta t}$

函数(8.42)和电流曲线如图 8.11(6)所示,它们是正弦阻尼振荡,衰减率由系数 δ 确定。该图还显示了电流振幅的包络线 $\frac{E}{\omega_c L}e^{-\delta t}$。

Переход к колебательному переходному процессу от апериодического происходит при уменьшении сопротивления контура R как следствие замедления рассеяния энергии резистивным элементом цепи. В результате в контуре возникает периодический обмен энергией между полями аналогичный обмену при резонансе, но, в отличие от резонанса, где потери энергии в цепи восполнялись внешним источником, здесь процесс обмена сопровождается необратимым рассеянием и постепенным затуханием колебаний. Помимо затухания колебаний рассеяние энергии проявляется в их частоте ω_c, которая меньше резонансной частоты цепи ω_0 и приближается к ней по мере уменьшения δ. Теоретически частота колебаний будет равна резонансной при нулевом сопротивлении контура. В этом случае в цепи установится режим незатухающих колебаний при отсутствии внешнего источника энергии.

随着回路中的电阻 R 逐渐减小,回路中非周期性瞬态响应转为振荡瞬态响应,能量耗散过程减缓。电路中出现场之间的周期性能量交换,这类似于谐振时的交换,但该交换过程伴随着不可逆的能量耗散和振荡的逐渐衰减,这点与谐振不同,谐振电路中的能量损耗由额外的电源补偿。除了振幅减小,能量耗散还体现在频率 ω_c 上,该频率小于电路 ω_0 的振荡频率,并随着 δ 的减小,逐渐接近振荡频率。从理论上讲,振荡频率将等于零电阻回路下的谐振频率,在这种情况下,电路中将形成没有外部电源的无阻尼振荡。

Новые слова и словосочетания　单词和词组

1. прямоугольный треугольник 直角三角形
2. скорость затухания 衰减率
3. огибающая 包络线
4. незатухающее синусоидальное колебание 无阻尼振荡

Вопросы для самопроверки　自测习题

1. Какие параметры определяют характер переходного процесса при разрядке? Какие

参数能确定放电过程中的瞬态响应？

2. Как протекает переходный процесс при апериодической разрядке конденсатора? 在电容器的非周期性放电期间,瞬态响应是如何发生的？

3. Как происходит преобразование энергии, накопленной в электрическом поле конденсатора, при апериодической разрядке через катушку индуктивности? 在通过电感线圈进行非周期性放电时,存储在电容器电场中的能量如何转换？

4. Как протекает переходный процесс при колебательном характере переходного процесса разрядки конденсатора？ 电容器放电时如何发生具有振荡性的瞬态响应？

5. В каком случае частота колебаний тока при разрядке конденсатора будет равна резонансной частоте контура разрядки？ 在什么情况下电容器放电期间电流振荡的频率将等于放电电路的谐振频率？

Глава 9   Четырёхполюсники
第9章   二端口网络

9.1 Основные определения и классификация четырёхполюсников   二端口网络的定义和分类

При анализе электрических цепей мы обычно поступали так: подавали на одну пару зажимов цепи воздействие и интересовались откликом на другой паре зажимов цепи, т. е. мы рассматривали цепь как четырёхполюсник. Однако мы изучали конкретные цепи, а теория четырёхполюсников позволяет изучать цепи безотносительно к их схемам, как "чёрные ящики". Чтобы это было возможным, необходимо напряжение и ток на выходе четырёхполюсника связать с напряжением и током на входе четырёхполюсника. Эта связь устанавливается с помощью параметров четырёхполюсника, которые могут быть рассчитаны по схеме четырёхполюсника или определены экспериментально.

通常按如下流程分析电路:先向一对电路端子施加激励,然后观测另一对电路端子的响应,即我们研究的这类电路是二端口网络。我们之前研究的是具体电路,借助二端口网络理论可分析非具体电路,无须考虑电路图,将电路视作"黑匣子"。为了实现这一目标,需关联二端口网络输出端的电压和电流与输入端的电压和电流。关联过程需要借助二端口网络的参数,该参数可以通过针对二端口网络的计算或实验确定。

Теория четырёхполюсников позволяет решать не только задачу анализа цепей, но и задачу синтеза цепей, т. е. по заданным воздействию и отклику позволяет определить структуру и параметры цепей. Теорию четырёхполюсника целесообразно применить в тех случаях, когда нас интересуют напряжения и токи только на внешних зажимах цепи и не интересуют токи и напряжения на её внутренних элементах. Итак, четырёхполюсник— это участок электрической цепи, имеющий две пары зажимов (рис. 9.1). Зажимы четырёхполюсника, на которые подаётся воздействие, называют входными или входом. Зажимы четырёхполюсника, на которых определяют отклик, называют выходными или выходом.

二端口网络理论不仅可以解决电路分析问题,还可以解决电路综合问题,即可以根据给定的激励和响应,确定电路结构和参数。如果我们只关注电路外部端子上的电压和电流,不关注内部元件上的电流和电压,则适宜采用二端口网络理论。二端口网络是具有两对端子的分段电路(图9.1)。二端口网络中施加激励的端子被称为输入或输入端,观测响应的端子被称为输出或输出端。

Поскольку четырёхполюсники представляют собой электрические цепи, то они, как

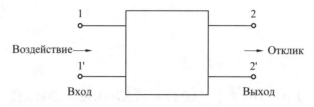

Рис. 9.1 Четырёхполюсник

图 9.1 二端口网络

и любая электрическая цепь, могут быть линейными и нелинейными, активными и пассивными.

二端口网络也是电路,因此与任何电路一样,它们可以是线性的和非线性的,也可以是有源的和无源的。

Активный четырёхполюсник, содержащий хотя бы один независимый источник, называют автономным. У автономного четырёхполюсника в режиме холостого хода на входе и на выходе, хотя бы на одной паре зажимов напряжение не будет равно нулю. Активный четырёхполюсник, содержащий только зависимые источники, называют неавтономным. У неавтономного четырёхполюсника в режиме холостого хода на входе и на выходе напряжение на обеих парах зажимов будет равно нулю.

至少包含一个独立电源的有源二端口网络被称为独立网络。在输入端和输出端中,只要有一对端子处于悬空状态,独立网络的电压就不等于零。仅包含受控电源的含源二端口网络被称为非独立网络。在输入端和输出端悬空时,二端口网络两对端子上的电压均为零。

По схемному признаку пассивные четырёхполюсники подразделяют на Г−образные (рис. 9.2(а)), Т−образные (рис. 9.2(б)), П−образные (рис. 9.2(в)), мостовые (рис. 9.2(г)), Т−образные перекрытые (Т−образные мостовые) (рис. 9.2(д)). В общем случае мостовыми называют четырёхполюсники, в которых сигнал проходит с входа на выход двумя путями.

根据电路特征,无源二端口网络可分为 Г 形(图 9.2(а))、Т 形(图 9.2(б))、П 形(图 9.2(в))、电桥式(图 9.2(г))、Т 形盖(Т 形桥)(图 9.2(д))。通常二端口网络又被称为桥接网络,信号可以在输入与输出端双向传递。

Четырёхполюсник называют симметричным, если при перемене местами его входных и выходных зажимов токи и напряжения во внешней цепи остаются неизменными. В противном случае четырёхполюсники называют несимметричными.

如果输入端和输出端位置对换后,外电路中的电流和电压保持不变,这种二端口网络被称为对称二端口网络。反之,则被称为非对称二端口网络。

Если при перемене местами входных зажимов 1 и 1′, а также выходных зажимов 2 и 2′ токи и напряжения во внешней цепи не изменяются, то такой четырёхполюсник называют уравновешенным. В противном случае четырёхполюсник называют неуравновешенным. Если один из входных зажимов соединён непосредственно с одним из выходных зажимов, то такой четырёхполюсник называют предельно неуравновешенным.

如果将输入端子 1 和 1′以及输出端子 2 和 2′对换,外电路中的电流和电压没有变化,这

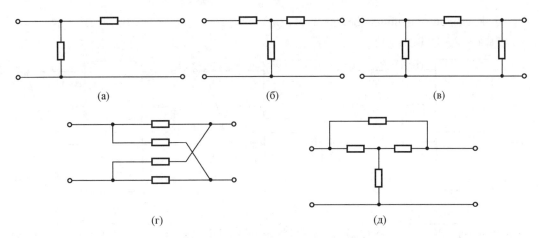

Рис. 9.2 Пассивные четырёхполюсники

图9.2 无源二端口网络

种二端口网络被称为平衡二端口网络。反之,则被称为不平衡二端口网络。若一个输入端子与一个输出端子直接相连,则这种二端口网络被称为极不平衡二端口网络。

Четырёхполюсник называют обратимым, если его выходной ток при подключении источника напряжения ко входу будет равным входному току при подключении того же источника к выходу. В противном случае четырёхполюсник называют необратимым. Обратимыми являются линейные пассивные четырёхполюсники и симметричные активные четырёхполюсники как автономные, так и неавтономные. Несимметричные активные четырёхполюсники необратимы.

若将电压源连接到输入端时,二端口网络的输出电流等于将同一电源连接到输出端时的输入电流,则将其称为可逆二端口网络,反之,则被称为不可逆二端口网络。线性无源二端口网络、对称有源二端口网络、独立网络和非独立网络都是可逆二端口网络,非对称有源二端口网络是不可逆二端口网络。

Четырёхполюсник называют составным, если он может быть представлен как соединение нескольких более простых четырёхполюсников.

若一个二端口网络可以由几个较简单的二端口网络连接得到,则被称为复合二端口网络。

Различают следующие способы соединения четырёхполюсников.

二端口网络存在以下连接方法。

（1）Последовательное（рис. 9.3（а））.

串联（图9.3（а））。

（2）Параллельное（рис. 9.3（б））.

并联（图9.3（б））。

（3）Последовательно-параллельное（рис. 9.3（в））.

串联—并联（图9.3（в））。

（4）Параллельно-последовательное（рис. 9.3（г））.

并联—串联（图9.3（г））。

（5）Каскадное（цепочечное，рис. 9.3（д））.

级联(链接,图9.3(д))。

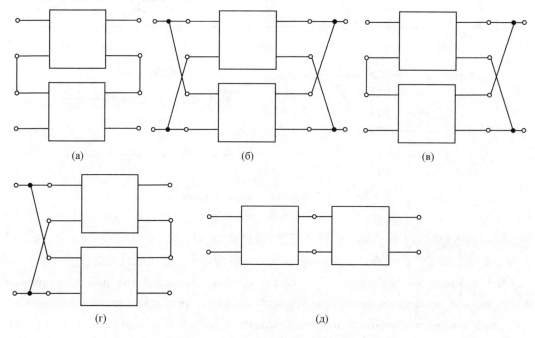

(а)　　　　　(б)　　　　　(в)

(г)　　　　　　　　(д)

Рис. 9.3 Способы соединения четырёхполюсников

图9.3 二端口网络连接方法

Два четырёхполюсника называют эквивалентными，если при замене одного из них другим токи и напряжения во внешней цепи не изменятся.

若一个二端口网络在被另一个二端口网络替换时,外电路中的电流和电压不变,则这两个二端口网络被称为等效二端口网络。

Четырёхполюсник называют проходным，если к его входным зажимам подключён источник，а к выходным—нагрузка.

若将电源连接到输入端,将负载连接到输出端,这样的二端口网络被称为端接二端口网络。

Новые слова и словосочетания　单词和词组

1. линейный четырёхполюсник 线性二端口网络

2. нелинейный четырёхполюсник 非线性二端口网络

3. активный четырёхполюсник 有源二端口网络

4. пассивный четырёхполюсник 无源二端口网络

5. режим холостого хода 悬空状态

6. перекрытый 覆盖的

7. мостовой 桥接的

8. уравновешенный 平衡的

9. обратимый　可逆的

10. необратимый　不可逆的

11. каскадный　级联的

12. цепочечный　链接的

Вопросы для самопроверки　自测习题

---

1. Какие задачи позволяет решать теория четырёхполюсников? 二端口网络理论可以解决哪些电路问题?

2. Как четырёхполюсники могут быть классифицированы? 二端口网络可分为哪些类型?

3. Что такое автономный активный четырёхполюсник? 什么是独立有源二端口网络?

4. На что подразделяют пассивные четырёхполюсники по схемному признаку? 根据电路特征,无源二端口网络可分为哪些类型?

5. Какой четырёхполюсник называют составным? 什么样的二端口网络被称为复合二端口网络?

6. Какие способы соединения четырёхполюсников сущесвуют? 二端口网络存在哪些连接方法?

9.2 Основные уравнения четырёхполюсников 二端口网络的基本方程

Рассмотрим проходной четырёхполюсник（рис. 9.4）. Режим работы четырёхполюсника характеризуется четырьмя физическими величинами: входным напряжением U_1, входным током I_1, выходным напряжением U_2, выходным током I_2. Уравнения, связывающие эти четырё величины, называют основными уравнениями четырёхполюсника или уравнениями передачи четырёхполюсника.

我们来分析图 9.4 中的二端口网络。二端口网络的工作条件涉及四个物理量:输入电压 U_1、输入电流 I_1、输出电压 U_2、输出电流 I_2。联系这四个物理量的方程被称为二端口网络的基本方程或者二端口网络的端口特性方程。

Прежде чем приступить к выводу основных уравнений четырёхполюсника, договоримся о положительных направлениях напряжений и токов. Напряжения будем отсчитывать от верхнего зажима к нижнему. Токи, втекающие в четырёхполюсник через зажимы 1 и 2, обозначим соответственно I_1 и I_2. Токи, вытекающие из четырёхполюсника через зажимы 1 и 2, обозначим соответственно 1 и 2（рис. 9.4）.

在开始推导二端口网络的基本方程之前,需要先确定电压和电流的正方向。测量电压的设定方向:上端子为正,下端子为负。流入端口 1 和 2 的电流分别由 I_1 和 I_2 表示;流出端口 1 和 2 的电流分别由 1 和 2 表示(图 9.4)。

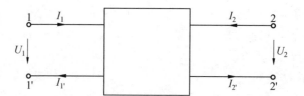

Рис. 9.4 Токи и напряжения четырёхполюсника

图9.4 二端口网络的电流和电压

На основании теоремы компенсации заменим ветви, подключённые к входу и выходу четырёхполюсника, идеальными источниками напряжения $\underline{E}_1 = \underline{U}_1$ и $\underline{E}_2 = \underline{U}_2$ (рис. 9.5).

根据替代定理,可用理想电压源替代连接到二端口网络输入端和输出端的支路, $\underline{E}_1 = \underline{U}_1$, $\underline{E}_2 = \underline{U}_2$(图9.5)。

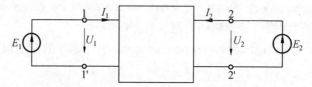

Рис. 9.5 Четырёхполюсник с идеальными источниками напряжения

图9.5 带理想电压源的二端口网络

Пусть рассматриваемый четырёхполюсник содержит n контуров. Пронумеруем независимые контуры так, чтобы входной контур был первым, а выходной—вторым.

假设二端口网络包含 n 个回路。我们对回路进行编号,使输入回路是第一个回路,输出回路是第二个回路。

Поскольку четырёхполюсник пассивный, т. е. рассматриваемая цепь не содержит других источников, кроме $\underline{E}_1$ и $\underline{E}_2$, то контурные ЭДС

由于二端口网络是无源的,即所研究电路除 $\underline{E}_1$ 和 $\underline{E}_2$ 之外不包含其他电源,因此回路中的电动势为

$$\underline{E}_{1k} = \underline{E}_1, \underline{E}_{2k} = \underline{E}_2, \underline{E}_{3k} = \underline{E}_{4k} = \ldots = \underline{E}_{nk} = 0$$

Пусть контурный ток входного контура $\underline{I}_{1k}$ совпадает с током $\underline{I}_1$, а контурный ток выходного контура $\underline{I}_{2k}$ —с током $\underline{I}_2$. Составим систему контурных уравнений

假定输入电路 $\underline{I}_{1k}$ 的回路电流与电流 $\underline{I}_1$ 一致,输出回路 $\underline{I}_{2k}$ 的回路电流与电流 $\underline{I}_2$ 一致,构建回路方程组 [1]

1　为了简化二端口网络所有参数的标示,本章涉及的阻抗和导纳均未采用复数标示。

$$\begin{cases} Z_{11}\underline{I}_{1k} + Z_{12}\underline{I}_{2k} + \ldots Z_{1n}\underline{I}_{nk} = \underline{E}_{1k} \\ Z_{21}\underline{I}_{1k} + Z_{22}\underline{I}_{2k} + \ldots + Z_{2n}\underline{I}_{nk} = \underline{E}_{2k} \\ \vdots \\ Z_{n1}\underline{I}_{1k} + Z_{n2}\underline{I}_{2k} + \ldots + Z_{nn}\underline{I}_{nk} = 0 \end{cases}$$

Решим эту систему уравнений относительно токов $\underline{I}_{1k}$ и $\underline{I}_{2k}$

解关于电流 $\underline{I}_{1k}$ 和 $\underline{I}_{2k}$ 的这个方程组

$$\underline{I}_{1k} = \frac{\Delta_1}{\Delta}; \underline{I}_{2k} = \frac{\Delta_2}{\Delta}$$

где Δ—определитель системы уравнений, составленный из коэффициентов при контурных токах; Δ_1—определитель, полученный из Δ путём замены первого столбца столбцом свободных членов; Δ_2—определитель, полученный из Δ путём замены второго столбца столбцом свободных членов.

其中 Δ 是方程组的行列式,它由回路电流的系数组成; Δ_1 是将行列式 Δ 中的第一列替换为自由项列后的行列式; Δ_2 是将行列式 Δ 中的第二列替换为自由项列后的行列式。

Разложив определитель Δ_1 по элементам первого столбца, а определитель Δ_2 по элементам второго столбца, получим

将行列式 Δ_1 扩展到第一列的元件,将行列式 Δ_2 扩展到第二列的元件,可得

$$\underline{I}_{1k} = \frac{\Delta_{11}}{\Delta}\underline{E}_{1k} + \frac{\Delta_{21}}{\Delta}\underline{E}_{2k};$$

$$\underline{I}_{2k} = \frac{\Delta_{12}}{\Delta}\underline{E}_{1k} + \frac{\Delta_{22}}{\Delta}\underline{E}_{2k}$$

где Δ_{11}, Δ_{12}, Δ_{21}, Δ_{22}—алгебраические дополнения соответствующих элементов определителя системы.

其中 $\Delta_{11}, \Delta_{12}, \Delta_{21}, \Delta_{22}$ 是系统行列式对应元件的代数余子式。

Коэффициенты при контурных ЭДС имеют размерность проводимостей. Введём обозначения

回路电动势的系数具有导纳特性。我们引入参数

$$Y_{11} = \frac{\Delta_{11}}{\Delta}; Y_{12} = \frac{\Delta_{21}}{\Delta}; Y_{21} = \frac{\Delta_{12}}{\Delta}; Y_{22} = \frac{\Delta_{22}}{\Delta}$$

С учётом введённых обозначений получим

依据引入的参数,可得

$$\begin{cases} \underline{I}_1 = Y_{11}\underline{U}_1 + Y_{12}\underline{U}_2 \\ \underline{I}_2 = Y_{21}\underline{U}_1 + Y_{22}\underline{U}_2 \end{cases}$$

Мы получили уравнения, связывающие токи на входе и выходе четырёхполюсника с напряжениями на его зажимах. Коэффициенты $Y_{11}, Y_{12}, Y_{21}, Y_{22}$ называют Y-параметрами четырёхполюсника.

由此我们获得了二端口网络输入端和输出端的电流与电压的关联方程。系数 Y_{11}, Y_{12},

Y_{21}, Y_{22} 被称为二端口网络的 Y 参数。

Выясним физический смысл Y-параметров. Пусть $\underline{U}_2 = 0$, что соответствует короткому замыканию на выходе четырёхполюсника. Тогда

我们来分析 Y 参数的物理含义。假定 $\underline{U}_2 = 0$, ,这对应于二端口网络输出端短路,那么

$$\underline{I}_1 = Y_{11}\underline{U}_1 , \underline{I}_2 = Y_{21}\underline{U}_1$$

Отсюда

由此得出

$$Y_{11} = \frac{\underline{I}_1}{\underline{U}_1}\Big|_{\underline{U}_2 = 0} , \quad Y_{21} = \frac{\underline{I}_2}{\underline{U}_1}\Big|_{\underline{U}_2 = 0}$$

т. е. Y_{11}—входная проводимость четырёхполюсника при коротком замыкании на выходе; Y_{21}—передаточная проводимость из входного контура в выходной при коротком замыкании на выходе.

即 Y_{11} 是输出端短路时二端口网络的输入导纳; Y_{21} 是输出端短路时回路输入端到输出端的转移导纳。

Пусть $\underline{U}_1 = 0$, что соответствует короткому замыканию на входе четырёхполюсника. Тогда

假定 $\underline{U}_1 = 0$,这对应于二端口网络输入端短路,此时

$$\underline{I}_1 = Y_{12}\underline{U}_2 , \underline{I}_2 = Y_{22}\underline{U}_2$$

Отсюда

由此得出

$$Y_{12} = \frac{\underline{I}_1}{\underline{U}_2}\Big|_{\underline{U}_1 = 0} , \quad Y_{22} = \frac{\underline{I}_2}{\underline{U}_2}\Big|_{\underline{U}_1 = 0}$$

т. е. Y_{12}—передаточная проводимость из выходного контура во входной при коротком замыкании на входе; Y_{22}—выходная проводимость четырёхполюсника при коротком замыкании на входе.

即 Y_{12} 是输入端短路时从回路输出端到输入端的转移导纳; Y_{22} 是输入端短路时二端口网络的输出导纳。

Из физического смысла Y-параметров следует, что все они являются комплексными величинами. Y-параметры четырёхполюсника могут быть рассчитаны по известной схеме четырёхполюсника или определены экспериментально.

从 Y 参数的物理意义可知,这些参数都是复数。二端口网络的 Y 参数可以通过对已知二端口网络的计算或实验得出。

Как известно, в обратимых четырёхполюсниках $Y_{12} = Y_{21}$. Отсюда следует, что обратимый четырёхполюсник полностью характеризуется всего тремя параметрами. В симметричных четырёхполюсниках, кроме того, выполняется равенство $Y_{11} = Y_{22}$, т. е. симметричный четырёхполюсник полностью характеризуется всего двумя параметрами.

显然,在可逆二端口网络中, $Y_{12} = Y_{21}$,由此可知,可逆二端口网络可由三个参数来完全

表征。另外,在对称二端口网络中, $Y_{11} = Y_{22}$,即对称二端口网络可由两个参数完全表征。

В полученных нами уравнениях четырёхполюсника переменные U_1 и U_2 полагаются независимыми, а переменные I_1 и I_2—зависимыми. Если в качестве независимых переменных выбрать другую пару величин, то можно получить еще пять форм записи основных уравнений четырёхполюсника (число сочетаний из четырёх по двум равно шести).

在已得出的二端口网络方程式中,假设变量 U_1 和 U_2 独立,但是变量 I_1 和 I_2 非独立。如果选择另一对量作为自变量,则可以得到另外五种形式的二端口网络基本方程式(从四个变量中选择两个变量的组合数是六)。

Уравнения передачи четырёхполюсника в Z –форме
Z 形式二端口网络传输方程
$$U_1 = Z_{11} I_1 + Z_{12} I_2;$$
$$U_2 = Z_{21} I_1 + Z_{22} I_2;$$

Уравнения передачи четырёхполюсника в H –форме
H 形式二端口网络传输方程
$$U_1 = H_{11} I_1 + H_{12} U_2;$$
$$I_2 = H_{21} I_1 + H_{22} U_2$$

Уравнения передачи четырёхполюсника в G –форме
G 形式二端口网络传输方程
$$I_1 = G_{11} U_1 + G_{12} I_2;$$
$$U_2 = G_{21} U_1 + G_{22} I_2$$

Уравнения передачи четырёхполюсника в A –форме
A 形式二端口网络传输方程
$$U_1 = A_{11} U_2 + A_{12} I_2;$$
$$I_1 = A_{21} U_2 + A_{22} I_2$$

Уравнения передачи четырёхполюсника в B –форме
B 形式二端口网络传输方程
$$U_2 = B_{11} U_1 + B_{12} I_1;$$
$$I_2 = B_{21} U_1 + B_{22} I_1$$

Все формы записи уравнений передачи четырёхполюсника содержат полную информацию о нём, и в этом смысле все они эквивалентны. Отсюда следует, что между Y, Z, H, G, A и B –параметрами существует однозначная связь.

二端口网络传输方程的所有书写形式均包含该方程的完整信息,从这个意义上来看,这些不同形式的方程都是等效的。因此, Y,Z,H,G,A 和 B 参数之间存在映射关系。

Выразим Z –параметры через Y –параметры, для чего уравнения передачи четырёхполюсника в Y -форме разрешим относительно $\underline{U}_1$ и $\underline{U}_2$, получим

对于参数 $\underline{U}_1$ 和 $\underline{U}_2$，可以由 Y 形式二端口网络的传输方程表示，现在用 Y 参数来表示 Z 参数

$$\underline{U}_1 = \frac{Y_{22}}{\Delta_Y} \underline{I}_1 - \frac{Y_{12}}{\Delta_Y} \underline{I}_2;$$

$$\underline{U}_2 = -\frac{Y_{21}}{\Delta_Y} \underline{I}_1 + \frac{Y_{11}}{\Delta_Y} \underline{I}_2$$

где $\Delta_Y = Y_{22}Y_{11} - Y_{12}Y_{21}$ —определитель основной системы уравнений в Y -форме.

其中 $\Delta_Y = Y_{22}Y_{11} - Y_{12}Y_{21}$ 为 Y 形传输方程式的行列式。

Сравнивая эти выражения с уравнениями передачи четырёхполюсника в Z -форме, находим

将以上方程式与 Z 形式二端口网络传输方程进行比较，可发现

$$Z_{11} = \frac{Y_{22}}{\Delta_Y}; Z_{12} = -\frac{Y_{12}}{\Delta_Y}; Z_{21} = -\frac{Y_{21}}{\Delta_Y}; Z_{22} = \frac{Y_{11}}{\Delta_Y}$$

Подобные соотношения могут быть получены для любых форм записи уравнений передачи четырёхполюсника и называются формулами перехода от одной системы параметров к другой. Параметры, входящие во все шесть форм записи уравнений передачи четырёхполюсника, называют первичными. Из шести форм записи уравнений передачи четырёхполюсника наиболее часто используются четыре: Y, Z, H и A -формы записи.

依据二端口网络传输方程的任何一种形式，都可以获得其他形式的传输方程，这些从一种参数形式过渡到另一种参数形式的转换关系被称为转换公式。六种形式的二端口网络传输方程涉及的参数被称为原参数。在列写二端口网络传输方程的六种形式时，最常用的四种是：Y, Z, H 和 A 形式。

Установим физический смысл Z -параметров четырёхполюсника. Уравнения передачи четырёхполюсника в Z -форме

我们来确定二端口网络 Z 参数的物理含义。Z 形式二端口网络的传输方程为

$$\underline{U}_1 = Z_{11} \underline{I}_1 + Z_{12} \underline{I}_2;$$

$$\underline{U}_2 = Z_{21} \underline{I}_1 + Z_{22} \underline{I}_2$$

Пусть $\underline{I}_2 = 0$, что соответствует холостому ходу на выходе четырёхполюсника. Тогда

假设 $\underline{I}_2 = 0$，这对应于二端口网络输出的悬空状态，此时

$$Z_{11} = \frac{\underline{U}_1}{\underline{I}_1}\Big|_{\underline{I}_2 = 0}; Z_{21} = \frac{\underline{U}_2}{\underline{I}_1}\Big|_{\underline{I}_2 = 0}$$

т. е. Z_{11} —входное сопротивление четырёхполюсника со стороны зажимов 1 при холостом ходе на зажимах 2 или входное сопротивление четырёхполюсника при холостом ходе на выходе; Z_{21} —передаточное сопротивление со входа на выход при холостом ходе на выходе.

即 Z_{11} 是在端口 2 开路时从端口 1 一侧的端子到二端口网络的输入阻抗，或者是输出端开路时二端口网络的输入阻抗；Z_{21} 是输出端悬空时从输入端到输出端的传输阻抗。

Пусть $\underline{I}_1 = 0$, что соответствует холостому ходу на входе четырёхполюсника. Тогда

假设 $\underline{I}_1 = 0$, 这对应于二端口网络的输入端开路, 此时

$$Z_{12} = \frac{U_1}{\underline{I}_2}\Big|_{\underline{I}_1=0}; \ Z_{22} = \frac{U_2}{\underline{I}_2}\Big|_{\underline{I}_1=0}$$

т. е. Z_{12} —передаточное сопротивление с выхода на вход при холостом ходе на входе; Z_{22} —выходное сопротивление четырёхполюсника со стороны зажимов 2 при холостом ходе на зажимах 1 или выходное сопротивление четырёхполюсника при холостом ходе на входе. Установим физический смысл H -параметров четырёхполюсника. Уравнения передачи четырёхполюсника в H -форме

即 Z_{12} 是输入端开路时从输出端到输入端的传输电阻; Z_{22} 是二端口网络在端口 1 开路时端口 2 一侧的输出电阻, 或者是二端口网络在输入端开路时的输出电阻。我们来确定二端口网络参数 H 的物理含义, H 形二端口网络的传输方程

$$\underline{U}_1 = H_{11}\underline{I}_1 + H_{12}\underline{U}_2;$$
$$\underline{I}_2 = H_{21}\underline{I}_1 + H_{22}\underline{U}_2$$

Пусть $\underline{U}_2 = 0$, что соответствует короткому замыканию на выходе четырёхполюсника. Тогда

假设 $\underline{U}_2 = 0$, 这对应于二端口网络输出端短路, 此时

$$H_{11} = \frac{U_1}{\underline{I}_1}\Big|_{\underline{U}_2=0}; \ H_{21} = \frac{I_2}{\underline{I}_1}\Big|_{\underline{U}_2=0}$$

т. е. H_{11} —входное сопротивление четырёхполюсника при коротком замыкании на выходе; H_{21} —коэффициент передачи по току при коротком замыкании на выходе четырёхполюсника.

即 H_{11} 是输出端短路时二端口网络的输入阻抗; H_{21} 是二端口网络输出端短路时的电流传输比。

Пусть $\underline{I}_1 = 0$, что соответствует холостому ходу на входе четырёхполюсника. Тогда

假设 $\underline{I}_1 = 0$, 这对应于二端口网络输入端开路, 此时

$$H_{12} = \frac{U_1}{\underline{U}_2}\Big|_{\underline{I}_1=0}; \ H_{22} = \frac{I_2}{\underline{U}_2}\Big|_{\underline{I}_1=0}$$

т. е. H_{12} —коэффициент передачи по напряжению с выхода на вход четырёхполюсника при холостом ходе на входе; H_{22} —входная проводимость четырёхполюсника со стороны зажимов 2 при холостом ходе на зажимах 1 или выходная проводимость четырёхполюсника при холостом ходе на входе.

即 H_{12} 是二端口网络输入端开路时从输出端到输入端的电压传递系数; H_{22} 是在输入端 1 开路时输出端 2 一侧的二端口网络的输入导纳, 或是在输入端开路时二端口网络的输出导纳。

1. определитель ［阳］行列式

2. алгебраическое дополнение 代数余子式

3. входная проводимость 输入导纳

4. передаточная проводимость 转移导纳

5. передаточное сопротивление 传输阻抗

6. коэффициент передачи 传递系数

9.3 Схемы замещения пассивных четырёхполюсников　　无源二端口网络的等效电路

Как мы уже выяснили, пассивные четырёхполюсники в силу их обратимости полностью описываются тремя параметрами, которые являются комплексными величинами. Это означает, что схема замещения таких четырёхполюсников также должна содержать три комплексных параметра. Этому условию отвечает Т-образная и П-образная схемы замещения четырёхполюсника (рис. 9.6(a) и рис. 9.6(б)).

正如前文所述,无源二端口网络具有可逆性,因此可由三个参数(复数)完全表征。这表明:该类二端口网络的等效电路也应包含三个复参数,满足这个条件的是二端口网络的 T 形等效电路(图 9.6(a))和 Π 形等效电路(图 9.6(б))。

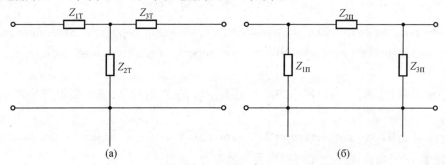

(a)　　　　　　　　　　　　　　　　　(б)

Рис. 9.6 Т-образная и П-образная схемы замещения четырёхполюсника

图 9.6 二端口网络的 T 形和 Π 形等效电路

Параметры схем замещения могут быть выражены через первичные параметры четырёхполюсника, а также параметры одной схемы замещения могут быть выражены через параметры другой схемы замещения. Как видно из схем замещений, в Т-образной схеме замещения элементы соединены звездой, а в П-образной—треугольником, поэтому, если известны параметры Т-образной схемы замещения, то параметры П-образной схемы замещения могут быть найдены методом преобразования треугольника в эквивалентную звезду.

等效电路的参数可以由二端口网络的原参数推导,一种参数类型的等效电路可由另一种参数类型的等效电路替代。在等效电路图中可以看出,在 T 形等效电路中,元件为星形连接，Π 形等效电路为三角形连接，因此，若已知 T 形等效电路的参数，则可以将三角形电路参数转换为星形参数，进而求得 Π 形等效电路参数。

Установим связь параметров T−образной схемы замещения с H –параметрами четырёхполюсника. Запишем основные уравнения четырёхполюсника в H –форме

我们来确定 T 形等效电路参数与二端口网络 H 参数之间的关系。先列写出 H 形二端口网络的基本方程式

$$\underline{U}_1 = H_{11}\,\underline{I}_1 + H_{12}\,\underline{U}_2\,;$$
$$\underline{I}_2 = H_{21}\,\underline{I}_1 + H_{22}\,\underline{U}_2$$

Тогда

此时

$$H_{11} = \frac{\underline{U}_1}{\underline{I}_1}\Big|_{\underline{U}_2 = 0} = Z_{1\text{T}} + \frac{Z_{2\text{T}} Z_{3\text{T}}}{Z_{2\text{T}} + Z_{3\text{T}}}\,;$$

$$H_{21} = \frac{\underline{I}_2}{\underline{I}_1}\Big|_{\underline{U}_2 = 0} = \frac{Z_{2\text{T}} Z_{3\text{T}}}{Z_{2\text{T}} + Z_{3\text{T}}}\,\frac{1}{Z_{3\text{T}}} = \frac{Z_{2\text{T}}}{Z_{2\text{T}} + Z_{3\text{T}}}\,;$$

$$H_{12} = \frac{\underline{U}_1}{\underline{U}_2}\Big|_{\underline{I}_1 = 0} = \frac{Z_{2\text{T}}}{Z_{2\text{T}} + Z_{3\text{T}}}\,;$$

$$H_{22} = \frac{\underline{I}_2}{\underline{U}_2}\Big|_{\underline{I}_1 = 0} = \frac{1}{Z_{2\text{T}} + Z_{3\text{T}}}$$

Мы получили формулы, связывающие H –параметры четырёхполюсника с параметрами его T−образной схемы замещения. Разрешив эти уравнения относительно параметров схемы замещения, можно получить формулы, связывающие параметры T−образной схемы замещения четырёхполюсника с его H –параметрами.

由此获得 T 形等效电路参数与二端口网络 H 参数之间的关系式。在对这些等效电路方程求解之后，可求得二端口网络的 H 参数和 T 形等效电路参数。

Аналогичным образом можно установить связь параметров любой из схем замещения четырёхполюсника с любой системой первичных параметров. Отметим, что T−образная и Π−образная схемы замещения четырёхполюсника не всегда физически реализуемы.

使用同样的方法，可以使任意参数的等效电路的参数与二端口网络原参数之间建立关联。需要注意的是，二端口网络的 T 形和 Π 形等效电路并不总是可以物理实现的。

9.4 Параметры холостого хода и короткого замыкания　开路参数和短路参数

Параметрами холостого хода и короткого замыкания называют входные и выходные сопротивления четырёхполюсника в режиме холостого хода и короткого замыкания.

开路参数和短路参数是指二端口网络在开路和短路模式下的输入电阻和输出电阻。

电　路　分　析

Для того чтобы доказать, что параметры холостого хода и короткого замыкания полностью описывают четырёхполюсник, достаточно выразить параметры холостого хода и короткого замыкания через любую систему первичных параметров четырёхполюсника. Выразим параметры холостого хода и коротко замыкания через H-параметры четырёхполюсника

通过二端口网络原参数的方程组可以得到开路和短路参数,因此开路和短路参数能完全表征二端口网络。接下来通过二端口网络的 H 参数来表示开路和短路参数

$$\underline{U}_1 = H_{11}\,\underline{I}_1 + H_{12}\,\underline{U}_2;$$
$$\underline{I}_2 = H_{21}\,\underline{I}_1 + H_{22}\,\underline{U}_2$$

Входное сопротивление четырёхполюсника в режиме короткого замыкания на выходе

输出端短路时二端口网络的输入电阻

$$Z_{1кз} = \frac{\underline{U}_1}{\underline{I}_1}\Big|_{\underline{U}_2=0} = H_{11}$$

Входное сопротивление четырёхполюсника в режиме холостого хода на выходе

输出端开路时二端口网络的输入电阻

$$Z_{1xx} = \frac{\underline{U}_1}{\underline{I}_1}\Big|_{\underline{I}_2=0}$$

Из второго уравнения системы уравнений четырёхполюсника в H-форме находим

从 H 形二端口网络方程组的第二个方程中,求得

$$\underline{U}_2 = -\frac{H_{21}}{H_{22}}\underline{I}_1$$

Подставим U_2 в первое уравнение системы

将 $\underline{U}_2$ 代入第一个方程

$$\underline{U}_1 = H_{11}\,\underline{I}_1 - \frac{H_{12}H_{21}}{H_{22}}\,\underline{I}_1 = \frac{H_{11}H_{22} - H_{12}H_{21}}{H_{22}}\,\underline{I}_1$$

Отсюда входное сопротивление четырёхполюсника в режиме холостого хода на выходе

由此得出输出端开路时二端口网络的输入电阻

$$Z_{1xx} = \frac{H_{11}H_{22} - H_{12}H_{21}}{H_{22}}$$

Выходное сопротивление четырёхполюсника в режиме короткого замыкания на входе

输入端短路时二端口网络的输出电阻

$$Z_{2кз} = \frac{\underline{U}_2}{\underline{I}_2}\Big|_{\underline{U}_1=0}$$

Из первого уравнения системы уравнений четырёхполюсника в H-форме находим ток

从 H 形二端口网络方程组的第一个方程,可得电流

$$\underline{I}_1 = -\frac{H_{12}}{H_{11}}\underline{U}_2$$

Подставим ток I_1 во второе уравнение системы

将电流 I_1 代入第二个方程组

$$\underline{I}_2 = -\frac{H_{12}H_{21}}{H_{11}}\underline{U}_2 + H_{22}\underline{U}_2 = \frac{H_{11}H_{22} - H_{12}H_{21}}{H_{11}}\underline{U}_2$$

Отсюда выходное сопротивление четырёхполюсника в режиме короткого замыкания на входе. Выходное сопротивление четырёхполюсника в режиме короткого замыкания на входе

由此得出输入端短路时二端口网络的输出电阻。输入端短路时二端口网络的输出电阻为

$$Z_{2\text{кз}} = \frac{H_{11}}{H_{11}H_{22} - H_{12}H_{21}}$$

Выходное сопротивление четырёхполюсника в режиме холостого хода на входе

输入端开路时二端口网络的输出电阻

$$Z_{2\text{xx}} = \frac{\underline{U}_2}{\underline{I}_2}\Big|_{I_1=0} = \frac{1}{H_{22}}$$

Покажем, что в пассивном четырёхполюснике только три параметра холостого хода и короткого замыкания являются независимыми. Найдем отношения $\dfrac{Z_{1\text{кз}}}{Z_{1\text{xx}}}$ и $\dfrac{Z_{2\text{кз}}}{Z_{2\text{xx}}}$.

在无源二端口网络中,这三个开路参数和短路参数是独立的,得到比值 $\dfrac{Z_{1\text{кз}}}{Z_{1\text{xx}}}$ 和 $\dfrac{Z_{2\text{кз}}}{Z_{2\text{xx}}}$。

Отношение входных сопротивлений короткого замыкания и холостого хода на выходе

输出端短路与开路时输入电阻之比为

$$\frac{Z_{1\text{кз}}}{Z_{1\text{xx}}} = \frac{H_{11}H_{22}}{H_{11}H_{22} - H_{12}H_{21}}$$

Отношение выходных сопротивлений короткого замыкания и холостого хода на входе

输入端短路与开路时的输出电阻之比为

$$\frac{Z_{2\text{кз}}}{Z_{2\text{xx}}} = \frac{H_{11}H_{22}}{H_{11}H_{22} - H_{12}H_{21}}$$

Из сравнения двух последних соотношений следует, что

对以上两个电阻比值进行比较,可知

$$\frac{Z_{1\text{кз}}}{Z_{1\text{xx}}} = \frac{Z_{2\text{кз}}}{Z_{2\text{xx}}}$$

Это выражение есть не что иное, как условие обратимости четырёхполюсника в параметрах холостого хода и короткого замыкания.

该等式正是利用开路和短路参数说明二端口网络具有可逆性的充分条件。

В симметричном четырёхполюснике $Z_{1к3} = Z_{2к3}$ и $Z_{1xx} = Z_{2xx}$, т. е. симметричный четырёхполюсник характеризуется только двумя параметрами.

在对称二端口网络中，$Z_{1к3} = Z_{2к3}$ 和 $Z_{1xx} = Z_{2xx}$，即对称二端口网络仅由两个参数表征。

Параметры холостого хода и короткого замыкания используются для экспериментального определения первичных параметров четырёхполюсника, причём в ряде случаев этот вариант является единственно возможным.

通过实验确定出用于表示二端口网络原参数的开路和短路参数，在某些情况下，此方法是唯一选择。

9.5 Характеристические сопротивления пассивных четырёхполюсников　无源二端口网络的阻抗特性

Характеристическими сопротивлениями четырёхполюсника называют такие сопротивления Z_{1C} и Z_{2C} , которые отвечают следующим условиям.

二端口网络的阻抗特性是指满足以下条件的阻抗 Z_{1C} 和 Z_{2C} 。

（1）При подключении к выходным зажимам четырёхполюсника сопротивления нагрузки $Z_{\text{н}} = Z_{2C}$, его входное сопротивление со стороны входных зажимов $Z_{1вx} = Z_{1C}$.

当负载阻抗 $Z_{\text{н}} = Z_{2C}$ 连接到二端口网络的输出端时，从输入端得到的输入阻抗 $Z_{1вx} = Z_{1C}$。

（2）При подключении к входным зажимам четырёхполюсника сопротивления нагрузки $Z_{\text{н}} = Z_{1C}$, его входное сопротивление со стороны выходных зажимов $Z_{2вx} = Z_{2C}$.

当负载阻抗 $Z_{\text{н}} = Z_{1C}$ 连接到二端口网络的输入端时，从输出端得到的输入阻抗 $Z_{2вx} = Z_{2C}$。

Сопротивление Z_{1C} называют входным характеристическим сопротивлением четырёхполюсника, а сопротивление Z_{2C} —выходным характеристическим сопротивлением четырёхполюсника.

阻抗 Z_{1C} 被称为二端口网络的输入特性阻抗，阻抗 Z_{2C} 被称为二端口网络的输出特性阻抗。

Можно показать, что такая пара сопротивлений существует для любого пассивного четырёхполюсника. Сопротивления Z_{1C} и Z_{2C} могут быть выражены через любую систему первичных параметров четырёхполюсника, а также через параметры холостого хода и короткого замыкания

可以证明，任何无源二端口网络都存在这一对阻抗。阻抗 Z_{1C} 和 Z_{2C} 可以由二端口网络的原参数推导，也可以由开路参数和短路参数推导得出

$$Z_{1C} = \sqrt{Z_{1xx}Z_{1к3}}$$
$$Z_{2C} = \sqrt{Z_{2xx}Z_{2к3}}$$

т. е. характеристическое сопротивление равно среднему геометрическому из сопротивлений холостого хода и короткого замыкания. Характеристические сопротивления Z_{1C} и Z_{2C} зависят только от параметров четырёхполюсника и не зависят от параметров внешней цепи.

即特性阻抗等于开路阻抗和短路阻抗的几何平均值,特性阻抗 Z_{1C} 和 Z_{2C} 仅取决于二端口网络参数,不取决于外电路参数。

Если четырёхполюсник симметричный, то $Z_{1C} = Z_{2C} = Z_C$. Если проходной четырёхполюсник включён так, что внутреннее сопротивление источника равно входному характеристическому сопротивлению четырёхполюсника Z_{1C}, а сопротивление нагрузки равно выходному характеристическому сопротивлению Z_{2C}, то говорят, что четырёхполюсник включён согласованно.

如果二端口网络是对称的,则 $Z_{1C} = Z_{2C} = Z_C$。若二端口网络以下列方式桥接:电源内阻等于二端口网络输入特性阻抗 Z_{1C},负载阻抗等于输出特性阻抗 Z_{2C},则通常认为,二端口网络是匹配的。

Если условия согласования выполняются только для входа или только для выхода, то говорят, что четырёхполюсник согласован соответственно по входу или по выходу.

如果仅在输入端或输出端满足匹配条件,则可认为,二端口网络在输入或输出端匹配。

9.6 Каскадное соединение четырёхполюсников　二端口网络的级联

Пусть даны два каскадно включённых четырёхполюсника (рис. 9.7).

给定两个级联的二端口网络(图9.7)。

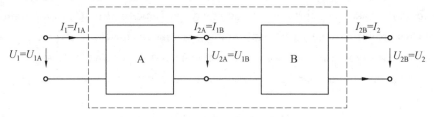

Рис. 9.7 Два каскадно включённых четырёхполюсника

图 9.7 两个级联的二端口网络

Найдём коэффициент передачи по напряжению составного четырёхполюсника

求解级联二端口网络的电压传递系数

$$K_U(\mathrm{j}\omega) = \frac{U_2}{U_1} = \frac{U_{2B}}{U_{1A}}$$

Умножим числитель и знаменатель на U_{1B}. Тогда

分子和分母同时乘以 U_{1B},此时

$$K_U(\mathrm{j}\omega) = \frac{U_2}{U_1} = \frac{U_{2B}}{U_{1A}} \frac{U_{1B}}{U_{1B}}$$

Принимая во внимание, что $\underline{U}_{1B} = \underline{U}_{2A}$, получим

鉴于 $\underline{U}_{1B} = \underline{U}_{2A}$,可得

$$K_U(j\omega) = \frac{U_{2B}}{U_{1A}} \cdot \frac{U_{1B}}{U_{2A}} = K_{UA}(j\omega)K_{UB}(j\omega)$$

т. е. коэффициент передачи по напряжению составного четырёхполюсника равен произ-ведению коэффициентов передачи по напряжению каскадно включённых четырёхполюс-ников.

即级联二端口网络的电压传递系数等于单个二端口网络的电压传递系数的乘积。

Аналогичным образом найдём коэффициент передачи по току составного четырёхпо-люсника

类似地,可求得级联二端口网络的电流传递系数

$$K_I(j\omega) = \frac{I_2}{I_1} = \frac{I_{2B}}{I_{1A}}\frac{I_{1B}}{I_{1B}} = \frac{I_{2B}}{I_{1A}}\frac{I_{2A}}{I_{1B}} = K_{IA}(j\omega)K_{IB}(j\omega)$$

т. е. коэффициент передачи по току составного четырёхполюсника равен произведению коэффициентов передачи по току каскадно включённых четырёхполюсников.

即级联二端口网络的电流传递系数等于单个二端口网络电流传递系数的乘积。

9.7 Схемы замещения неавтономных проходных четырёхполюс-ников　非独立桥接二端口网络的等效电路

Неавтономные четырёхполюсники, как нам известно, необратимы, и поэтому все четырё параметра таких четырёхполюсников будут независимыми. Следовательно, схемы замещения неавтономных четырёхполюсников должны содержать также четырё парамет-ра. Схемы замещения неавтономных четырёхполюсников можно образовать на основе схем замещения пассивных четырёхполюсников, дополнив их идеальным управляемым источником.

非独立的二端口网络是不可逆的,因此,这种二端口网络的四个参数都是独立的。相应地,非独立二端口网络的等效电路也应包含四个参数。依据无源二端口网络等效电路,可以构造非独立二端口网络的等效电路,并为其添加理想受控电源。

Если принять за основу T-образную схему замещения пассивных четырёхполюсни-ков, то на её основе можно образовать четырё схемы замещения неавтономных четырёх-полюсников (рис. 9.8).

若依据无源二端口网络 T 形等效电路,可构造非独立二端口网络的四种等效电路(图 9.8)。

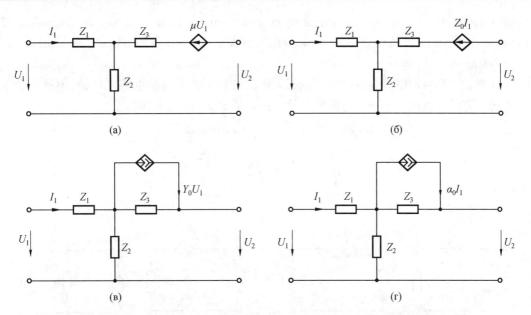

Рис. 9.8 Т-образные схемы замещения неавтономных четырёхполюсников

图 9.8 Т 形非独立二端口网络等效电路

Если принять за основу П-образную схему замещения пассивных четырёхполюсников, то на её основе можно образовать еще четырё схемы замещения неавтономных четырёхполюсников (рис. 9.9).

若依据无源二端口网络的 Π 形等效电路,还可构造非独立二端口网络的另外四种等效电路(图 9.9)。

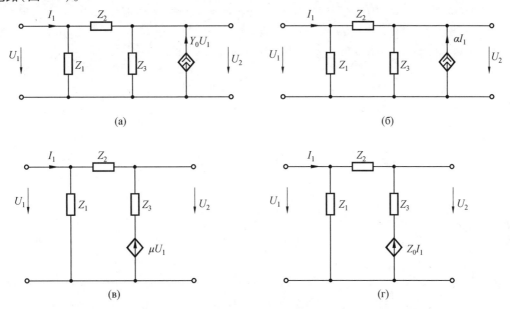

Рис. 9.9 П-образные схемы замещения неавтономных четырёхполюсников

图 9.9 Π 形非独立二端口网络等效电路

Построение схем замещения неавтономных четырёхполюсников на основе схем замещения пассивных четырёхполюсников не является единственно возможным способом. В ряде случаев более удобными могут оказаться схемы замещения с двумя зависимыми источниками (рис. 9. 10).

非独立二端口网络的等效电路可依据无源二端口网络的等效电路来构造,但这不是唯一方法。有时具有两个非独立电源的等效电路可能更简单(图 9. 10)。

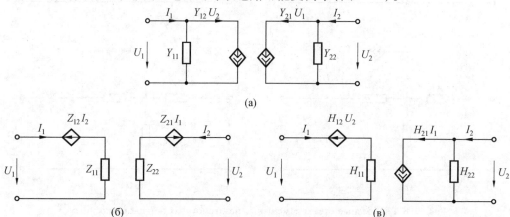

Рис. 9. 10 Схемы замещения с двумя зависимыми источниками

图 9. 10 具有两个非独立电源的等效电路

Эти схемы замещения построены непосредственно по основным уравнениям четырёхполюсников соответственно в $Y-$, $Z-$ и H –параметрах.

这些等效电路可由二端口网络对应于 Y 参数, Z 参数和 H 参数的基本方程构造。

Глава 10   Нелинейные электрические цепи
第 10 章   非线性电路

Нелинейными элементами электрической цепи называются такие элементы параметры, которых зависят от напряжений, токов, магнитных потоков и других величин, т. е. это элементы с нелинейными вольт-амперными, вебер-амперными и кулон-вольтными характеристиками. Принципиально все элементы электрических цепей в большей или меньшей степени нелинейны, но если нелинейность существенно не влияет на характер процессов в цепи, то ей пренебрегают и считают цепь линейной.

非线性元件是指参数取决于电压、电流、磁通量和其他量的电学元件，即它们是具有非线性电流-电压特性、韦安特性和库仑伏特特性的元件。原则上，电路中的所有元件或多或少都是非线性的，但是如果非线性不会显著影响电路过程的性质，则它可被忽略，电路仍被视作线性电路。

Наличие даже одного нелинейного элемента в цепи не позволяет применить для её анализа методы, основанные на разделении реакции цепи, такие как метод контурных токов, метод наложения, метод эквивалентного генератора. При наличии нелинейности анализ процессов значительно усложняется и если это возможно, то характеристики нелинейных элементов линеаризуются, аппроксимируются полиномами и т. п.

电路中只要存在一个非线性元件，就不能采用拆分电路响应的分析方法，例如回路电流法、叠加法和等效电路法。如果存在非线性元件，电路分析过程会变复杂，如果条件允许，非线性元件的特征将被线性化，近似于多项式。

В современной технике нелинейные элементы находят очень широкое распространение. С их помощью преобразуется электрическая энергия, генерируются сигналы с заданными свойствами, преобразуется и сохраняется информация. Они применяются в энергетике, автоматике, радиотехнике, вычислительной технике и других областях, связанных с применением электрической энергии.

在现代技术设备中，非线性元件得到了普遍运用。借助非线性元件，能够转换电能，产生特定信号，转换和存储信息。它们被用于动力学、自动化、无线电工程、计算机工程以及与电能使用相关的其他领域。

10.1 Нелинейные резистивные элементы   非线性电阻元件

Нелинейные резистивные элементы (НР)—это элементы электрической цепи с нелинейной вольт-амперной характеристикой (ВАХ). Они относятся к числу наиболее распространённых в технике элементов и отличаются большим разнообразием свойств. Одна из возможных классификаций НР приведена на рис. 10.1(a).

非线性电阻元件(Nonlinear Resistor, NR)是具有非线性电流–电压特性(Current–Voltage Characteristic, CVC)的电路元件。它们是技术设备中最常见的元件, 具有多种分类, 其中一种分类方式如图10.1(a)所示。

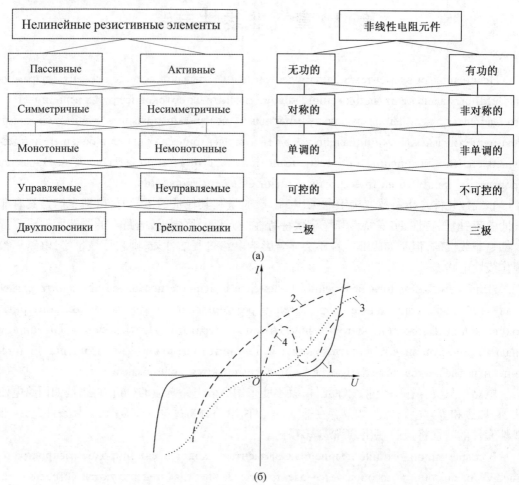

Рис. 10.1 Классификация нелинейных резистивных элементов и их кривые характеристики

图 10.1 非线性电阻元件分类及其特性曲线

По признаку наличия источника электрической энергии НР делятся на активные и пассивные. Если ВАХ проходит через начало координат, то НР пассивный. В противном случае он относится к активным НР и его схема замещения содержит источник ЭДС или источник тока (кривая 2 рис. 10.1(б)). По отношению к началу координат ВАХ НР могут быть симметричными (кривая 3 рис. 10.1(б)) и несимметричными. Знак производной dU/dI в различных точках ВАХ может быть неизменным (монотонная характеристика), а может изменяться (немонотонная ВАХ кривая 4 рис. 10.1(б)). Наибольшим разнообразием отличаются ВАХ полупроводниковых приборов. На рис. 10.2, в качестве примера приведены ВАХ диода, фотодиода, тиристора и транзистора (рис. 10.2(а)—

рис. 10.2(г) соответственно). Первый элемент относится к неуправляемым НР, а остальные—к управляемым. Характеристики этих элементов резко несимметричны, при разных полярностях приложенного напряжения они обладают различными сопротивлениями. Вольт−амперные характеристики управляемых НР, кроме того, изменяются под воздействием управляющей величины. У фотодиода изменение ВАХ происходит под воздействием светового потока Φ, у тиристора и транзистора—под воздействием тока, протекающего через управляющий вход (I_y, I_6). Диод и фотодиод относятся к двухполюсникам, т. к. включаются в электрическую цепь в двух точках, а тиристор и транзистор—к трёхполюсникам.

根据电源特征,非线性电阻元件分为有功和无功两种类型。如果电流-电压特性曲线穿过原点,则非线性电阻元件是无功的;反之就是有功的,其等效电路包含一个电动势源或一个电流源(图 10.1(6)中的曲线 2)。相对于坐标原点,非线性电阻元件的电流-电压特性曲线可以是对称的(图 10.1(6)中的曲线 3),也可以是不对称的。导数 dU/dI 在电流-电压特性曲线不同点的符号可以不变(单调曲线),也可改变(图 10.1(6)中的电流-电压特性非单调曲线 4)。半导体器件的电流-电压特性曲线的类型多种多样,在图 10.2 中,举例说明了二极管、光电二极管,晶闸管和晶体管的电流-电压特性曲线(图 10.2(a)—图 10.2(г))。第一个元件属于不可控非线性电阻元件,其余元件属于可控非线性电阻元件。这些元件的特性曲线极其不对称;在所施加电压极性不同的情况下,它们具有不同的电阻。此外,在控制量的作用下,可控非线性电阻元件的电流-电压特性曲线发生变化。在光通量 Φ 的影响下,光电二极管电流-电压特性发生变化;在流经控制输入端的电流 (I_y, I_6) 的作用下,晶闸管和晶体管的电流-电压特性发生变化。二极管和光电二极管是二端器件,将两端连接到电路,而晶闸管和晶体管属于三端器件。

Свойства НР определяются его ВАХ. В отличие от линейного резистивного элемента каждая точка ВАХ нелинейного элемента определяется двумя параметрами статическим сопротивлением $R_{ст} = U/I$ и дифференциальным сопротивлением $R_{диф} = du/di$. Графически статическое сопротивление представляет собой котангенс угла наклона секущей проведённой из начала координат ВАХ в точку A(рис. 10.3): $R_{ст} = \dfrac{m_u}{m_i}\mathrm{ctan}\,\alpha$, а дифференциальное сопротивление—котангенс угла наклона касательной в точке A(рис. 10.3): $R_{диф} = \dfrac{m_u}{m_i}\mathrm{ctan}\,\beta$. Статическое сопротивление соответствует сопротивлению НР в цепи постоянного тока, а дифференциальное—сопротивлению НР при малых изменениях тока и напряжения относительно рабочей точки.

非线性电阻元件的特性取决于它的电流-电压特性。与线性电阻元件相比,非线性元件电流-电压特性上的每个点由两个参数确定:静态电阻 $R_{ст} = U/I$ 和差分电阻 $R_{диф} = du/di$。静态电阻是从电流-电压特性曲线的原点到点 A 连接线倾角的余切(图 10.3): $R_{ст} = \dfrac{m_u}{m_i}\mathrm{ctan}\,\alpha$,而差分电阻是 A 点处切线倾角的余切(图 10.3): $R_{диф} = \dfrac{m_u}{m_i}\mathrm{ctan}\,\beta$ 。静态电阻对应于直流电路中非线性电阻元件的电阻,差分电阻对应于相对于工作点电流和电压变化较小的非线性电阻元件的电阻。

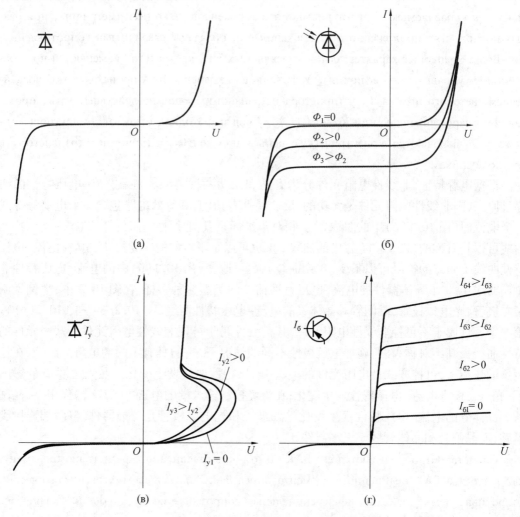

Рис. 10.2 ВАХ полупроводниковых приборов

图 10.2 半导体器件的电流–电压特性曲线

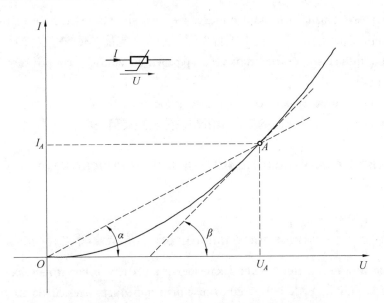

Рис. 10.3 Статическое и дифференциальное сопротивления HP

图 10.3 非线性元件的静态电阻与差分电阻

Новые слова и словосочетания　单词和词组

---

1. нелинейный резистивный элемент（HP）非线性电阻元件

2. немонотонная характеристика 非单调曲线

3. монотонный 单调的

4. фотодиод 光电二极管

5. тиристор 晶闸管

6. полупроводниковый прибор 半导体器件

7. управляющая величина 控制量

8. неуправляемый 不可控的

9. управляемый 可控的

10. световой поток 光通量

11. трёхполюсник 三极

12. статическое сопротивление 静态电阻

13. дифференциальное сопротивление 差分电阻

14. котангенс 余切

15. рабочая точка 工作点

Вопросы для самопроверки　自测习题

---

1. Какие элементы электрической цепи называются нелинейными? 电路中哪些元件被称为非线性元件？

2. По какому признаку можно определить наличие источника электрической энергии в нелинейном резисторе? 确定非线性电阻器中存在电能的依据是什么？

3. Дайте определение статическому（дифференциальному）сопротивлению？给出静态电阻(差分电阻)的定义。

4. Как соотносятся между собой статическое и дифференциальное сопротивления линейного резистора? 线性电阻的静态电阻和差分电阻有何关联？

10.2 Анализ цепи с нелинейными двухполюсниками　非线性二极电路

10.2.1 Цепь с источником постоянного тока　直流电源电路

Задача анализа нелинейной цепи заключается в расчёте токов и напряжений на участке цепи при заданных BAX HP, сопротивлениях линейных элементов и ЭДС источников. Современные справочные данные HP включают их математические модели, позволяющие решить эту задачу численными методами с помощью специализированных пакетов программ. Поэтому мы остановимся на графических методах анализа, дающих представление об особенностях режимов нелинейных цепей.

分析非线性电路的任务在于依据非线性电阻元件特定的电流-电压特性、线性电阻元件和电动势源来计算电路中的电流和电压。非线性电阻元件的参考数据包括它们的数学模型,这些数学模型借助专用软件和数值法来完成这一任务。因此,我们将具体分析能够体现非线性电路特征的图形法。

Если требуется определить ток в последовательном соединении HP（рис. 10.4(а)）, то можно построить BAX участка цепи $I(U)$ на основе закона Кирхгофа

若需要确定串联非线性电阻元件(图10.4(а))的电流,可根据基尔霍夫定律构造电路的电流-电压特性曲线,即 $I(U)$ 曲线

$$U = U_1 + U_2 \tag{10.1}$$

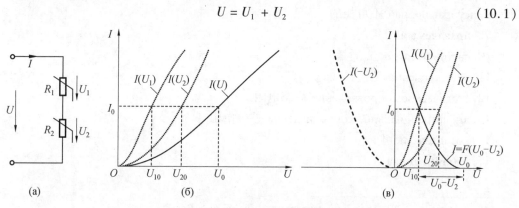

Рис. 10.4 BAX при последовательном соединении HP

图 10.4 非线性电阻串联时的电流-电压特性曲线

Построение BAX $I(U)$ выполняется путём суммирования абсцисс точек BAX резистивных элементов R_1 и R_2 (рис. 10.4(6)). По полученной характеристике найти ток I_0 при заданном значении напряжения U_0. После чего по найденному току можно определить напряжения на отдельных элементах U_{10}, U_{20}.

将电阻元件 R_1 和 R_2 对应的电流-电压特性点的横坐标相加,得出整体电路的电流-电压特性曲线(图10.4(6))。依据所得特性曲线,利用给定电压 U_0 找到电流 I_0。借助所得电流,可确定单个元件上的电压 U_{10} 和 U_{20}。

При параллельном соединении НР (рис. 10.5(a)) ВАХ участка цепи $I(U)$ строится на основании первого закона Кирхгофа

在图 10.5 (a)中,非线性电阻元件并联时,利用基尔霍夫第一定律,得出电路 $I(U)$ 的特性曲线

$$I = I_1 + I_2 \qquad\qquad (10.2)$$

т. е. путём суммирования ординат точек ВАХ резистивных элементов R_1 и R_2 (рис. 10.5 (6)). После получения ВАХ $I(U)$ определяются общий ток цепи I_0 и токи в отдельных НР I_{10}, I_{20}.

即电阻元件 R_1 和 R_2 的电流-电压特性点的纵坐标相加(图10.5(6))。在获得 $I(U)$ 特性曲线之后,可确定电路的总电流 I_0 以及单个非线性电阻元件中的电流 I_{10} 和 I_{20}。

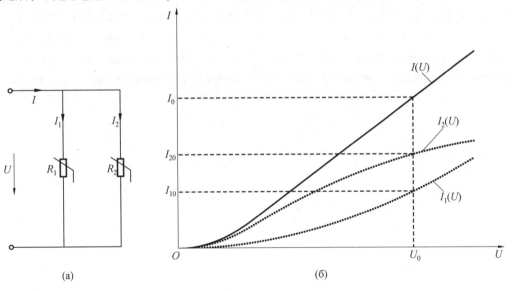

Рис. 10.5 ВАХ при параллельном соединении НР

图 10.5 非线性电阻并联时的电流-电压特性曲线

Существует более удобный метод, не требующий построения общей ВАХ участка $I(U)$ и называемый методом пересечения характеристик. Из выражения (10.1) напряжение на R_1 при заданном значении входного напряжения U_0 равно $U_1 = U_0 - U_2$. Значит, если построить ВАХ R_2 с аргументом $U_0 - U_2$, то ордината точки пересечения этой характеристики с ВАХ R_1 даст искомый ток. Для построения вспомогательной ВАХ $I = F(U_0 - U_2)$ вначале строится ВАХ $I(-U_2)$, представляющая собой характеристику зеркально симметричную относительно оси ординат ВАХ $I(U_2)$, а затем она смещается по оси абсцисс на величину $+ U_0$ (рис. 10.4(в)).

Ещё существует более удобный метод, он не требует построения всей $I(U)$ кривой всей электрической цепи, этот метод называется методом пересечения характеристик. Согласно формуле (10.1), для заданного входного напряжения U_0, напряжение на концах R_1 равно $U_1 = U_0 - U_2$. Поэтому, если мы используем переменную $U_0 - U_2$ для построения вольт-амперной характеристики R_2, то ордината точки пересечения этой характеристики с вольт-амперной характеристикой R_1 и есть искомый ток. Для построения возможной вольт-амперной характеристики, т.е. $I = F(U_0 - U_2)$, мы сначала строим $I(-U_2)$, эта характеристика является зеркальным отражением $I(U_2)$ относительно оси ординат, затем смещаем по оси абсцисс на $+ U_0$, получаем кривую $I = F(U_0 - U_2)$ (рис. 10.4 (в)).

Если резистивный элемент R_2 линейный, то ВАХ $I = F(U_0 - U_2)$ представляет собой линию с наклоном соответствующим значению R_2 и проходящую через точку $+ U_0$ на оси абсцисс. Это позволяет применять метод пересечения характеристик для электрических цепей с одним нелинейным элементом. В разделе методов анализа цепей постоянного тока было показано, что любая электрическая цепь по отношению к отдельной ветви или элементу может быть представлена эквивалентным генератором с источником, ЭДС которого равна напряжению на разомкнутой ветви, и внутренним сопротивлением равным сопротивлению цепи относительно точек подключения. Таким образом, если выделить нелинейный элемент, то вся линейная часть цепи по отношению к нему будет линейным активным двухполюсником (рис. 10.6(а)) с ВАХ проходящей через точки $(E, 0)$ и $(0, E/r)$ (рис. 10.6(б)). Точка пересечения линии ВАХ двухполюсника, называемой нагрузочной характеристикой, с ВАХ НР определяет режим его работы. Этот метод анализа цепей с нелинейным элементом называется методом нагрузочной характеристики.

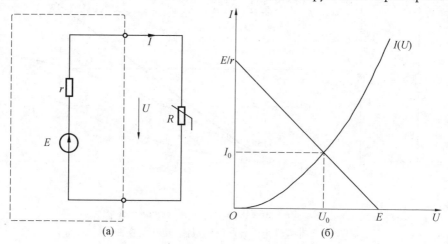

Рис. 10.6 Метод нагрузочной характеристики

图 10.6 负载特性法

如果电阻元件 R_2 是线性的，则 $I = F(U_0 - U_2)$ 是一条直线，经过 $I(U)$ 曲线上横坐标为 $+ U_0$ 的点，其斜率与 R_2 的值相对应。在分析具有一个非线性元件的电路时，可采用特性曲线交点法。在讲述直流电路分析方法的章节中，对于含有单独分支或元件的任何电路都可用带电源的电路进行等效，该等效电路中的电动势等于支路的开路电压，内部电阻等于支路端点间的电阻。因此，将非线性元件分出来之后，电路的其余部分将是一个线性有源二端网络(图 10.6(a)),其电流–电压特性曲线通过点 $(E,0)$ 和 $(0, E/r)$ (图 10.6(6))。二端网络的电流–电压特性曲线(被称为负载特性曲线)与非线性电阻元件的电流–电压特性曲线的交点决定了其工作点。这种分析非线性元件电路的方法被称为负载特性法。

Новые слова и словосочетания 单词和词组

---

1. математическая модель 数学模型
2. численный метод 数值法
3. графический метод анализа 图形分析法
4. метод пересечения характеристик 特性曲线交点法
5. вспомогательный 备用的,辅助的
6. зеркальный 镜像的
7. метод нагрузочной характеристики 负载特性法

10.2.2 Цепь с источником переменного тока 交流电源电路

Мгновенные значения тока или напряжения на НР в цепи с источником переменного тока можно получить последовательным построением точек кривых методом нагрузочной характеристики.

在交流电源电路中,非线性电阻元件的电流瞬时值或电压瞬时值可通过使用负载特性法,依次构建曲线的点获得。

В качестве примера выполним построение кривых тока и напряжения на полупроводниковом диоде в цепи с источником синусоидальной ЭДС $e(t) = E_m \sin \omega t$ (рис. 10.7).

例如,在含有正弦电动势源 $e(t) = E_m \sin \omega t$ 的电路中,我们构建半导体二极管的电流和电压曲线(图 10.7)。

Схема замещения цепи соответствует рис. 10.6(a). Параллельно оси ординат ВАХ построим ось времени для кривых ЭДС и напряжения на диоде, а параллельно оси абсцисс—ось времени для кривой тока, протекающего через диод. Выберем некоторый момент времени и построим для него нагрузочную характеристику в соответствии с мгновенным значением ЭДС. На рисунке один такой момент выбран для положительного максимума ЭДС и другой для отрицательного. Точка пересечения нагрузочной характеристики с ВАХ диода (точка b на рис. 10.7) определяет мгновенные значения тока и напряжения на диоде. Максимум напряжения $+U_m$ меньше максимума ЭДС на величину падения напряжения на эквивалентном сопротивлении цепи r. Аналогично построим нагрузочную характеристику в третьем квадранте ВАХ для отрицательного максимума и определим ток и напряжение на диоде по координатам точки пересечения e. Здесь падение напряжения на эквивалентном сопротивлении существенно меньше, чем при положительном максимуме, т. к. существенно меньше ток в цепи. Это связано с тем, что сопротивление диода при обратной полярности напряжения на несколько порядков больше, чем при прямой. На рисунке 10.7 это соотношение уменьшено, чтобы можно было

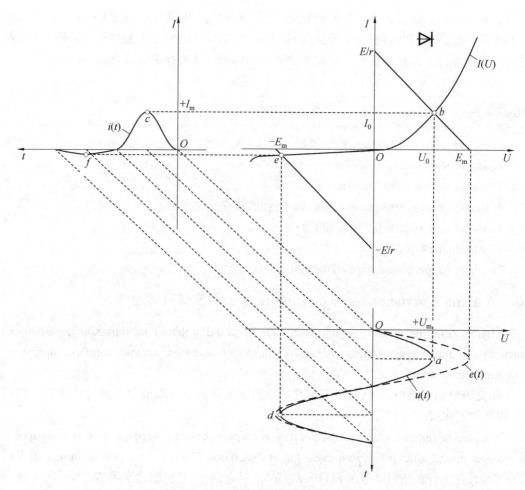

Рис. 10.7 Построение нагрузочной характеристики цепи с источником переменного тока

图 10.7 交流电源电路构建负载特性曲线

выявить детали построения кривых.

等效电路图对应于图 10.6(a)。与电流–电压特性曲线的纵轴平行,构建电动势和二极管上的电压曲线的时间轴;与横坐标轴平行,构建流过二极管的电流曲线的时间轴。选择电动势的某个瞬时值构建负载特性,可选择电动势的正最大值及负最大值这两个瞬间。负载特性曲线与二极管电流–电压特性曲线的交点(图 10.7 中的点 b)可确定二极管上电流和电压的瞬时值。电压 $+U_m$ 小于电动势的最大值,差值等于等效电路电阻 r 的压降值。类似地,在电流–电压特性曲线的第三象限中为负最大值构建负载特性,并通过交点 e 的坐标确定二极管上的电流和电压,其中等效电阻的电压降明显小于正最大值时的电压降,因为电路中的电流明显变小。这与接入反压时二极管的电阻比正压时的电阻大几个数量级有关,在图 10.7 中,为显示曲线的总体结构,减小了该比值。

Повторяя построения для всех точек синусоиды ЭДС, мы получим кривые мгновенных значений тока и напряжения. Обе кривые несинусоидальны. Отрицательные значения тока значительно меньше положительных и если пренебречь ими, а также искажениями синусоиды тока при положительной полуволне ЭДС, то диод можно считать элементом электрической цепи с односторонней проводимостью. Он проводит ток при положительной полярности приложенного к нему напряжения и не проводит при отрицательной полярности. Такой элемент цепи называется вентильным элементом.

依次选取正弦电动势的所有点,可获得电流和电压的瞬时值曲线。两条曲线均为非正弦曲线。负电流值远小于正值,若忽略负电流值以及电动势正半波对应的电流失真,则该二极管可被视为具有单向导电性的一个电路元件。当对其施加正极性电压时,有传导电流流过,而在负极性电压条件下,无传导电流,这种电路元件被称为阀元件。

При анализе цепей с диодами BAX часто заменяют схемами замещения с различной степенью детализации свойств диода (рис. 10.8). В такую схему включают идеальный вентильный элемент V с нулевым сопротивлением при положительной полярности напряжения и нулевой проводимостью при отрицательной (рис. 10.8(г)). Кроме того, BAX диода в первом квадранте аппроксимируют линейными функциями. Наилучшая аппроксимация достигается при включении в схему замещения источника ЭДС E и резистивного элемента r, соответствующего дифференциальному сопротивлению на большей части BAX (рис. 10.8(a)). Если напряжение на диоде существенно больше падения напряжения на начальном участке BAX, то искажения тока и напряжения незначительны и из схемы замещения можно исключить источник ЭДС (рис. 10.8(6)). В случае малого сопротивления диода по отношению к сопротивлению цепи, можно исключить из схемы дифференциальное сопротивление (рис. 10.8(в)).

在分析带有二极管的电路时,二极管经常被等效电路替代,这种等效电路具有多种二极管特性(图 10.8)。这样的电路图包含理想阀元件 V,在正极性电压时,阀元件具有零电阻;在负极性电压时,阀元件具有零电导(图 10.8(г))。此外,第一象限中二极管的电流-电压特性曲线可通过近似的线性函数来表示,当等效电路中接入电动势源 E,且电流-电压特性曲线中绝大多数的差分电阻接近电阻元件 r 时,可获得最佳近似值(图 10.8(a))。如果二极管上的电压明显大于电流-电压特性曲线初始段的电压降,则电流和电压的失真不明显,可将电动势源从等效电路中除去(图 10.8(6))。如果相对于电路电阻,二极管电阻较低,则可将差分电阻从电路中除去(图 10.8(в))。

Полупроводниковые диоды являются наиболее распространёнными HP. Они используются в энергетике для преобразования переменного тока в постоянный, в радиотехнике, автоматике и вычислительной технике для преобразования сигналов и реализации логических функций.

半导体二极管是最常见的非线性电阻元件。它们被应用于能源领域,将交流电转换为直流电;在无线电工程、自动化和计算机技术中,它们被用于处理信号和逻辑运算。

电 路 分 析

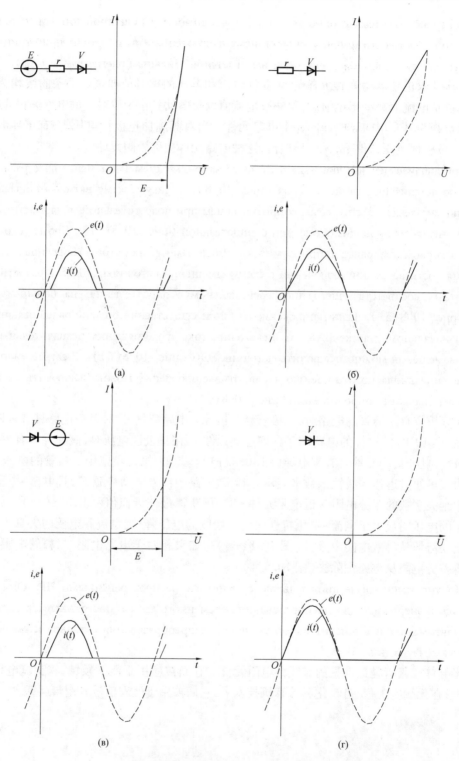

Рис. 10.8 Цепи с диодами и их ВАХ

图 10.8 二极管近似电路及其电流-电压特性曲线

---

1. односторонняя проводимость 单向导电性

2. положительная полярность 正极性

3. отрицательная полярность 负极性

4. вентильный элемент 阀元件

5. аппроксимация 近似, 近似法

Вопросы для самопроверки　自测习题

1. Как строится вольт-амперная характеристика участка электрической цепи с последовательным (параллельным) соединением нелинейных резисторов? 如何构建串联(并联)非线性电阻电路的电流-电压特性曲线?

2. Что такое метод пересечения характеристик и как он используется для определения режима работы цепи? 什么是特性交点法? 如何用它来确定电路的工作点?

3. Что такое нагрузочная характеристика? 什么是负载特性?

4. Что такое метод нагрузочной характеристики? В каком случае он используется? 什么是负载特性法? 在什么情况下可使用这种方法?

5. Нарисуйте кривую тока в электрической цепи с полупроводниковым диодом и объясните причину искажений. 绘制带有半导体二极管的电路的电流曲线, 并说明失真的原因。

6. Нарисуйте кривую напряжения на полупроводниковым диоде и объясните причину искажений. 绘制在半导体二极管上的电压曲线, 并说明失真的原因。

7. Нарисуйте вольт-амперные характеристики диода при различных вариантах аппроксимации. 绘制不同近似条件下的二极管电流-电压特性曲线。

8. Укажите условия, при которых применяется каждая из схем замещения диода. 指出每种二极管等效电路图的使用条件。

10.3 Анализ цепи с нелинейными трёхполюсниками　非线性三极电路分析

Самым распространённым трёхполюсником, т. е. элементом электрической цепи, подключаемым к ней в трёх точках, является транзистор. Выводы, которыми он подключается к внешней цепи называются коллектор, эмиттер и база (к, э, б на рис. 10.9 (а)). Одна из возможных схем его включения приведена на рис. 10.9(а). Ток коллектора транзистора $I_к$ определяется напряжением между коллектором и эмиттером $U_{кэ}$, а также током, протекающим через его базу $I_б$, поэтому ВАХ $I_к(U_{кэ}, I_б)$ представляют собой множество характеристик, построенных для различных значений $I_б$ (рис. 10.9(в)). Таким образом, изменяя ток базы транзистора можно воздействовать на режим работы цепи коллектор-эмиттер, т. е. электрическая цепь базы является управляющей цепью транзистора или входной цепью, а цепь коллектор-эмиттер—выходной или цепью нагрузки. Поэтому характеристики $I_к(U_{кэ}, I_б)$ называются выходными характеристиками транзистора. В отличие от выходных характеристик, входная ВАХ $I_б(U_{бэ})$ мало зависит режимов других цепей. Она представляет собой ВАХ диода, т. к. между базой и эмиттером находится кристаллическая структура аналогичная структуре диода. Основным свойством транзистора, обеспечивающим его применение в технике, является способность малым током базы воздействовать на большой ток коллектора, т. е. способность усиливать ток.

晶体管是最常见的三极非线性电阻元件,它的三个端点与电路连接,连接到外电路的三个端被称为集电极、发射极和基极(图 10.9(a)中的 к, э, б)。图 10.9(a)是它的一种连接方式,晶体管的集电极电流 $I_к$ 取决于集电极和发射极之间的电压 $U_{кэ}$ 以及流经其基极的电流 $I_б$,因此电流-电压特性曲线中的 $I_к(U_{кэ}, I_б)$ 为在不同 $I_б$ 值时构建的特性曲线簇(图 10.9(в))。因此,晶体管的基极电流的改变可影响集电极和发射极电路的工作点,即基极电路是晶体管的控制电路或输入电路,集电极和发射极电路是输出电路或负载电路。因此,$I_к(U_{кэ}, I_б)$ 的特性曲线被称为晶体管的输出特性曲线。与输出特性不同,电流-电压特性曲线中的输入特性曲线 $I_б(U_{бэ})$ 很少取决于其他电路。它符合二极管的电流-电压特性,因为在基极和发射极之间的晶体结构类似于二极管的结构。晶体管能够应用在技术设备中,这是基于它的一个主要特性,即利用很小的基极电流可产生较大的集电极电流,即放大电流的能力。

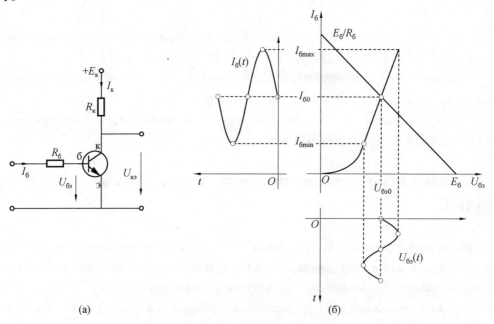

(а) (б)

Рис. 10.9 Цепь транзистора и её ВАХ
图 10.9 晶体管电路及其电流-电压特性曲线

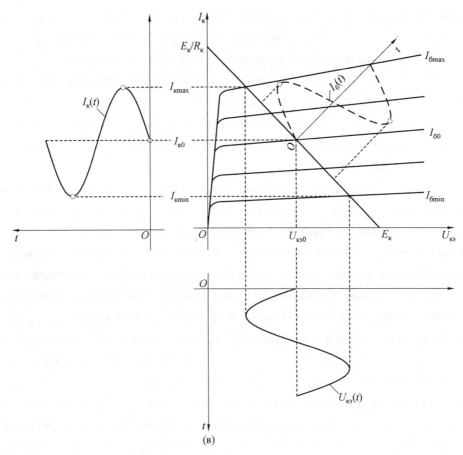

(в)

Продолжение рис. 10.9 Цепь транзистора и её ВАХ

续图 10.9 晶体管电路及其电流–电压特性曲线

Анализ состояния входной и выходной цепи транзистора проводится методом пересечения характеристик для входной и выходных ВАХ. По заданному значению сопротивления $R_к$ и ЭДС $E_к$ цепи коллектора для выходных ВАХ строится нагрузочная характеристика и определяется значение тока базы, обеспечивающее требуемый режим в выходной цепи. Затем по входной ВАХ и нагрузочной характеристике входной цепи определяется режим её работы при требуемом токе.

在分析晶体管的输入和输出电路的状态时,采用的是电流–电压特性输入曲线和输出曲线交点法。根据集电极电路的电阻 $R_к$ 和电动势 $E_к$ 的给定值,构建负载特性曲线,确定输出电路工作点对应的基极电流值。然后,根据输入电路的电流–电压特性曲线,确定所需基极电流对应的工作点。

В технических устройствах транзистор используется в качестве усилителя сигналов постоянного и переменного тока, однако для усиления переменного тока требуется введение в сигнал постоянной составляющей, т. к. транзистор обладает только односторонней проводимостью. Постоянную составляющую тока базы $I_{б0}$ определяют по выходным ВАХ как среднее значение между максимальным $I_{бmax}$ и минимальным $I_{бmin}$ токами, соответствующими заданным значениям максимального $I_{\text{кmax}}$ и минимального $I_{\text{кmin}}$ тока коллектора. После чего по входной ВАХ определяют параметры сопротивления R_6 и источника ЭДС E_6, обеспечивающие формирование тока базы в заданных пределах.

在技术设备中,晶体管被用作直流信号和交流信号的放大器,但交流电流的放大需要在信号中引入直流分量,因为晶体管只有一侧具有导电性。由输出侧电流-电压特性确定基极电流 I_{60} 的直流分量,即 I_{6max} 和 I_{6min} 的电流平均值($I_{\text{кmax}}$ 和 $I_{\text{кmin}}$ 对应于集电极最大电流和最小电流)。此后,依据输入侧的电流-电压特性确定电阻参数 R_6 和电动势源 E_6,以确保产生限定范围内的基极电流。

Методом пересечения характеристик определяют также режим работы транзистора в качестве ключевого элемента, т. е. управляемого элемента электрической цепи, который может находиться в двух состояниях: открытом и закрытом. В первом состоянии его сопротивление близко к нулевому, а во втором—к бесконечности. Для этого выбирают режим нагрузки таким образом, чтобы точка пересечения нагрузочной характеристики оказалась на начальном участке выходной ВАХ, соответствующей максимальному току базы I_{6max} (точка A на рис. 10.10). В этом режиме при большом токе коллектора $I_{\text{кн}}$ напряжение коллектор-эмиттер $U_{\text{н}}$ близко к нулевому, что соответствует замыканию точек коллектор-эмиттер, т. е. открытому состоянию ключа. Режим работы транзистора в точке A называется режимом насыщения. При подаче в базу транзистора небольшого тока отрицательной полярности I_{6-} рабочая точка переместится в точку B. При этом ток коллектора $I_{\text{ко}}$ будет очень малым, а напряжение коллектор-эмиттер $U_{\text{о}}$ почти равным ЭДС E. Такое состояние близко к размыканию цепи коллектор-эмиттер, т. е. эквивалентно закрытому ключу. Оно называется также режимом отсечки транзистора.

借助特性交点法,能确定作为开关元件的晶体管的工作点,即受控电路元件可处于两种状态:开路和闭合。在第一种状态下,元件电阻接近于零,而在第二种状态下,元件电阻为无穷大。因此,在选择负载时,应使负载特性曲线的交点出现在输出电流-电压特性曲线的初始部分,该部分对应于最大基极电流 I_{6max}(图 10.10 中的点 A),在这种情况下,集电极电流 $I_{\text{кн}}$ 较大,集电极和发射极电压 $U_{\text{н}}$ 接近于零,这等同于集电极和发射极之间闭合,即开关的闭合,晶体管在点 A 的工作模式称为饱和状态。当一个较小的负极性电流 I_{6-} 施加到晶体管的基极时,工作点将移动到点 B。此时集电极电流 $I_{\text{ко}}$ 将非常小,且集电极和发射极电压 $U_{\text{о}}$ 几乎等于电动势 E。这种情况接近于集电极和发射极间的电路断路,即等效于开关断开,这也称为晶体管的截止状态。

Ключевой режим работы транзистора используется в преобразователях постоянного тока в переменный, преобразователях частоты переменного тока, в устройствах автоматики, в вычислительной технике. Процессоры современных компьютеров построены на основе миллиардов транзисторов, работающих в ключевом режиме.

晶体管的开关状态被应用于直流交流转换器、交流变频器、自动化设备和计算机技术中,现代计算机的处理器是建立在数十亿个以开关状态运行的晶体管的基础之上的。

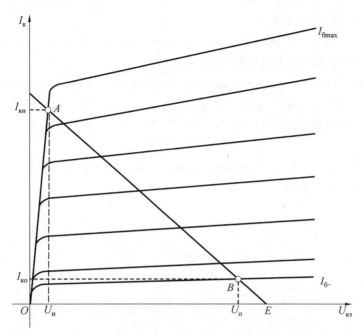

Рис. 10. 10 Рабочие характеристические кривые транзистора

图 10.10 晶体管工作特性曲线

Новые слова и словосочетания　单词和词组

1. коллектор 集电极
2. эмиттер 发射极
3. база 基极
4. управляющая цепь 控制电路
5. входная цепь 输入电路
6. выходная цепь 输出电路
7. кристаллическая структура 晶体结构
8. ключевой 开关的
9. ключевой элемент 开关元件
10. открытое состояние 开路
11. закрытое состояние 闭合
12. режим насыщения 饱和状态
13. отсечка 截止
14. режим отсечки 截止状态
15. преобразователь частоты 变频器
16. ключевой режим работы 开关状态

Вопросы для самопроверки　自测习题

1. Для чего в ток базы транзистора вводится постоянная составляющая? 为什么将直

流分量引入晶体管的基极电流?

2. Какой метод используют для определения режимов работы цепей базы и коллектора? 用什么方法确定基极和集电极电路的工作点?

3. Нарисуйте вольт-амперные характеристики транзистора в схеме с общим эмиттером и покажите на них рабочие точки соответствующие режимам насыщения и отсечки. 绘制普通的发射极电路中晶体管的电流-电压特性曲线,并在上面标出与饱和状态和截止状态相对应的工作点。

4. В каких устройствах используется ключевой режим работы транзистора? 晶体管的开关状态被用于哪些设备?

Словарь
生词表

А

(1) аргумент 自变量(5.1.1)

(2) абсцисса 横坐标(5.2.6)

(3) аварийный режим 故障模式(1.5)

(4) автоматика 自动化装置(1.6)

(5) аккумулятор 电池(1.1)

(6) активная мощность 有功功率(5.1.4)

(7) активная проводимость 电导(5.1.5)

(8) активное напряжение 有功电压(5.1.5)

(9) активное сопротивление 电阻(5.1.5)

(10) активно-ёмкостная нагрузка 阻容负载(6.3.1)

(11) активно-индуктивная нагрузка 阻感负载(6.3.1)

(12) активный двухполюсник 有源二端网络(3.3)

(13) активный ток 有功电流(5.1.5)

(14) активный четырёхполюсник 有源二端口网络(9.1)

(15) активный элемент 有源元件(1.3)

(16) алгебраизация 代数化(5.2.5)

(17) алгебраическое дополнение 代数余子式(9.2)

(18) алгебраическая сумма 代数和(1.2)

(19) алгебраическое выражение 代数表达式(5.1.3)

(20) алгоритм 算法(4.2)

(21) амперметр 电流表(1.1)

(22) амплитуда 振幅(5.1.1)

(23) аналитическое представление 解析表达式(5.1.3)

(24) апериодический 非周期性的(8.5)

(25) аппроксимация 近似,近似法(10.2.2)

(26) асимптота 渐近线(8.3)

Б

(1) база 基极(10.3)

(2) баланс мощности 功率平衡(1.2)

（3）бесконечность［阴］无穷大(1.3.2)

（4）биполярный 双极的(1.1)

В

（1）вариация 变化(5.2.1)

（2）вебер-амперная характеристика（ВбАХ）韦安特性(1.3)

（3）векторная диаграмма 相量图(5.1.3)

（4）векторный 相量的(1.1)

（5）вектор-столбец 列向量(4.2)

（6）вентильный элемент 阀元件(10.2.2)

（7）ветвь［阴］支路(1.1)

（8）вещественная ось 实轴(5.1.3)

（9）вещественная часть 实部(5.1.3)

（10）вещественное решение 实数解(5.2.6)

（11）вещественное число 实数(3.1)

（12）вещественный отрицательный корень 负实数根(8.5)

（13）взаимная индукция 互感(5.2.7)

（14）взаимное положение 相对位置(5.2.7)

（15）взаимное потокосцепление 互感磁链(5.2.7)

（16）взаимное сопротивление 互阻抗(4.3)

（17）взаимообратный 互反的，倒数的(5.2.2)

（18）взаимосвязь［阴］相互关联(5.1.6)

（19）виток 匝，圈(5.2.3)

（20）внешняя характеристика 外部特性（曲线）(1.4)

（21）внешняя цепь 外电路(1.2)

（22）внутреннее сопротивление 内阻(1.3)

（23）возведение в степень 幂(5.1.3)

（24）воздействие 激励(3.1)

（25）вольт（В）伏特（V）(1.2)

（26）вольт-ампер（ВА）伏安（VA）(5.1.5)

（27）вольт-амперная характеристика（ВАХ）电流-电压特性，伏安特性(1.3)

（28）вольтметр 电压表(1.1)

（29）восполняться［未］补偿(8.5.2)

（30）вписать［完］内接(5.2.1)

（31）вращение 旋转(5.1.2)

（32）временной 时间的(3.1)

（33）вспомогательный 备用的，辅助(10.2.1)

（34）встречное включение 反接(5.2.7)

（35）встречное направление 反向(5.2.7)

（36）второй закон Кирхгофа 基尔霍夫第二定律(3.4)

(37) второй закон коммутации 换路第二定律(8.1)

(38) вход 输入,输入端(1.3)

(39) входная проводимость 输入导纳(9.2)

(40) входная цепь 输入电路(10.3)

(41) входное напряжение 输入电压(5.1.5)

(42) входный зажим 输入端(1.3)

(43) входный ток 输入电流(5.1.5)

(44) входный 输入的(1.1)

(45) входящий зажим 输入端(1.1)

(46) вывод 输出,输出端(1.4)

(47) выделиться[完] 释放(5.1.1)

(48) выкладка 计算(4.5)

(49) выключатель[阳] 开关(8.3.2)

(50) выпрямитель[阳] 整流器(7.2)

(51) выпрямление 整流(7.1)

(52) высокая частота 高频(5.2.3)

(53) высшая гармоника 高次谐波(7.1)

(54) выходная цепь 输出电路(10.3)

(55) выходящий зажим 输出端(1.1)

Г

(1) гармоника 谐波(7.1)

(2) гармонический 谐波的 (5.1.1)

(3) генерирование 发电(1.2)

(4) геометрический размер 几何尺寸(1.3)

(5) геометрическое место 轨迹,几何位置(5.2.1)

(6) геометрическое построение 几何作图(6.2)

(7) геометрия 几何形状(5.2.7)

(8) гипотенуза 斜边(5.2.1)

(9) градуироваться[完,未] 刻度(5.1.1)

(10) граф 图,图解法(3.5)

(11) графический метод анализа 图形分析法(10.2)

Д

(1) двойственность [阴] 对偶性,二元性(3.4)

(2) двукратный 两倍的(8.3.4)

(3) двухполюсник 二端网络(1.7)

(4) двухполюсный 二极的(1.3)

(5) действующее (эффективное) значение 有效值(5.1.1)

(6) декартовая система 直角坐标系(5.1.3)

（13）запаздывание 延迟,滞后(6.3.1)

（14）запас энергии 储能(8.3)

（15）заряд 充电(1.3)

（16）заряд-разряд 充放电(5.1.4)

（17）заряжаться［未］充电(8.3.2)

（18）заряжённая частица 带电粒子(1.2)

（19）затухать［未］衰减(8.3.4)

（20）затухающее колебание 阻尼振荡,衰减振荡(8.3.4)

（21）зеркальный 镜像的(10.2.1)

И

（1）идеальный источник 理想电源(1.4)

（2）идеальный ключ 理想开关(8.1)

（3）идентичность［阴］同一性(6.1)

（4）избирательность［阴］选择性(5.2.6)

（5）измерительный прибор 测量设备(5.1.1)

（6）изолировать［完,未］隔离,使绝缘(1.3)

（7）изоляционный материал 绝缘材料(1.3)

（8）изоляция 绝缘(5.1.5)

（9）импульс 脉冲(8.5)

（10）инвертирующий 反相的(1.3)

（11）индекс 标记,编号(4.2)

（12）индуктивная проводимость 感纳(5.1.4)

（13）индуктивное сопротивление 感抗(5.1.4)

（14）индуктивный характер 感性(5.1.5)

（15）индукция 感应(5.1.2)

（16）индуцироваться［完,未］感应(1.3)

（17）интегральный 积分的(1.1)

（18）интегратор 积分器(3.1)

（19）интегрирование 积分(1.3)

（20）интегрировать［完,未］积分(5.1.1)

（21）интенсивность［阴］强度(1.2)

（22）ион 离子(1.2)

（23）искажение 失真(7.2)

（24）источник напряжения, управляемый напряжением（ИНУН）电压控制电压源(1.3)

（25）источник напряжения, управляемый током（ИНУТ）电流控制电压源(1.3)

（26）источник тока, управляемый током（ИТУТ）电流控制电流源(1.3)

（27）источник тока, управляемый напряжением（ИТУН）电压控制电流源(1.3)

（28）источник ЭДС 电动势源(1.4)

（29）источник 电源（1.1）

К

（1）кажущаяся мощность 视在功率（5.1.5）

（2）касательная кривая 正切曲线（8.3）

（3）каскадный 级联的（9.1）

（4）катет 直角边（5.2.1）

（5）катушка индуктивности 电感（1.1）

（6）квадрант 象限（5.2.2）

（7）квадрат 平方（5.1.5）

（8）квадратичный 二次方的（3.1）

（9）квадратное уравнение 二次方程（5.2.6）

（10）киловольт 千伏（8.3.2）

（11）ключ 开关（8.1）

（12）ключевой режим работы 开关状态（10.3）

（13）ключевой элемент 开关元件（10.3）

（14）ключевой 开关的（10.3）

（15）колебание 振荡（1.3）

（16）колебательный характер 振荡性（8.5）

（17）колебнуться［完］振荡（5.1.4）

（18）коллектор 集电极（10.3）

（19）коммутация 换路（8.1）

（20）компенсатор 补偿器（5.1.5）

（21）компенсировать［完,未］补偿（5.2.1）

（22）компенсироваться［完,未］补偿（被动）（5.2.6）

（23）комплексная амплитуда 复振幅（5.1.3）

（24）комплексная мощность 复功率（5.1.5）

（25）комплексная плоскость 复平面（5.1.3）

（26）комплексная форма 复数形式（5.1.4）

（27）комплексная ЭДС 复电动势（5.1.3）

（28）комплексное напряжение 复电压（5.1.3）

（29）комплексное сопротивление 复阻抗（5.1.5）

（30）комплексное число 复数（5.1.3）

（31）комплексный сопряжённый корень 复共轭根（8.5）

（32）комплексный ток 复电流（5.1.3）

（33）конденсатор 电容,电容器（1.1）

（34）конечное значение 终值（5.2.3）

（35）константа 常量（5.1.1）

（36）контакт 触点（1.1）

（37）контактор 接触器（8.3.4）

（38）контур 回路,电路(1.1)

（39）координата 坐标(1.7)

（40）корень кратности 多重根(8.2)

（41）корень［阳］根(8.2)

（42）короткое замыкание 短路(1.3.2)

（43）корректор 调节器(3.1)

（44）косинус 余弦(5.1.5)

（45）котангенс 余切(10.1)

（46）коэффициент амплитуды 振幅系数(7.2)

（47）коэффициент затухания 衰减系数(8.5)

（48）коэффициент искажения 失真系数(7.2)

（49）коэффициент мощности 功率因数(5.1.5)

（50）коэффициент передачи 传递系数(9.2)

（51）коэффициент полезного действия （КПД）有效系数(1.6)

（52）коэффициент связи 耦合系数(5.2.7)

（53）коэффициент усиления напряжения 电压增益(5.2.6)

（54）коэффициент усиления 放大系数(1.3)

（55）коэффициент формы 形状系数(7.2)

（56）кратный 多重的(8.5)

（57）кривая изменения 变化曲线(5.1.4)

（58）кристаллическая решётка 晶格(1.2)

（59）кристаллическая структура 晶体结构(10.3)

（60）круговая диаграмма 相量圆(5.2.1)

（61）крутизна 斜度,陡度(5.2.6)

（62）кулон-вольтная характеристика （КВХ）库仑伏特特性(1.3)

Л

（1）лампа накаливания 白炽灯(1.1)

（2）линеаризоваться［未］线性化(10.1)

（3）линейная цепь 线性电路(1.7)

（4）линейное напряжение 线电压(6.2)

（5）линейность［阴］线性(3.1)

（6）линейный провод 端线(6.2)

（7）линейный четырёхполюсник 线性二端口网络(9.1)

（8）линейный 线性的(1.3)

（9）линия передачи и распределения 输配电线路(6.2)

М

（1）магнитная линия 磁力线(5.1.2)

（2）магнитный поток 磁通(量)(1.3)

（3）магнитоэлектрическая система 电磁装置(7.2)

（4）математическая модель 数学模型(10.2)

（5）матрица 矩阵(4.2)

（6）мгновенная мощность 瞬时功率(3.5)

（7）мгновенное значение 瞬时值(5.1.1)

（8）метод нагрузочной характеристики 负载特性法(10.2.1)

（9）метод пересечения характеристик 特性曲线交点法(10.2.1)

（10）метод суперпозиции 叠加法(4.5)

（11）метод узловых потенциалов 结点电势法(4.4)

（12）метод эквивалентного источника 等效电源法(4.6)

（13）метрология 计量学(5.2.7)

（14）микросхема 微电路(1.3)

（15）мнимая часть 虚部(5.1.3)

（16）мнимое число 虚数(5.1.3)

（17）многоконтурный 多回路的(2.1)

（18）многополюсник 多端网络(1.7)

（19）модуль［阳］模量,模(5.1.3)

（20）монотонный 单调的(10.1)

（21）мост 电桥(4.6)

（22）мостовой 桥接的(9.1)

（23）мощность［阴］功率(1.2)

Н

（1）надёжность［阴］稳定性(1.5)

（2）наклон 斜率(1.3)

（3）накопитель энергии 能量存储元件(8.2)

（4）накопитель［阳］存储设备(1.3)

（5）направление 方向(1.2)

（6）начало координат 坐标原点(5.1.6)

（7）начало отсчёта 参考点(5.1.2)

（8）начальная фаза 初相(5.1.1)

（9）начальное значение 初值(8.3)

（10）начальное условие 初始条件(8.1)

（11）независимый источник 独立电源(1.3)

（12）незатухающее синусоидальное колебание 无阻尼振荡(8.5.2)

（13）неинвертирующий 同相的(1.3)

（14）нейтраль［阴］中性点(6.2)

（15）нейтральная (нулевая) точка 中性点(零点)(6.2)

（16）нейтральный (нулевой) провод 中性线(零线)(6.2)

（17）нейтральный 中性的(6.2)

（18）нелинейность［阴］非线性(3.1)

（19）нелинейная цепь 非线性电路(1.7)

（20）нелинейный резистивный элемент（HP）非线性电阻元件(10.1)

（21）нелинейный четырёхполюсник 非线性二端口网络(9.1)

（22）немонотонная характеристика 非单调曲线(10.1)

（23）ненулевой 非零的(8.3.3)

（24）необратимость［阴］不可逆性(1.3)

（25）необратимый 不可逆的(9.1)

（26）неоднородное уравнение 非齐次方程(8.1)

（27）непрерывность［阴］连续性(1.4)

（28）неразветвлённый 无分支的(2.1)

（29）несимметричная нагрузка 非对称负载(6.3.1)

（30）несинусоидальная величина 非正弦值(7.1)

（31）несинусоидальный 非正弦的(7.1)

（32）несовпадение 不重合(5.1.6)

（33）неуправляемый 不可控的(10.1)

（34）неуравновешенный 不平衡的(4.6)

（35）нечётная функция 奇函数(7.1)

（36）низкая частота 低频(5.2.3)

（37）номинальный режим 额定工作条件(1.5)

（38）номинальный 额定的(1.5)

（39）нормаль［阴］法线，垂直线(5.1.2)

（40）носитель заряда 载流子(1.1)

（41）нулевая точка отсчёта 零基准点(4.4)

（42）нулевое значение 零值(6.1)

（43）нулевой 零位的(1.1)

O

（1）обмотка 绕组(5.2.3)

（2）обратимый 可逆的(9.1)

（3）обратная величина 倒数(1.3)

（4）общее решение 一般解，通解(8.2)

（5）обыкновенное дифференциальное уравнение 常微分方程(1.1)

（6）огибающая 包络线(8.5.2)

（7）одинаковое направление 同向(5.2.7)

（8）одноконтурный 单回路的(2.1)

（9）однородное магнитное поле 均匀磁场(5.1.2)

（10）однородное уравнение 齐次方程(8.1)

（11）односторонняя проводимость 单向导电性(10.2.2)

（12）однофазная цепь 单相电路(6.2)

(20) переменная 变量(5.1.1)

(21) переменный 可变的(1.5)

(22) перенапряжение 过电压(5.2.5)

(23) перераспределиться［完］重新分配(8.1)

(24) переходный процесс 瞬态响应(8.1)

(25) период 周期(5.1.1)

(26) периодическая коммутация 周期性换路(8.3.3)

(27) периодическая функция 周期函数(7.1)

(28) периодический 周期的(5.1)

(29) периодическое колебание 周期振荡(5.1.4)

(30) перпендикулярный 垂直的(5.1.2)

(31) плазм 等离子体(1.2)

(32) плоскость［阴］平面(5.1.2)

(33) поверхностный эффект 集肤效应(5.2.3)

(34) поверхность［阴］截面(1.2)

(35) поворот 转动(5.1.2)

(36) подавляться［未］抑制(7.4)

(37) подкоренное выражение 根式(5.2.6)

(38) показательная форма 指数形式(5.1.3)

(39) покрытие 补偿(5.2.6)

(40) полевой 场效应的(1.3)

(41) полином 多项式(10.1)

(42) полная мощность 满功率(5.1.5)

(43) полная проводимость 导纳模(5.1.5)

(44) полное сопротивление 阻抗模(5.1.5)

(45) положительная полуволна 正半波(5.1.1)

(46) положительная полярность 正极性(10.2.2)

(47) положительный заряд 正电荷(1.2)

(48) полуволна 半波(5.1.1)

(49) полуокружность［阴］半圆(5.2.4)

(50) полупериод 半周期(5.1.1)

(51) полуплоскость［阴］半平面(5.1.5)

(52) полупроводник 半导体(1.2)

(53) полупроводниковый 半导体的(1.1)

(54) полупроводниковый прибор 半导体器件(10.1)

(55) полюс 极,电极(1.2)

(56) поляризация 极化(5.2.3)

(57) полярная система 极坐标系(5.1.3)

(58) полярность［阴］极性(1.3)

（59）попарный 成对的(3.5)

（60）порядок 阶次(8.2)

（61）порядок чередования фаз 相序(6.1)

（62）последовательно［副］串联地(1.1)

（63）последовательное соединение 串联(2.1)

（64）постоянная времени 时间常数(8.3)

（65）постоянная интегрирования 积分常数(8.2)

（66）постоянная составляющая 恒定分量(5.1.5)

（67）постоянный магнит 永磁体(6.1)

（68）постоянный ток 直流电(1.2)

（69）потенциал 电势,电位(1.2)

（70）потеря 损耗(1.1)

（71）поток рассеяния 散射通量(5.2.7)

（72）потокосцепление 磁链(1.3)

（73）преобразователь частоты 变频器(10.3)

（74）преобразователь［阳］转换器(1.3)

（75）приёмник 接收器,负载(1.1)

（76）принцип дуальности 互易定理(3.4)

（77）принцип наложения 叠加定理(3.1)

（78）принцип непрерывности электрического тока 电流连续性原理(5.1.6)

（79）принципиальная схема 原理图(1.1)

（80）проводимость［阴］电导(1.3)

（81）проводник 导线(1.1)

（82）проекция 投影(5.1.3)

（83）произведение 乘积(3.5)

（84）промежуток времени 时间间隔(1.2)

（85）пропорциональность［阴］比例(3.1)

（86）пропорциональный 成比例的(1.3)

（87）противодействие 反作用(1.3)

（88）противоположный 相反的(1.2)

（89）прямоугольник 矩形(1.7)

（90）прямоугольный треугольник 直角三角形(5.1.5)

（91）пьезодатчик 压电传感器(1.3)

Р

（1）работа 功(1.2)

（2）рабочая точка 工作点(10.1)

（3）равенство 相等,等式(1.6)

（4）радиотехника 无线电设备(5.2.6)

（5）радиотехнический 无线电技术的(3.1)

（6）разветвлённый 有分支的（2.1）

（7）разложение 分解（3.1）

（8）разложить［完］分解（7.1）

（9）размерность［阴］量纲，单位（5.1.4）

（10）размыкание 断开（8.3.2）

（11）размыкать［完］断开（1.1）

（12）разность потенциалов 电位差（4.4）

（13）разность［阴］差值（1.2）

（14）разомкнутый контакт 常开触点（8.3.2）

（15）разомкнутый 开路的（3.3）

（16）разомкнуть［完］断开（3.3）

（17）разрыв 断开（1.5）

（18）рамка 框架（5.1.2）

（19）распределение 分布（4.5）

（20）распределение 分配（6.2）

（21）распределённый 分布式的（1.7）

（22）реактивная мощность 无功功率（5.1.5）

（23）реактивная проводимость 电纳（5.1.5）

（24）реактивное напряжение 无功电压（5.1.5）

（25）реактивное сопротивление 电抗（5.1.5）

（26）реактивный ток 无功电流（5.1.5）

（27）реакция 反应，反响，响应（3.1）

（28）регулятор 调节器（8.3.3）

（29）режим насыщения 饱和状态（10.3）

（30）режим непрерывного тока 连续电流模式（8.3.3）

（31）режим отсечки 截止状态（10.3）

（32）режим прерывистого тока 间歇电流模式（8.3.3）

（33）режим работы 工作条件（1.6）

（34）режим холостого хода 悬空状态（9.1）

（35）режим холостого хода 空载（1.5）

（36）резистор 电阻（1.1）

（37）резонанс 谐振（5.2.6）

（38）резонансная частота 谐振频率（5.2.6）

（39）результирующий 合成的（3.1）

（40）реле 继电器（8.3.4）

（41）ротор 转子（6.1）

（42）ряд 级数（7.1）

（43）ряд Фурье 傅里叶级数（7.1）

C

(39) сопряжённый 共轭的(5.1.5)

(40) сосредоточенный параметр 集总参数(1.7)

(41) составляющая 分量(5.1.5)

(42) спектр 频谱(7.4)

(43) справедливость[阴] 有效性(5.1.6)

(44) среднее выпрямленное значение 整流平均值(7.2)

(45) среднее за половину периода 半周期平均值(7.2)

(46) среднее значение 平均值(5.1.1)

(47) среднее по модулю 模量平均值(7.2)

(48) среднее 平均值(7.2)

(49) среднеквадратичный 均方根的(5.1.1)

(50) средняя частота 中频(5.2.3)

(51) статическое сопротивление 静态电阻(10.1)

(52) статор 定子(6.1)

(53) столбец 列(4.2)

(54) суммарный 总的(4.4)

(55) суммирование 求和(1.3)

(56) суперпозиция 叠加(3.1)

(57) схема замещения 等效电路(1.1)

(58) схема 接线图(1.1)

Т

(1) тангенс 正切(1.3)

(2) теорема 定理(3.2)

(3) теорема замещения 替代定理(3.2)

(4) теорема Нортона 诺顿定理(3.3)

(5) теорема Тевенина 戴维宁定理(3.3)

(6) теорема Телледжена 特勒根定理(3.5)

(7) тепловая потеря 热损耗(5.2.4)

(8) тепловое действие 热效应(5.1.1)

(9) термоэлемент 热电偶(1.3)

(10) тиристор 晶闸管(10.1)

(11) точка отсчёта 参考点(1.2)

(12) точка резонанса 谐振点(5.2.6)

(13) транзистор 晶体管(1.1)

(14) трансформатор 变压器(5.1.5)

(15) треугольник напряжений 电压三角形(5.1.5)

(16) треугольник проводимостей 导纳三角形(5.1.5)

(17) треугольник сопротивлений 阻抗三角形(5.1.5)

(18) треугольник токов 电流三角形(5.1.5)

（9）формула Эйлера 欧拉公式（5.1.3）

（10）фотодиод 光电二极管（10.1）

（11）функция 函数（1.3）

X

характеристическое уравнение 特征方程（8.2）

Ц

цепочечный 链接的（9.1）

Ч

（1）часовая стрелка 顺时针（4.2）

（2）частная производная 偏导数（1.1）

（3）частное решение 特解（8.2）

（4）частота вращения 转速（6.1）

（5）частота основной гармоники 基频（7.4）

（6）частота 频率（1.7）

（7）частотная характеристика 频率特性（曲线）（5.2.6）

（8）частотный 频率的（3.1）

（9）чётная гармоника 偶次谐波（7.1）

（10）четырёхполюсник 四端网络，二端口网络（1.7）

（11）четырёхполюсный 四极的（1.3）

（12）четырёхпроводная сеть 四线制（6.3.1）

（13）четырёхпроводный 四线的（6.2）

（14）численный метод 数值法（10.2）

Ш

широтно-импульсный 宽脉冲的（8.3.3）

Э

（1）ЭДС（электродвижущая сила）电动势（1.1）

（2）эквивалентный 等效的（1.1）

（3）эквивалентная схема 等效电路图（1.1）

（4）эквивалентное преобразование 等效变换（2.1）

（5）экономичность［阴］经济性（1.5）

（6）экспонент 指数（8.3）

（7）экспоненциальная функция 指数函数（8.3）

（8）экспоненциальный 指数的（8.3）

（9）электрическая дуга 电弧（8.3.2）

（10）электрическая схема цепи 电路图（1.1）

（11）электрическая фильтрация 电滤波（7.4）

（12）электрическая цепь 电路（1.1）

（13）электрическая энергия 电能（1.2）

Литература
参考文献

[1] 邱关源. 电路[M]. 4版. 北京: 高等教育出版社, 2003.

[2] 康华光. 模拟电子技术基础模拟部分[M]. 6版. 北京: 高等教育出版社, 2019.

[3] 刘耀年. 电路[M]. 2版. 北京: 中国电力大学出版社, 2013.

[4] 江辑光, 刘秀成. 电路原理[M]. 2版. 北京: 清华大学出版社, 2007.

[5] 吴锡龙. 电路分析[M]. 北京: 高等教育出版社, 2004.

[6] ЕРЕМЕНКО В Т, РАБОЧИЙ А А, ФИСУН А П. Основы электротехники и электроники: учебник для высшего профессионального образования [M]. Орёл: ФГБОУ ВПО "Госуниверситет-УНПК", 2012.

[7] ИВАНОВ И И, СОЛОВЬЕВ Г И, ФРОЛОВ В Я. Электротехника и основы электроники[M]. 7-ое изд. СПб: Издательство "Лань", 2012.

[8] МАТВИЕНКО В А. Основы теории цепей[M]. Екатеринбург: УМЦ УПИ, 2016.

[9] УСОЛЬЦЕВ А А. Общая электротехника[M]. СПб: СПбГУ ИТМО, 2009.